U0186337

"十三五"国家重点图书出版规划项目

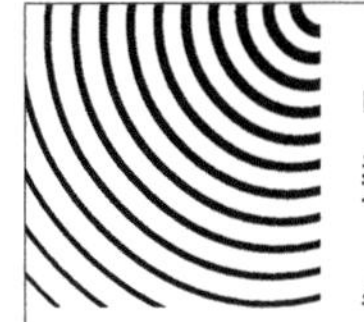

中国高分辨率对地观测系统
数据处理与应用丛书

丛书主编　顾行发

高分五号卫星多角度偏振遥感应用工程

顾行发　郭　红　乔延利　洪　津　等著

中国教育出版传媒集团
高等教育出版社·北京

内容简介

本书以多角度偏振成像仪（DPC）的应用研究与载荷研发为主，结合航天遥感应用理论研究与应用基础设施建设主题，兼容并蓄高分专项及这一阶段我国民用航天遥感应用领域研究成果，形成具有较完整结构的有关遥感应用理论与实践相结合的案例，通过分析DPC的应用研究与载荷研发过程，使得读者进一步理解遥感应用研究、遥感器、信息处理系统研发三者之间的关系，以及具有中国特色的当代航天遥感应用整体状况与变化新趋势。

本书适合卫星遥感应用领域的科研人员参考，也可供相关专业高校师生阅读。

图书在版编目（CIP）数据

高分五号卫星多角度偏振遥感应用工程 / 顾行发等著 . -- 北京 : 高等教育出版社 , 2024.6

（中国高分辨率对地观测系统数据处理与应用丛书 / 顾行发丛书主编）

ISBN 978-7-04-062057-3

Ⅰ. ①高… Ⅱ. ①顾… Ⅲ. ①高分辨率 - 卫星遥感 - 偏振 - 遥感技术 - 应用 Ⅳ. ① TP79

中国国家版本馆 CIP 数据核字（2024）第 064072 号

策划编辑 关 焱　　责任编辑 关 焱 贾祖冰　　封面设计 杨立新　　版式设计 徐艳妮
责任绘图 黄云燕　　责任校对 张 薇　　责任印制 赵义民

出版发行 高等教育出版社
社　　址 北京市西城区德外大街 4 号
邮政编码 100120
印　　刷 北京中科印刷有限公司
开　　本 787 mm× 1092 mm 1/16
印　　张 14.25
字　　数 310 千字
购书热线 010-58581118
咨询电话 400-810-0598
网　　址 http://www.hep.edu.cn
http://www.hep.com.cn
网上订购 http://www.hepmall.com.cn
http://www.hepmall.com
http://www.hepmall.cn
版　　次 2024 年 6 月第 1 版
印　　次 2024 年 6 月第 1 次印刷
定　　价 198.00 元

物 料 号 62057-00
审图号: GS 京 (2024) 0218 号
GAOFENWUHAO WEIXING DUOJIAODU PIANZHEN YAOGAN YINGYONG GONGCHENG

《中国高分辨率对地观测系统数据处理与应用丛书》编委会

丛书编者的话

自改革开放至今的40多年间，我国航天遥感应用大胆创新，快速发展，直面信息化浪潮猛烈冲击，逐步形成时代新特征，技术能力从追赶世界先进技术为主向自主创新为主转变，服务模式从试验应用型为主向业务服务型为主转变，行业应用从主要依靠国外数据和手段向主要依靠自主数据转变，发展机制从政府投资为主向多元化、商业化发展转变，成为我国战略性新兴产业重要组成。

为顺应我国当前社会、经济、科技和全球化战略发展需求，促进航天遥感应用转型发展，我国适时提出并相继实施了"高分辨率对地观测系统"重大专项（以下简称高分专项）、国家民用空间基础设施中长期发展规划（以下简称空基规划）和航天强国战略等相关遥感应用的"新三大战役"。其中高分专项是《国家中长期科学和技术发展规划纲要（2006—2020年）》中的16个重大专项之一，通过工程研发与建设，提升我国自主卫星遥感应用水平与能力，现已进入科研成果的收获期。

《中国高分辨率对地观测系统数据处理与应用丛书》（以下简称《丛书》）以此为契机，以航天遥感应用理论研究与应用基础设施建设为主题，兼容并蓄高分专项及这一阶段我国航天遥感应用领域研究成果，形成具有较完整结构的有关遥感应用理论与实践相结合案例的系统性阐述，旨在较全面地反映具有我国特色的当代航天遥感应用整体状况与变化新趋势。

丛书各卷作者均有主持或参与高分专项及我国其他相关国家重大科技项目的亲身经历，科研功底深厚，实践经验丰富，所著各卷是在已有成果基础上的高水平的原创性总结。

我们相信，通过《丛书》编委会、遥感应用专家和高等教育出版社的通力合作，这套反映我国航天遥感应用多方面发展的著作将会陆续面世，成为我国航天遥感应用研究中的一个亮点，极大丰富并促进我国这方面知识的积累与共享，有力推动我国航天遥感应用的不断发展！

2019年7月1日

序

我国最近20年连续推进“高分辨率对地观测系统”重大专项、国家民用空间基础设施中长期发展规划和航天强国战略等相关遥感应用的“新三大战役”，实现了科学实验向业务服务转型中的关键环节突破，即包括应用研发体系建设在内的、以自主卫星为龙头的遥感能力的整体提升，为即将到来的卫星泛在应用打下了坚实基础。

这期间，我国遥感应用从以国外数据为主的应用研究型向以自主卫星为主的创新性研发与业务服务型转变，在卫星遥感新技术研发中面临着两方面挑战。一是如何形成紧扣应用需求的新型卫星遥感器技术研发过程，探索能同步提升应用技术认识的研发模式，解决卫星上天前遥感应用中大量“0到1”的基础性问题，促进卫星上天后即可发挥作用；二是如何适应进入应用工程阶段的我国遥感发展新需求，在规模化、标准化、系统性、智能化等方面有所思考，形成实践与创新性成果。

顾行发等著《高分五号卫星多角度偏振遥感应用工程》是第一部对如上问题做出直接且完整回答的专著，是作者及其团队长期从事遥感先进载荷应用技术研究与实践的系统总结。该专著综合了多项国家项目成果，以需求为导向、以产品为纽带、以试验为进阶手段，推广遥感应用技术成熟度（ATRL）、统一遥感数据产品分级模型（UPM）、全过程质量检验体系（CVVAR）等新理念。

该书的出版对于我国航天卫星遥感应用新技术研究的系统化具有重大意义，无论是指导航天遥感技术的突破，还是服务卫星遥感的业务化应用，多角度偏振成像仪（DPC）的研发过程与应用都提供了丰富的实践经验及对现象的总结思考。该书的出版将为推动我国遥感科学技术的发展做出贡献，并助力于培养具有创新精神和创新能力的遥感专业人才。

我深信该书的出版将促进我国卫星遥感技术快速、有序发展，也期望作者可以进一步推动我国航天遥感登上更高的台阶，为实现我国从遥感大国走向遥感强国的宏伟目标贡献更大的力量。

2024年3月27日

前　言

21世纪初,我国遥感卫星按照"自主创新、重点跨越、支撑发展、引领未来"的指导方针,快速走上自主创新发展之路,自主卫星迅猛发展大幕逐步展开,进入自主能力构建阶段。"十五"期间,HY-1A(2002年5月)和CBERS-02(2003年10月)等代表我国21世纪初最高水平的民用海洋与陆地卫星成功发射并运行良好,首颗民用高空间分辨率陆地卫星CBERS-02B于2007年9月成功发射,比肩国外同类卫星水平的新一代气象卫星FY-3开展论证(首星于2008年5月成功发射),世界首个环境与灾害监测预报小卫星星座"环境一号"于2003年批准立项建设(HJ-1A/B双星于2008年9月成功发射)。

当时卫星遥感系统应用的情况,以20世纪70年代末的腾冲航空遥感试验、天津-渤海湾环境遥感试验、二滩水能开发遥感试验(即遥感"三大战役")为发端,充分利用国外卫星数据、方法、设施条件,持续20余年进行科研探索,并在农业、林业、气象、海洋、水利、国土等多个领域开展实践推广,形成了相对完整、系统的科技积累,取得了阶段性成果。但在这期间发展自主卫星时如何与我国的卫星应用对接还处在摸索阶段,在技术发展途径方面存在大量困惑,例如,是否开展FY-3校飞实验,如何明确环境卫星高光谱载荷的应用与作用,如何评价中巴地球资源卫星图像质量,在现有红外器件成像质量情况下是先发展单波段遥感器还是先发展双波段遥感器等。如何将符合我国实际情况的应用需求、知识积累与我国自主卫星技术发展有机结合,按照系统工程建设,知其然也知其所以然,定义、研发、生产、运行、评价满足应用需求的遥感器和信息系统,提供统筹先进遥感器、高成熟度遥感信息系统、专业遥感应用三者关系的系统性解决方案,成为当时我国航天发展的迫切需要与挑战。

以1999年年底升空的地球观测系统(EOS)计划中的中分辨率成像光谱仪(MODIS)载荷为代表,国外先进遥感器研发过程体现出的创新特点给人留下深刻印象。美国国家航空航天局(NASA)以专题组形式,围绕多个核心关键技术开展系统性研究,推出以航空模拟遥感器为代表的技术支持体系,开展模拟试验,论证卫星数据处理的可靠性和有效性;构建系统完整的产品体系,促进卫星上天后尽早发挥作用;在全球范围广泛推广,与各地实际情况相结合。同样,2002 年 3 月 1 日发射升空的欧洲空间局对地观测卫星 ENVISAT,在上天后也开展了广泛的推广应用,体现出应用与卫星同步发展的特点。

为了发展面向应用的先进遥感器,探索新型遥感器研发规律,国家国防科技工业局在“十一五”的民用航天预先研究项目中设立了多角度测量论证主题,并设立了多角度偏振成像仪(DPC)、多角度热红外遥感器、多角度地理空间测绘遥感器等多个项目,每个项目均包括应用需求与方法、遥感信息处理技术预先研发以及遥感器工程预先研发等部分,共同形成一整套有关新型遥感器应用认识、方法以及软硬件积累的知识体系。本书描述的是 DPC 应用研究与载荷研发的实践过程,以此为案例,分析如何通过遥感应用研究促进遥感器与信息处理系统研发,进一步理解这三者的关系。项目在推进过程中,DPC 被遴选为高分专项项目,搭载在高分五号卫星上,并在高分共性项目支持下开展 DPC 数据处理与应用研究。DPC 于 2018 年 5 月成功上天开展了示范应用,填补了国产卫星尚无基于多角度偏振成像方式有效探测区域大气污染的空白。

DPC 研发的时间跨度大、阶段完整,工程上从选题酝酿、论证、设计、研发、发射到应用示范,技术上从遥感器最优化采样设置到最佳产品制造,完整地走完了创新性载荷研发的全过程,成为一个探索卫星遥感器与应用研究协同推进的活样本。这期间我国遥感卫星发展的应用工程性日益明显,即从零星的科研型应用向多星、大规模、多领域、标准化、系统性与智能化的业务服务型转变,这对卫星论证提出了新需求。同时,面向创新的科研工程管理研究也形成了初步成果,不仅要应对以应用为判据的“知道不知道”问题的挑战,而且通过形成新型研发结构,有章可循,合理避险,应对“不知道不知道”问题的挑战。以上这些进展对 DPC 的研发过程与研究价值判断产生积极影响,推动了以标准定量产品定义对研发任务的牵引、应用技术成熟度(ATRL)与硬件技术成熟度(HTRL)的融合、基于多个科学范式结合的系列性实验与评价体系等实践。

整个研发过程实现了科研内容、科研过程与形式、科研意义的统一。在开展各项具体技术方法研究中,注重综合基于归纳、推演、类比等思维方式构建的实验、模型、仿真、大数据 4 个现代科学研究范式,并发挥各方法在研发不同阶段的作用,逐步系统性完成了卫星偏振遥感系统知识积累,形成具有中国特色的“好的实践过程”(GPP)与新型卫星应用的科学论证方法,极大支持了 ATRL、CVVAR 置信与质量保障、满意度模型的提出与发展,初步实现了建立一整套有关“中国标准、中国数据、中国技术、中国服务”的解决方案的愿景,对我国新型遥感器研发与遴选途径找到“中国之路”进行了有益探索。

全书由顾行发、郭红、乔延利和洪津策划设计并撰写，项目组成员组成撰写团队完成各章写作。其中，第1章由余涛、谢东海、吴俣、胡新礼、程天海完成；第2章由余涛、郭红、程天海、孙亮、郑逢杰完成；第3章由陈兴峰、袁国体、邓安健、徐辉、吴俣、郭红、胡新礼、王舒鹏、马宏涛完成；第4章由吴俣、余涛、程天海、陈兴峰、郭红完成；第5章由洪津、谢东海、陈兴峰、郭红、邓安健完成；第6章由郭红、孟炳寰、李莘莘、王舒鹏、余涛、陈德宝、付启铭完成；第7章由乔延利、洪津、孙亮完成；第8章由臧文乾、谢东海、余涛、吴俣、王更科、赵亚萌完成。本书作者来自国家航天局航天遥感论证中心(后简称“论证中心”)总体组、大气科学组、大气工程组、系统工程组、仿真工程组、定标与真实性检验组等多个团队。同时，伴随本项目的实施，多个专业组的学术方向也不断得到明确，共同支撑起基于系统工程与科学范式构建的论证中心研发体系。

我们在完成本书过程中得到了有关方面的大力支持与帮助。在本书付梓之际，衷心感谢国家国防科技工业局民用航天预先研究项目及高分专项项目的长期持续支持，特别感谢孙来燕、罗格、李国平、高军、熊攀、王程、曾开祥、王承文、田玉龙、童旭东、姚涛、梁晏祯、马俊、侯雨葵、申志强、满溢云、孙允珠、徐文等多位专家的支持，DPC研发应该被认为是我国民用航天在服务应用大发展阶段大家共同的努力与成果。

本书不以针对某种观测对象的新模型与新算法为重点，而是对DPC创新研发活动全过程中ATRL从3到6提升过程的总结，也不包括高分专项阶段的研发内容，仅就部分卫星上天后的初步应用进行介绍，并进一步说明了涵盖2005年以来十余年跨度上的论证研究成果，包括应用需求、技术论证、工程设计、应用示范、过程管理等多方面经验。

限于作者的知识水平，书中疏漏之处在所难免，恳请读者不吝批评指正。

顾行发

2023年12月

目　　录

第 1 章

多角度偏振遥感的科学论证理论与方法

偏振遥感具有较长的发展历史,在大气、水、植被和岩土的偏振特性研究已有一定积累的情况下,基于卫星平台的多角度偏振遥感应用已经得到国外实践的充分证明。为适应我国大气环境状态评价的需求,探索新型载荷发展途径,分析卫星应用工程阶段遥感发展规律,我国适时提出遥感器与数据处理一体化研发的新型遥感器成熟度提升计划,并通过高分专项实施进入应用阶段,历经十余年走完全过程。

1.1 科学论证理论与方法概述

1.1.1 面向应用的航天遥感科学论证

1) 航天遥感应用发展情况分析

(1) 我国遥感卫星发展的业务服务新趋势

自改革开放至 21 世纪初的 20 余年间,我国航天遥感应用大胆创新,以国外卫星数据与方法为主要资源,通过引进消化吸收,快速发展,直面信息化浪潮猛烈冲击,适应社会经济发展需求,逐步形成了对遥感应用的基本认识和知识积累。

20 世纪 70 年代末的遥感“三大战役”标志着我国遥感应用开始全面发展,并逐步在多领域开展专业性应用研究,形成了“行业+遥感”的局面,如农业遥感、交通遥感、公共卫生遥感、地震遥感、环境遥感、灾害遥感、国土遥感、矿山遥感、城市遥感、水利遥感和林业遥感等。特别是在陈述彭先生的《遥感地学分析》出版后(陈述彭和赵英时,1990),我国系统性出版了多部有关行业应用整体性认识的论著,如《遥感地质学》(朱亮璞,1994)、《遥感考古学》(宋宝泉和邵锡惠,2000)、《遥感地理学》(魏益鲁,2002)、《卫星气象学》(陈渭民,

2017)、《卫星海洋学》(刘玉光,2009)等。在这些书中,遥感器、遥感信息系统、遥感应用等重要的遥感活动组成部分被逐步认识并有机地关联起来。

按照21世纪初提出的"自主创新、重点跨越、支撑发展、引领未来"的指导方针要求,我国科技发展方向从模仿、参考、追赶世界先进技术为主向自主创新为主转变,服务模式从试验应用型为主向业务服务型为主转变,行业应用从主要依靠国外数据向主要依靠自主数据转变,卫星应用与应用卫星对接迫在眉睫。

在对接中,应用需求如何拉动卫星和信息处理技术,技术如何推动应用成为一个需要探索的问题。当时的卫星应用虽然成果显著,但主要基于国外卫星技术与数据,对自主卫星应用需求的提出还处在基于对国外卫星的应用体验,能用、好用的国外卫星指标就是好指标,并将其直接作为我国卫星探测指标的重要参考。同时,自主卫星评价以国外卫星为标准,难以通过实际应用指标下结论。这个阶段,我国围绕自主卫星的应用研发体系还没有建立起来,应用基础设施还不够完善,难以支撑自主卫星应用的深入研究;而且这种"短平快"使我们对很多卫星指标知其然不知其所以然,对国产卫星应用推广非常不利。如何在已有基础上突破创新,找到自主遥感卫星发展与应用的道路非常重要。

我们逐渐认识到,将需求与技术建立在已有知识积累上,知其然,也知其所以然,形成遥感应用知识积累、卫星遥感器技术和应用需求的有效关联,是发展自主遥感卫星及其应用的前提,国外在这方面通过多个案例给出了很好的示范。

(2) 遥感天地一体化应用工程的阶段表现——EOS-MODIS案例

美国国家航空航天局(NASA)力推的地球观测系统(EOS)计划正处于迅猛推进阶段。其中,中分辨率成像光谱仪(Moderate-resolution Imaging Spectroradiometer, MODIS)是该计划的核心载荷之一,分别搭乘在美国新一代地球观测系统第一颗上午星(Terra卫星,1999年12月18日发射成功)和第一颗下午星(Aqua卫星,2002年5月4日发射成功)之上,其系统设计了36个波段,250 m、500 m和1000 m的空间分辨率,扫描波段宽度2330 km,主要任务是一日四次获取地球系统(主要包括大气、海洋和陆地)相关要素变化的数据,在资源、环境、生态、灾害监测和变化机理研究方面发挥作用(Levy et al.,2013; Hsu et al.,2013)。

MODIS研发的核心之一是形成产品体系,通过产品体系构建,组建对应的科学技术研发团队,将新型遥感器及其模拟器、遥感信息处理系统、多领域应用有效地关联起来并成为一个整体,如图1.1所示。

MODIS标准数据产品分级系统由0级、1级、2级、3级和4级共5个级别的数据产品构成。其中,0级产品是卫星地面站直接接收到的、未经处理的、包括全部数据信息在内的原始数据;1级产品是对没有经过处理的、完全分辨率的仪器数据进行重建,数据时间配准,使用辅助数据注解,计算和增补到0级产品之后形成1级产品;2级产品是在1级产品基础上开发出的产品,具有相同空间分辨率并覆盖相同地理区域;3级产品是以统一的时间和空间栅格表达的变量,通常具有一定的完整性和一致性;4级产品是通过分析模型和综合分析3级以下产品得出的结果数据。

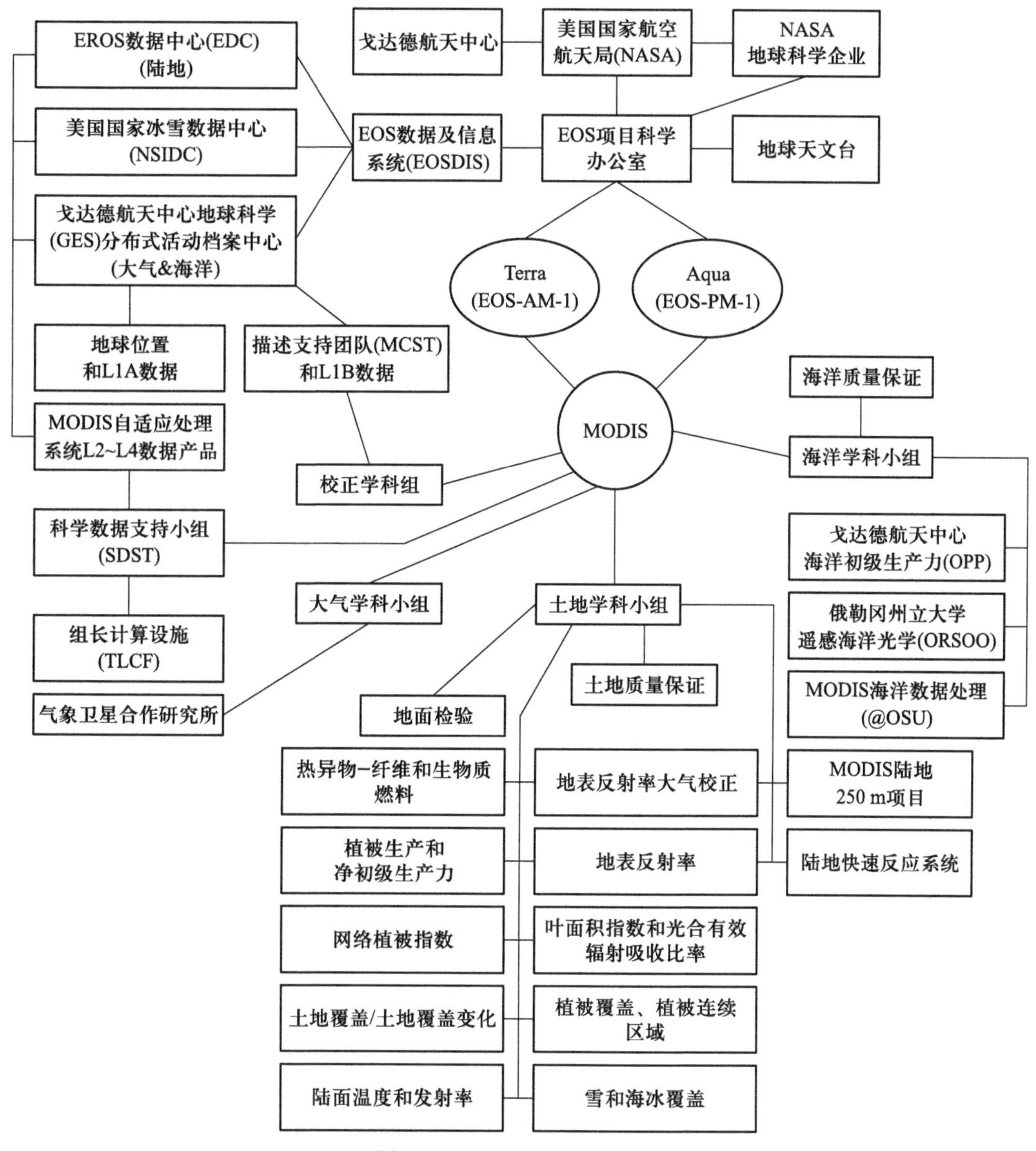

图 1.1 MODIS 研发组织结构

2）科学论证的基本认识

（1）科学论证

论证是用一个或者一些真实命题确定另一个命题真实性的思维过程，即有关“根据与观点”的逻辑过程，其作用在于提供了一种理性的探究论题的思维方式与方法，通过具有共识的逻辑使人相信、认可或接受某个观点，帮助人们发现哪些观点优于其他观点，评估不同观点的说服力。

科学论证是主体、客体与技术手段三者的过程统一及形式、内容与作用的统一。对某一领域系统的科学论证过程是一定活动和功能动态结构的表现，其主体的物质承担者（人）和关注对象客体（认识和作用的对象）作为论证主体和客体构成了两极结构，共同确定科学论证的目的性、客观性与科学性。技术手段是科学论证过程和论点的主客观综合表现（顾行发等，2016）。

科学论证建立在钱学森先生“大成智慧”理论基础上，所用到的知识包括数学、物理学、信息学、系统学、逻辑学、预测学、运筹学、经济学、标准化科学等多门学科，不仅基于理性量化知识，也充分重视理性非量化甚至感性的认识，且随着关注对象的不同而有所改变。无论从论证过程还是关注对象看，科学论证都适宜采用系统工程的方法。

多种科学方法贯穿在科学论证中。在初始阶段论证中，多采用逻辑分析方法和定性分析方法，因为这类方法较为适用于定性分析及对问题的归纳、判断和演绎。在进一步的深化论证中，由于系统分析、模型分析、仿真分析及信息反馈始终贯穿于该过程的全部及其各个阶段，所以系统分析方法和定量化分析方法等是该过程中较为常用的分析方法。当论证达到成熟期，需要对其进行评价、总结时，应多用评价分析方法和预测分析方法，科学地对事物发展的可接受性和有效性做出正式的确认。可以认为，科学论证方法的思维方式是统一宏观与微观，从定性到定量综合集成，将还原论方法和整体论方法结合起来，最终从整体上研究和解决问题，这正是钱学森综合集成思想在方法论层次上的体现。

科学论证作为一种活动，既是基于现代科学范式的，也是基于价值取向和历史过程的，这丰富了论证的内涵，提升了论证的适用范围和时空变化适应性。其作用表现在有助于发现、识别、确认客观事实，有助于理解、分析、判断关注对象的状态与变化规律，有助于复制关注对象规律。科学论证在不同的论证阶段发挥着从无到有的实现作用、从虚到实的谋划作用、由散到聚的综合集成作用、由粗到精的催化作用和从后向前的导向作用。

(2) 航天遥感论证

航天遥感论证是有关航天遥感活动的科学论证，主要关注对象是航天遥感系统，包括天基系统、地面系统、应用系统、卫星制造与发射服务系统、地面应用制造与服务系统、软能力条件与硬能力条件等。

航天遥感论证采用科学论证方法，即应用假设、概念化、推理、实验、分析、对比等方法做出判断、预测、验证、认证和实证。当然，由于不论何种方式下的航天遥感论证，其本身不具有完整的、系统的关注对象主体性，仅可对关注对象的实况在某种情境下、某种条件下、某个时空段无限接近，这里将实证作为航天遥感论证的组成部分，是对航天遥感论证的最终保证。

(3) 航天遥感论证的作用和意义

航天遥感论证以航天遥感和航天遥感系统为研究对象，充分利用科技进步，具体考察研究对象发生、发展及其所处环境的变化，并在一定环境条件下，判断所处环境与条件，探索将相关物质、能量、信息有效地价值化的可行性与途径，从而满足人的需求，充分体现出“人、遥感系统、观测对象”三者关系，其对于发展航天遥感具有指导作用和意义。

(4) 航天遥感论证结构分析

航天遥感论证以航天遥感系统为分析对象，而航天遥感系统各部分的特点不同，采用的研究方法也不尽相同。同时，航天遥感系统是不断变化与发展的，须放到可持续发展的长时间链条中，紧扣时代特点，遵循技术科学规律开展分析研究，这也导致不同阶段的航天遥感系统的论证采用的方法各有特点。研究阶段与研究重点不同，导致开展航天遥感论证所采用的方法具有复杂性。

在认识与理解遥感活动的基础上，面向应用的航天遥感科学论证要研究人对观测对象的发现、识别、变化监测、理解、预测、判断等应用方法；研究遥感器的时间、空间、角度、波段、极化、相位采样“6 根”，将观测对象信号信息转换为数字信息，并基于其上开展遥感器工程；研究遥感信息流，将数字信息转换成应用信息并开展遥感信息工程。从结构上看，航天遥感论证可以分为三个层次。

第一，信息层次，对观测对象信息流、遥感信息流、置信与质量流、价值流进行分析。

第二，数据工程与软硬件层次，形成产品集定义、技术成熟状态评价、置信与质量保障体系。

第三，评价与分析层次，开展建设、运行与服务中对需求的响应程度评价以及效能效益分析，实现价值与人的满意。

(5) 好的实践过程

航天遥感论证的过程追求的是“好的实践过程”(good processing practice，GPP)，目的是以航天遥感系统为研究对象，把握其状态及变化规律基础，在科学、技术与活动三个层面开展知识积累与实践活动。从科学认知角度看，航天遥感是有关空间信息与数据的领域；从技术状态与变化规律角度看，航天遥感是具有技术时代特点的技术发展与综合集成的应用；从活动角度看，航天遥感作为人造事物，是用来满足用户需求的手段。

实践过程中，按照卫星应用技术成熟度(ATRL)进行阶段划分，构建关键节点和评价要素集，进行总体目标分解、产品设计与技术体系构建，形成目标体系；探索“想(think)、计划(plan)、做(do)、说(speak)、计划(plan)、执行(do)、检查(check)、处理(act)”(TPDS－PDCA)模式，结合 ATRL 发展过程合理划分工作节点，努力形成合理的工作节奏，实现好的实践过程。

按照现代科学范式中的有关问题提出、研发、评价的技术流程，针对新型遥感器 ATRL 构建中的遥感观测信号－遥感数据－关注对象信息－知识/决策智慧－行动遥感信息流模型(SDIKWa)认知与价值构建分析、信息－数据－软件－硬件(IDSH)描述模型技术研发与应用完善过程、CVVAR 置信与质量过程形成三个标准化流程。其中遥感数据信息产品是对需求、技术、状态与变化评价的综合承载体，通过产品研发的程度可以有效体现载荷应用技术的研发状态。这三个流程是通过产品进行有效衔接的。以下将各个流程基于全质量检验中的各项测量,按照阶段定义嵌入 GPP 模型中。

问题与想法的提出及需求分析流程。问题提出与回答、需求提出与满足的过程涉及卫星应用技术的全过程。针对遥感系统 SDIKWa 需求获取与评价依据设立,以产品与载荷为纽带,构建需求链与价值链,形成统一的、面向应用的需求分析流程,通过系统整体概念的建立,形成需求与技术发展,需求与价值、利益的融合与优化。

在创意与设计阶段,引入需求标准过程实践概念,即引入需求分析标准过程实践 GPP,GPP 采用 GXP(good X practice)结构,其中 X 可以是其中各个环节,如应用业务汇总(integration)、应用设定与模式优化(purification)、观测原理与要素化(productlization)、产品指标标准化(standardization)、载荷/系统等价化(equalization)、技术可行性与技术发展分析(technical estimation)、价值效益分析(value-estimation/benefit-analysis)、统筹与验证分析(check)、效能分析对比与迭代优化(optimize iteration)等。这是有关技术认识和技术积累的过程,贯穿技术发展的整个过程。

(6) 航天遥感系统的 IDSH 技术研发与建设流程

围绕信息流 I 开展数据-软件-硬件(DSH)研发是在一定的认知基础上将对信息的理解反映在数据上,分析计算过程并构建软硬件系统。用户的满意度通过产品集来表现,而产品集按照遥感数据信息产品的品种、规格、质量、规模、时效性来衡量新技术的产品成熟度,同时对载荷制造成熟度进行分析。技术系统的不断迭代研发,是按照“原理演示系统—原型系统—工程系统”环节逐步推动产品进化的,IDSH 建设过程是遥感信息工程从需求到价值实现的具体表现形式。

针对航天遥感系统 IDSH 研发与建设,引入研发标准过程 GPP,GPP 采用 GXP 结构,其中 X 可以是科技探索试验、工程原理研发、工程状态检测、面向应用优化完善等。其中,科学试验更多涉及技术科学研究内容,是基础型研究,表现为原理演示系统;技术探索更多通过原型系统表现出来。工程系统则是工程研发的、经过一定检测的结果表现。这是对技术方法发展全过程的描述。

(7) 航天遥感系统应用评价流程

将航天遥感信息流作为研究对象,为更明确说明遥感器、遥感信息系统、遥感应用情况,构建统一面向应用的全过程检验技术流程,在卫星上天后,以定标与真实性检验为核心,引入包括定标(calibration)、真实性检验(validation)、验证(verification)、认证(accreditation)、实证(real world data)的全过程质量检验体系(CVVAR)。

评价的内容主要体现在对技术认识(如满足需求程度)的评估,面向具体应用从设计角度开展评价分析,如对技术实现(如产品质量保障)的评价以及对服务的评价,是对需求、价值、利益与市场的综合评价。

3）基于产品的论证过程构建

（1）航天遥感论证模式设置

国家航天局航天遥感论证中心成立伊始，对我国前期论证方式进行分析，发现在引进、消化、吸收阶段，我国遥感应用主要采用国外卫星数据与技术方法，对遥感应用有了一定的认识和知识与技术积累，但尚未形成支持自主研发的基础设施条件。而且，由于我国在发展遥感应用的过程中主要使用多个发达国家的卫星，而不同国家卫星的标准各有特色，没有统一标准，这就导致我国遥感卫星的体系化、型谱化程度低，一个卫星一个标准，一个行业一个标准，甚至一个遥感器在不同行业有不同的标准等。

在这种情况下，我国卫星论证更多是依据应用部门对所利用国外卫星的了解，参考国外卫星指标，特别是观测指标。这样，一方面未能充分利用改革开放以来形成的遥感应用知识与技术积累来拉动卫星应用研究以及以自主卫星为龙头的应用体系建设，另一方面也不利于解决卫星应用与应用卫星“两张皮”的问题。

遥感信息产品是应用的核心内容，是知识与技术积累的综合表现，同时也与卫星探测指标息息相关。通过产品体系的构建可以有效将卫星应用与应用卫星研发紧密捆绑到一起，形成以知识和技术积累为桥梁纽带与公共平台，应用牵引技术、技术推动应用的局面。

这种按照产品体系形成论证的模式本身就是需要研究与实践的内容。按照产品体系建设中的技术状态，设定充分利用已有知识并丰富完善积累阶段，优化技术发展路线与结构阶段，以及提升遥感器观测能力以适应最大范围应用的推广阶段，形成应用技术成熟度的判断指标。通过产品体系建设的过程实践，按照系统工程方式构建完整的工程系统，有利于形成针对这种具有明确科研创新与风险控制要求的项目管理模式的认识与运用。

（2）航天遥感信息产品特征描述

在遥感数据信息产品体系中，从关注对象的本体信息到加工处理后为应用服务的信息，遥感数据信息产品具有品种、规格、质量、规模和时效性共五大属性，通过对这些属性的准确描述，可以明确产品的定位和作用。

品种属性：不同观测对象的应用所需信息有其独特性，这就对航天遥感信息的特点在观测波段、偏振特性、相位记录、观测角度、观测时间、观测范围等方面有要求、有取舍，从而更有效地获取并传递观测对象信息，减小遥感信息的无效性。

规格属性：在波段组合、观测分辨率、辐射分辨率等指标上的要求，是遥感信息的信息表达特性。不同的观测可以获得不同类型的信息，不同的应用需要不同形式的信息来表达，这就产生了信息的规格属性。通常情况下，空间分辨率被用来作为描述观测对象细节水平及其背景环境分离能力的指标。

质量属性：确保信息品种与规格的能力，从而有效保持与观测对象特性的一致性，提升遥感信息的可信性。质量属性包括精确性和可靠性。精确性只有达到一定程度，信息才能符合其规格要求，如实反映观测对象的状态与变化规律。而且这种精确性要禁得起整个传递过程的检验，克服客观目标自身存在的复杂性、不稳定性及信息的不完备性，减小数据采集、处理、应用分析时产生的系统误差和随机误差等，确保在一定时空域上的可靠性。

规模属性：按照应用需要，所需获取信息的量根据不同应用有不同要求。不同观测目标的存在方式和运动状态代表着不同的信息量，这就导致了航天遥感信息的多样性。遥感信息的规模属性是遥感数据获取、存储、处理和应用是否满足需求的依据。

时效性属性：应用的时效性对信息时间特性的要求。遥感信息有自己的生命周期，经历了从产生、被使用到消亡等一系列阶段，时效性越强，信息的价值就越大，反之则价值越小。航天遥感作为人类认知地理信息的有效途径，对时效性有着很强的要求。例如，一般观测中从数据获取到信息应用的时间要小于观测频率周期，满足变化监测、应急响应等应用的需求。因此，时效性是航天遥感信息的关键性属性。

品种、规格、质量、规模、时效性属性的综合包括了对航天遥感信息适用性（满足动态的、变化的、发展的、相对的需要）、符合性（转化成有指标的特征和特性的需要）和全面性（除事物固有特性外，还有产品、过程或体系设计和开发及其后的实现过程形成的属性）的描述。

(3) 产品体系模型

依据对遥感“探测绘”工具本质的理解，航天遥感信息产品按照自然过程、自动化程度、融合程度的分类原则进行数据信息产品分级分类，形成统一遥感数据产品分级模型（uniformed product model，UPM）。UPM 围绕以信息流为核心的航天遥感应用产品，面向不同用户的产品应用需求，同时兼顾数据获取和数据生产处理技术方法，设计具有兼容性的信息产品，可分为数据信息、观测对象信息、专题应用信息共三个等级，耦合信息流从观测对象信号信息到观测对象“数据—信息—知识”的基本过程。

数据信息产品：包括遥感信息过程中的遥感数据，是指可被遥感器获得的、由电磁波等载体承载的观测对象信号信息，是对遥感信号的记录与表示形式。数据信息产品处理以去掉遥感器噪声等不理想因素得到反映观测对象与环境综合信息的“干净”数据为目标，解决的是信息获取和部分信息传递中由遥感器因素引起的偏差问题，即“理想遥感器”数据，包括了 0、1、2 共三个级别的产品。

观测对象信息产品：这类产品包括遥感信息过程中的观测对象遥感信息和观测对象观测信息，是反映观测对象位置、形状、属性以及物理、化学和生物学特征的信息产品。因为各应用均建立在对观测对象的理解上，所以这类产品被称为共性产品，解决的是观测对象客观信息获取中环境引起偏差的问题，获得观测对象“When & Where、What、How”等客观信息，包括了 3、4、5 共三个级别的产品。

专题应用信息产品：在观测对象信息产品基础上，结合其他类型非遥感手段获得的观测对象信息对观测对象进行更加全面的描述，形成对观测对象状态与变化较完整的了解。更进一步，面向各应用领域，针对观测对象某些方面的变化规律进行特定描述，并通过与其他多源信息融合获得的服务决策的专题性信息，即有关“Why、Who、Which、How much”

等多种类型信息,支持评价、判断、决策等再生性信息的形成,包括了6级或多个以上级别的产品。这类产品包括观测对象物质能量的认知信息,融合了非遥感信息和观测信息,重点体现“人”的需求以及人所理解的观测对象物质能量状态与变化规律。

基于信息运动的过程,结合航天遥感信息获取和传递过程中引入的误差,按照遥感数据工程,可将上述涉及“遥感器、观测对象、人”三者间关系的产品具体到产品等级,形成如下定义:

0级产品:从接收站获得的卫星下传的数据经过帧拼接、解压缩和编码入库,形成0级数据产品。数据记录的是信号量化数值。

1级产品:对0级数据进行系统级辐射校正、光谱校正等处理,形成去除了遥感器引入噪声却还依然保持遥感器特性的1级数据产品。通过提供定标数据,可以得到观测到的物理量数值。

2级产品:对1级数据经过系统级几何校正、地图投影,形成带有地理坐标信息的物理量数值的2级数据产品。

3级产品:观测场景遥感信息及观测对象几何定位产品及其几何衍生类信息产品,可提供观测对象有关“When & Where”的信息。基于数据中心0~2级数据产品进行几何和辐射精校正获得遥感图像产品及其各类衍生产品,如通过几何精校正得到的光学和SAR图像及其融合产品、镶嵌匀色产品、正射产品、4D测绘类产品等。

4级产品:观测对象遥感信息与基于遥感信息开展的发现、识别、变化监测与分类等定性应用信息产品,提供了观测对象有关“What”的信息;以及遥感特性产品,如表观辐射亮度值、地表反射率、植被指数(归一化植被指数、垂直植被指数等)、地表亮温、后向散射系数等观测目标基础遥感辐射特性参数产品。

5级产品:基于观测对象遥感信息和先验知识的观测对象本征描述产品,提供了观测对象有关“How”的信息,是对观测对象物理、化学、生物学、形状、体积等状态的描述。目标基础遥感辐射物理参数产品包括叶面积指数(LAI)、温度、密度、浓度、重量等。目标几何信息产品包括长宽高、体积、形状等。在对观测对象表征状态理解的基础上形成有关规律变化的记录。对于电磁等地球物理场,是按照标准规格通过重采样构建的地球物理场信息,如电离层演化模式、全球地磁场、电离层三维时变等。

6级产品:面向专题应用的信息融合级产品,通过与其他类型信息融合形成观测对象的较完整描述,并结合应用需求构建专题信息产品,是有关对世界认识与改造的信息。在通过3、4、5级产品回答了观测对象“When & Where”“What”“How”的基础上,支持开展与人的需求更加紧密的应用问题的回答,如“Why”“Which”“Who”“How much”等。这类产品与各类行业、区域应用关联得更加紧密,是直接服务应用的信息产品,如旱情分布、大气污染程度、违章建筑专题图等。对于地球物理场的观测,有电离层扰动程度图等。

图1.2进一步阐述了以航天遥感信息表现形式构建的观测对象遥感信息过程。遥感共性产品(3~5级产品)是用遥感可直接获得的观测对象状态和变化信息,耦合非遥感观测信息可对观测状态与变化规律进行理解,并结合其他信息形成专题应用产品(6级产品)。专题应用产品是人们对于观测对象物质能量信息的认知上的判断与预测,从而实现

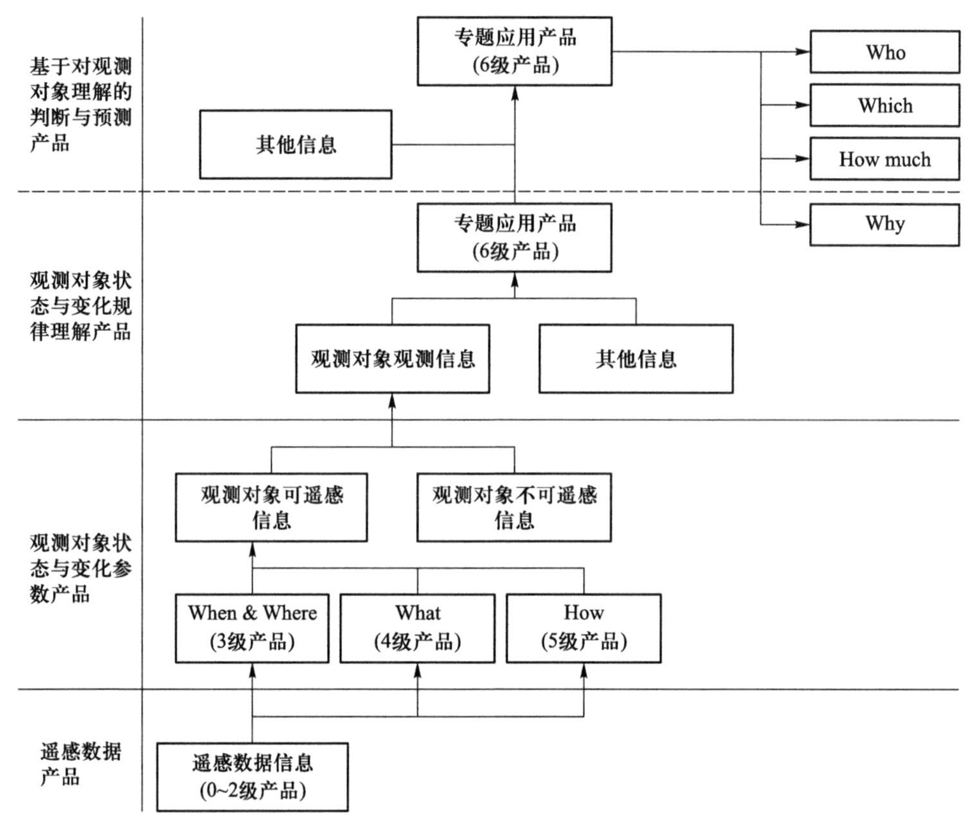

图 1.2 航天遥感信息数据产品分级示意图

从第一认识论信息向第二认识论信息的转化。

对航天遥感系统的科学认知状态与发展的分析首先要建立在对遥感信息与遥感数据了解的基础上。随着遥感实践活动的增加,人们对这一人造事物有了越来越深入的了解。技术状态与变化规律具有时代特点,并处在快速发展过程中。对于技术的把握要求在技术发展过程中开展阶段性分析的同时,对技术的实际应用效果要有整体效能的评价。

对于 EOS-MODIS 数据信息产品体系,也可采用这种反映遥感“探测绘”本质特性的 UPM 产品体系进行重装。其中,未对观测对象信息进行提取的 Raw Radiances 和 Calibrated Radiances 产品,以及经几何精校正的 Geolocation Fields 产品,可以对应到 UPM 中的 0~3 级。针对大气、海洋、陆表这三类观测对象状态与变化监测的 Level 2、Level 3 产品,对应到 UPM 中的 4~5 级,如图 1.3 所示。

(4) 按照 IDSH 模型的研究内容设置

信息-数据-软件-硬件(information-data-software-hardware,IDSH)模型是指遥感信息流及其所依赖的数据和软硬件关系及其综合,充分体现遥感系统的价值流、信息流、技术流与物质流,同时基于其包括的需求工程、数据工程、软件工程、硬件工程等,其核心是针

<table>
<tr><td>6级产品</td><td colspan="3">专题应用产品</td></tr>
<tr><td rowspan="3">5级产品</td><td colspan="3">物理、化学、生物学参数产品</td></tr>
<tr><td>陆表</td><td>大气</td><td>海洋</td></tr>
<tr><td>MOD11、14、15、16、17、40</td><td>MOD04、05、06、07、08</td><td>MOD19、20、21、22、23、24、25、27、28、30、31、32、36、37、39</td></tr>
<tr><td rowspan="2">4级产品</td><td colspan="2">遥感辐射产品</td><td>定性产品</td></tr>
<tr><td colspan="2">MOD09、13、18、26、43、44</td><td>MOD10、12、29、33、35、42</td></tr>
<tr><td>3级产品</td><td colspan="3">地理空间域产品</td></tr>
</table>

图 1.3　卫星遥感信息数据产品分级示意图

对航天遥感信息过程开展的、有关服务需求并体现价值的信息、数据、软件与硬件的系统性实现,是开展设计、建设、应用与评价的基础。

1.1.2　基于 ATRL 的工程系统研发评价

1) ATRL

应用技术成熟度(application technology readiness levels,ATRL)是用来衡量应用技术状态与变化程度的技术成熟度(technology readiness levels,TRL),为了区分,将以遥感器为主的技术成熟度定位为硬件技术成熟度(hardware technology readiness levels,HTRL)。ATRL可用来理解需求从提出到满足过程中状态与过程的定义、设置、测验、评价,包括了需求、价值与创意、目标设计、技术的研发,以及对需求满足程度的评价的整个应用过程,是从设想到现实,再回到人的判断的信息流完整环路。

ATRL 是人们在大量科研和工程实践的基础上,从过程的角度对应用技术成熟规律的一种认识,航天遥感应用技术的不断发展、演变过程可通过 ATRL 加以描述。一方面,ATRL 描述对需求的从发现到满足的理解过程,以及形成相应的人造事物的过程,积累并落实到软工具与硬工具上,形成载荷设计指标及目标应用参数,从应用角度评价载荷的性能,对载荷的需求满足度和适用性进行判定,加深认识与理解,以明确载荷应用类型,为相关业务的设计和应用效能发挥指明方向。另一方面,ATRL 开展应用技术状态与变化的客观评价,将对需求的从发现到满足的全过程放在客观实际环境中进行最终的评价。此外,ATRL 具有科学认识和把握技术发展过程、标准化卫星应用技术研发工程、合理安排卫星规划、合理布局科研活动的作用与意义。

（1）阶段划分方法

ATRL模型是将新型遥感器应用技术研发过程按人的认知与需求划分出多个阶段，即按照需求开展有用信息确定、数据产品化实现与生产系统构建、测试验证与业务性应用等。按照划分模型，从认知、技术、应用角度考虑技术阶段进行提升，ATRL分为三大阶段共11个等级。

数据信息产品定义阶段：这个阶段的起点是愿望或想法，开展需求分析、遥感新技术的可用性判断等工作，解决科学探索问题，发现有用信息，形成对遥感观测信号-遥感数据-关注对象信息-知识/决策智慧-行动闭环模型（SDIKWa）较完整的认识，成果表现为数据信息的产品化。通过对信息与数据本体概念的明确，实现从定性到标准定量技术状态及规律的把握，完成系统性知识的积累。

数据信息产品实现阶段：解决技术实现的可信性问题，并通过软硬件系统建设与运行生产，形成对技术适用与认可度问题的回答，实现工程系统研制并开展应用。

数据信息产品服务及应用目标实现阶段：通过对从设想到应用整个实践过程的客观分析与评价，促进人的认知水平提升和科学技术的可持续发展。

三大阶段中的11个等级划分如下：

1~4级：强调认知，通过系统性完成知识积累，对想法、需求、机理与方法、信息要求与数据产品集的综合把握，初步证明人的认知与应用技术方向的正确性。

5~7级：强调技术工程研究与软硬件设施构建，证明应用技术的工程可实现性，即技术手段的可信性与适用性。

8~11级及以上：强调业务化及需求实现，完成适用性的判断及认可度的提升。通过证明应用技术的效能与效益，在需求设计与需求满足达到一定满意度的情况下，实现对整个过程的认可，并进一步发展，带给用户更多价值。

（2）ATRL各级别定义

ATRL模型是描述载荷应用技术按照一定的标准进行提升的过程。通常ATRL模型按照等级描述法将技术成熟度描述成11个等级的标准过程。

成熟度1（ATRL1）：需求发现。在了解观测对象信息特征的基础上，提出信息作用与内容，并对应到相关技术原理上。该阶段属于自然科学与技术科学、技术科学与技术科学相衔接融合的基础研究阶段，主要在创意基础上进行探测机理、模型算法等研究工作。其技术状态通常表现为对技术基本特性的理论研究成果，可用机理描述模型的方式表现出来。具体包括需求集成、应用指标明确、原理算法提出、应用技术可行性论证等。

成熟度2（ATRL2）：需求识别，明确技术概念及其应用过程设计。该阶段仍然主要做技术科学研究工作，根据技术概念体现技术原理的应用过程，其应用主要依据假设和实验已取得的必要数据，技术状态表现为具有实验过程的理论研究。该阶段包括通过实验室实验、需求验证等手段进行应用技术现实性认证。同时，在这个阶段要开始按照切克兰德的软系统方法构建“丰富图”，从信息层面将人的因素作为分析对象加以考虑。

成熟度 3(ATRL3):需求确认,技术手段合理性证明。当技术成熟度达到 2 后,构建 SDIKWa 信息链路,通过解析和实验等方法验证载荷应用技术中的各项关键指标需求,识别出关键技术,开展地面与应用系统技术攻关,证明技术手段的合理性,其技术状态表现为仿真验证。

成熟度 4(ATRL4):需求产品化,完成原理演示系统验证。该阶段通过研发设计信息产品及技术,明确提出信息的品种、规格、质量、规模与时效性要求。验证技术模块或子系统,将其集成为原理演示系统,实现对技术整体概念的确认,其技术状态表现为实验验证并在一定条件下达到产品精度要求。到这一等级,"科学"问题应该基本解决,且"用户"认为应用前景较为清晰,无较大的颠覆性问题,可转入工程研发阶段。

成熟度 5(ATRL5):明确数据产品集技术指标,所规定品种规格产品的质量可在一定时空域下实现,技术可靠性得到初步证明。该阶段主要工作属于工程预先研究,通过原理演示系统,检验并分析关键技术的突破及必须达到的技术指标要求。

成熟度 6(ATRL6):构建一体化处理原型系统。该阶段仍然开展工程预先研究,属于技术应用和论证过程的飞跃阶段,在系统运行环境中验证主要功能指标满足设计要求,确保无颠覆性问题,所定义的数据信息产品可以模拟生产,证明整个技术方案高度可信。达到这个成熟度,卫星可以上天,地面应用系统可以开展工程构建。

成熟度 7(ATRL7):开发并测试业务系统。在小样本量情况下产品品种、规格、质量、规模、时效性通过实验和验证,确认业务系统技术符合设计指标要求,技术可以纳为最终形式的应用。开展载荷应用技术适用性评价,表现为业务系统通过测试和评估,满足设计具体要求,其中包括支撑技术的要求。

成熟度 8(ATRL8):实现业务系统稳定运行,具有面向多种应用需求的适用性。通过成功的任务运行确认技术符合要求,表征该技术以其最终形式在实际任务环境中得到应用,形成价值链,通过运行测试评估及综合认证。

成熟度 9(ATRL9):形成了高度认可,可以长时期地开展系统业务化稳定运行,实现业务常态化,并持续优化信息产品。信息产品需求设计与满足得到验证,具有较好的用户体验,实现了系统性认可。达到此级别后再提升至更高级别的成熟度等级,不仅有技术上的影响,而且将受到更多因素的影响。

成熟度 10(ATRL10):系统产品进行市场开发与推广,形成按需供给的业务化产品生产能力,提供高质量的后市场服务。在该阶段开展满意度评价,深化需求。从这个阶段开始,市场的影响将逐步发挥重要甚至主导作用,应用技术作为关键因素之一参与其中。

成熟度 11(ATRL11):具有完善的业务/产业链,可为国内外用户提供商业化服务。实现应用系统产品的可持续性服务,建立完善的产业链,实现系统的可持续发展,通过实证进一步促进新兴技术的发现、识别,进入更高层次的应用阶段。

ATRL 是用于判断应用技术的状态和变化程度的依据。任何一种好的技术都需要经历从技术构建到技术成熟这一过程,该过程需要不断解决关键问题并积累成果。技术处在不同的状态需要有不同的要求,通过测试和评价指出正确的研究方向,通过对需求和问题进行分析给出合理的解决方案。

2）全过程质量检验体系

全过程质量检验体系(CVVAR)指遥感器研发与应用中以定标(calibration)、真实性检验(validation)、验证(verification)、认证(accreditation)、实证(real world data)为主要节点的置信与质量保障技术与能力体系,使全过程评价与能力体系构建成为可能。CVVAR综合了基于归纳、推演、类比、比较分类等思维方式构建的实验、模型、仿真、大数据等现代科学研究范式,既支持遥感器研发初期的知识积累,也支持技术研发与工程实践,还支持生产运行与应用服务进行最广泛的验证与评价,是遥感应用基础设施的重要组成部分。

CVVAR的质量保障技术与能力体系通过设立标准及实现标准的途径所形成的工序和工艺,确实存在GPP。通过给出处于不同发展阶段与层次的卫星遥感应用技术的“进阶”要求,从而牵引并保证卫星应用发展有章可循,有路可行。

卫星遥感应用CVVAR质量保障不仅需要技术,而且要建立在一定的设施条件上,才能有效服务研发、上天前、在轨、运行、后评价等全寿命周期的技术发展与变化。例如,卫星的在轨测试是一个“航天-航空-地面”一体化的系统工程,必须要同步开展卫星、飞机和地面的观测等,实验室和试验场必不可少,卫星观测状态分析、模型构建与仿真分析必不可少。

按照现代科学范式开展研究与知识积累,要有实验条件、模型与仿真的设施条件保障,以及使用者信息共享和在科技界发表意见的条件,这些设施条件与技术体系共同构成了我国卫星应用的基础设施中工程系统的重要组成部分。

图1.4对不同ATRL阶段开展的实验以及技术保障要求进行了概括性描述。整个技术成熟度提升的过程可以分为三个标准化流程,这三个流程的GPP方法针对不同层次与阶段开展的实践内容,以及面向应用的航天遥感新型遥感器技术研发所处的位置,可概括为技术认知、技术方法和技术实践三个标准化流程,通过“认知—方法—实践”之间的转换关系来体现。

	认知	技术工程	评价
ATRL11 ATRL10 ATRL9 ATRL8	改进提高	改进提高	更大规模时空域下的实践 综合认证 大样本量(真实性检验、核验)
ATRL7 ATRL6 ATRL5	改进提高	工程系统 原型系统	外场、实验室 仿真 小样本量(定标、真实性检验)
ATRL4 ATRL3 ATRL2 ATRL1	技术可行性、价值分析 需求标准化 需求汇总、优化、要素化	原理系统	外场、实验室 模型分析 仿真 大数据调研、综合分析等

图1.4 ATRL标准化流程概括性描述

在 ATRL 处在 1~4 级的认知阶段，通过技术仿真、实验室实验、部分外场试验及原理系统的搭建，提升对观测对象特征、观测原理、人的需求的认知，形成系统概念，整体把握机理与方法、信息要求与数据产品集。通过应用汇总、应用优化、要素化、指标标准化、载荷/系统等价化、技术可行性分析及价值效益分析，完成对需求的定义，并形成技术指标集。

在 ATRL 处在 5~7 级的技术工程阶段，通过原型系统、工程系统研发，并在卫星上天后开展小样本量实验，证明工程系统对设计指标的实现程度。通过对数据信息虚拟产品品种、规格、质量、规模与时效性的检测来对整体技术方案进行评价。

在 ATRL 处在 8~11 级的实践阶段，通过大时空域样本数的检测确定与验证目标设计是否合理、关键技术是否成熟、是否能满足目标要求，并对应用效果进行评价。需求的满足度是技术实践过程最终结果性的考核。

需要注意的有两点：一是以上的“认知—方法—实践”是遵从人在实践过程中的作用体现规律的，即按照 PDCA 的方式不断进行认识水平、技术能力的改进提升；二是这个过程是三个层次内容的同步推进，相互作用，仅在不同阶段的显现程度不同。

3）满意度评价模型

从满足服务用户需求、提升认可度、最终达到用户满意的角度，航天遥感信息这种人造事物的属性特征可以分为三个层次：一是体现人的认知、满足人们需求的功能性和性能性指标，表现为品种与规格；二是能达到这种人造事物标称的程度，表现在质量的好坏上；三是具体应用所需的这种人造事物的提供能力，表现在规模与时效性上。

通过对航天遥感信息属性分析可以知道，有效分析航天遥感信息对客观实体描述的“不确定性”与可信性、评价航天遥感信息服务应用的能力及人对这种工具手段的认可程度是从主客观把握航天遥感信息状态的两个重要方面。一方面的终极方向是“真实”，另一方面的终极方向是“人的满意”。按照信息特性构建的满意度模型结构如图 1.5 所示。满意度模型的构建是综合了人的需求、价值、利益而形成的。

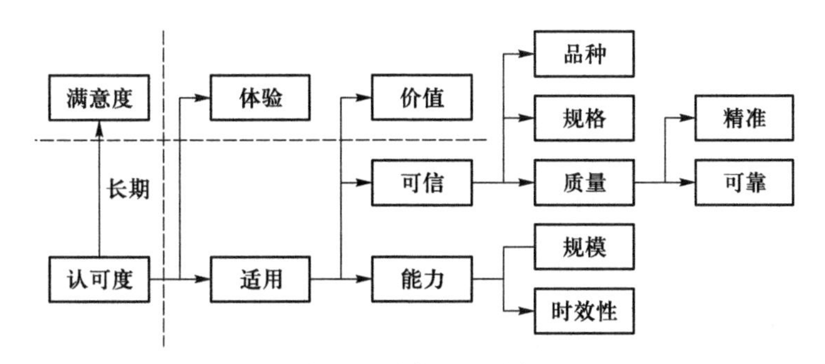

图 1.5 航天遥感信息的满意度模型

特别注意，满意度是根据人的期望设定的，对于技术突破性的任务，有些是探索性的，有些是填补空白、解决有无的，有些是以产生社会效益为主的，有些是以产生经济效益为主的，等等。期望与付出的代价完全不同导致满意度指标要根据具体情况设定。

4）遥感应用工程建设

遥感应用工程是遥感应用发展到一定程度形成的、以系统工程为特征的应用研究与推广形式，有力促进了知识的系统性积累，推进遥感器工程与遥感信息工程的发展。开展DPC新型遥感器应用研究的技术跨度大，延续时间长，发展阶段多，需求、技术、知识间关系的有序梳理与演进需要按照系统工程方式开展，以有效平衡创新与风险，将多试验、探索性、冗余性、系统性研究高效收敛到具有可行性的方案上来。

(1) 科研性应用工程组织

创新是人的智慧在科学技术能力体系支撑下发挥作用的实践过程，这个过程在现代社会大多以项目的方式表现出来。大型科研性研究项目是否让人满意，不仅在于可预期成果的按计划产出，而且很大程度上体现在一些关键问题的解决及创新突破上，产生某种“惊喜”也是对这类项目合理的期望。科研项目是采用系统工程方法对这种性质的研究开展的一种有序的、体系性的组织管理。

多角度偏振成像仪(Directional Polarized Camara，DPC)科研工程项目是既具有科研性质，又具有工程特点的大型活动。作为科研内容与工程方式相结合的产物，既具有科研项目的探索性，又具有一般工程的特性。科研工程的现代管理方式是项目，是为了达到预期目标，投入一定量的资源，在一定的约束条件下，经过决策与实施的必要程序，从而形成人造事物的定性任务。这类项目具有探索性和创造性、一次性、资源成本约束性、不确定性和风险性、表述困难和隐藏性，以及具有特定的委托人等特点。科研工程项目的这些特征对工程项目管理提出了较高要求。

技术成熟度的跨度大，成功的创新与提升技术成熟度是核心。整个过程具有以下特征：

① 涉及范围广，科研规律表现不同；② 表现为综合集成的开放复杂系统，价值取向多样，评级体系复杂；③ 具有工程系统和系统工程的综合特点；④ 科学决策困难，协调难度大，成果管理挑战性大；⑤ 科研项目管理存在信息不对称是常态。

科研工程项目管理具有关注成本效益、明确重点、过程协同、信息集中和响应灵活性的特点，这些均需体现在计划、组织、控制这三项管理的基本职能中。包括以下方面：

- 组织构建研究：落实项目各成员在项目实施中的职、责、权的动态管理结构体系；
- 实施过程管理研究：是一个动态的复杂过程；
- 创新风险管理研究：全过程相伴相随，时刻对研究过程进行动态分析与评价；
- 成果集成管理研究：内容包括数据、信息、知识、软件、硬件等；
- 信息化管理研究：内容包括信息分类、编码设计、信息分析、信息流程与信息制度等。

(2) 组织与过程管理

项目总体是实施项目控制的主体。项目总体代表项目承担单位和项目负责人组织管理项目，负责项目组织、计划及实施过程，处理有关内外关系，协调课题群间的接口关系，保证项目目标的实现。

DPC工程是一个大型科研性活动的综合集成，是大型工程建设的预先研究，一般具有科技探索与工程实施双重性，风险分布不均匀，新技术方法与成熟技术方法在项目整个生命过程中的比例最为接近，有别于传统的工程项目与科研项目。这对科研与管理工作的开展提出了新挑战，需要抓住关键，实现突破。

(3) 创新与风险管理

科研工程项目具有一定的风险性，须建立有效的风险分担机制和规范风险投资机制，并进行有效的过程管理和风险控制，同时激励承研单位按时保质完成项目研发任务。

创新与风险管理要围绕项目战略进行，如果脱离战略开展管理设计与实施，则难以有效把握局面，不能形成项目的有效经营和实现效益最大化。具体管理方法有两种：

- 柔性过程支撑管理：包括时间管理柔性、成本管理柔性、质量管理柔性、风险管理柔性和人力资源管理柔性；
- 技术增量管理：以"存量"为基础，长期保持一种"增量"式模式。

项目创新动态评价体系：项目考核评价定量指标（质量指标、进度指标、工程成本降低额及降低率）、项目考核评价定性指标（经营管理理念、管理策划与过程、管理过程）以及项目综合考核评价指标分析。

航天遥感科研工程项目成果管理：

- 创新成果的发现、识别管理：从集成改进型创新和原始颠覆式创新两方面判断。
- 创新成果分析与判断：创新成果内容、作用与形式的判断；课题成果技术自查；项目经理技术报告和专家审查会。
- 创新成果的应用与项目整体技术提升管理：科研工程项目创新确认过程的阶段与PDCA循环对应。科研工程项目创新成果转化过程大致分成4个阶段，即项目验收阶段，信息收集与项目成果检查、改进阶段，项目实证阶段，标准化、创新提高阶段。
- 数据、信息、知识与智慧的管理：项目成果的AIT(Assembly Integration & Test)具有系统性，是一种推断非确定、非或然的过程。它以知识为基础，能够利用所存储的信息和知识整合成新的知识，并能对更多隐含知识进行理解。

1.2 偏振遥感基础

1.2.1 多角度偏振成像仪研发历程

1) 国外与我国多角度偏振遥感技术发展

偏振由于独特的探测优势而备受关注，包括我国在内的重要航天大国都有发射偏振载荷的计划。偏振是电磁波的重要特征。非偏振的太阳光被大气中的气溶胶和云粒子散射后,其偏振特性会发生变化,产生偏振现象。多角度偏振成像仪通过测量后向散射的偏振特性,可以得到大气气溶胶和云粒子的更多信息。大气气溶胶和云的偏振特性及其变化与大气气溶胶和云的光学和微观物理特性密切相关,使得偏振遥感技术可以应用于大气气溶胶和云的光学、微观物理特性参数探测。大量研究表明,偏振是由单次镜面反射产生的。自然界有大量的天然反射起偏器,如水面、道路、海洋、冰、雪、云和光滑的植物叶片等,太阳光经过它们的反射后均能产生偏振。偏振遥感正是利用这一特征为遥感目标提供新的、丰富的信息。与其他传统光学和辐射学遥感相比,偏振探测技术有三方面的独特优点:① 偏振探测可以解决云和气溶胶的谱分布等传统光学遥感无法解决的一些问题;② 偏振测量无须准确的辐射量就可以达到相对较高的精度;③ 获得偏振测量结果的同时,还能得到辐射量的测量数据。偏振遥感的独特之处是可以解决传统光学遥感无法解决的一些问题,目前已经成为世界各国重点研究的热点。

偏振遥感是遥感应用中的一个新的研究方向,并具有很大的应用和发展潜力。偏振遥感最早应用于天文学领域,主要用来探测地球表面和大气的物理特性。地球和其他行星表面的目标,在反射、散射、透射和吸收电磁波的过程中,会产生由其自身特性所决定的特殊偏振信息。因此,提取、分析地球和大气的辐射偏振信息,对于地球自身和其他信息的遥感探测有着重要的意义。

(1) 国外偏振遥感技术发展

20世纪70年代,Lyot和Dollfus利用偏振技术进行了关于行星表面和大气的研究。1984年起,美国国家航空航天局(NASA)先后6次在Discovery号航天飞机上由航天员使用偏振双相机系统尝试了对地偏振成像观测实验。由美国SpecTIR公司研制的RSP(Research Scanning Polarimeter)仪器,有9个光谱偏振通道,通过航空飞行实验获取扫描偏振成像数据,进行陆地和海洋上空气溶胶光学特性和微物理特性研究(Dubovik et al., 2019)。由于航空遥感无法达到全球范围大尺度的要求,在RSP仪器研制和实验研究的基础上,美国研制了下一代星载气溶胶偏振测量仪器(Aerosol Polarimeter Sensor, APS),作为NPOESS(National Polar-orbiting Operational Enviromental Satellite System)综合遥感平台的有效载荷,APS采用沿轨扫描方式工作,获取大气的多角度偏振信息,工作波段从可见光/近红外延伸至短波红外,由于仪器设计有在轨定标装置,其设计的偏振测量精度可以达到0.2% (Mishchenko et al., 2007)。

20世纪80年代后期,法国里尔大学开始研制POLDER(Polarization and Directionality of the Earth Reflectance)仪器,主要目的是探测大气云、气溶胶、陆地表面和海洋状况。其中,443 nm、665 nm和865 nm三个波段具有线偏振测量功能。1990年起,里尔大学开始了POLDER的航空校飞实验,同时该大学通过地面同步配合实验完善了反演方法。法国国家空间研究中心(CNES)的POLDER基本上是基于航空型POLDER发展成型的,并于1996年和2002年先后两次将POLDER-Ⅰ型和Ⅱ型搭载于日本的ADEOS卫星发射升空。仪器随着卫星的沿轨拍摄,可以从13个不同的视角观测同一个目标,测量时间为160 ms。仪器视场大小:沿轨±42.3°,穿轨±50.7°。星下点地面像元尺寸:沿轨6.0 km,穿轨7.1 km。

扫描范围为 2400 km，绕地球运行一周需要 101 分钟，周期为 41 天。1999 年 12 月起，CNES 还开始了 PARASOL（Polarization and Anisotropy of Reflectances for Atmospheric Sciences Coupled with Observations from a Lidar）仪器的基础研究，在 PARASOL 的偏振测量波段中，将 POLDER 中的 443 nm 波段更改为 490 nm 波段，并于 2004 年 12 月 18 日在法属圭亚那发射升空，与 AQUA、CALIPSO、CLOUDSAT、OCO、AURA 等组成 A-Train 系列大气探测卫星星座，将星载大气探测能力提高到一个新的阶段。2017 年 12 月 23 日，日本成功发射了极轨气候观测卫星 GCOM-C，搭载了第二代全球成像仪（SGLI）。SGLI 包括 18 个观测波段，其中 673.5 nm 和 868.5 nm 为偏振探测波段，星下点空间分辨率为 1 km×1 km（Kokhanovsky，2013；Kokhanovsky et al.，2015）。

国外在基于多角度偏振数据进行气溶胶的反演方面已经开展了许多研究。法国的 POLDER 研究小组最早进行陆地上空气溶胶多角度偏振遥感研究，Herman 等（1997）用机载 POLDER 仪器的观测数据，讨论了反演陆地上空气溶胶的方法；Deuzé 等（2001）用 POLDER-Ⅰ偏振辐射资料反演了陆地上空 865 nm 波段的气溶胶光学厚度（AOD）和 Angstrom 指数，给出了陆地上空气溶胶指数的全球分布。Tanré 等（2011）系统介绍了 PARASOL 气溶胶海洋/陆地业务算法的流程和主要产品，从全球尺度给出了 PARASOL 的反演结果并与全球气溶胶观测网（AERONET）的基准产品进行了对比验证。Dubovik 等（2011）利用多角度偏振卫星探测技术，发展了基于多源数据的最优化统计算法，该算法将前向模型和数值反演分别考虑，基于对反演噪声影响的统计优化估计，通过最小化所有测量值和理论模拟值来确定经过平滑的最优解，能够获得比较完整的气溶胶光学和微物理参数。

（2）我国偏振技术研究历程

我国有许多学者致力于用偏振遥感信息反演地表参数和大气参数的方法（Li et al.，2018；郑逢勋等，2019）。赵云升等（2005，2010）开展了典型地面目标偏振反射特性研究，研究重点是目标的室内偏振测试分析，并取得了关于植物单叶、水体、土壤、岩矿等方面的系列成果，建立了地面目标偏振反射特性的数据库，2000—2004 年开展了地面目标野外偏振测量与研究，获得了中国科学院净月潭遥感实验站野外数据，根据实测数据揭示了土壤的偏振反射特征，分析了影响土壤偏振反射的主要因素。研究发现偏振信息与地物目标的结构、化学成分、水分含量、岩石中的金属含量等有关，不同的矿物会产生不同的偏振，不同性质的土壤、植被的偏振也不同，这对于研究水旱环境、土壤墒情和侵蚀等有着广阔的应用前景，也可以用于研究植被生长、病虫害、农作物的估产等。

赵永强等（2011）在国内较早从事偏振原理、偏振反射率模型、偏振目标检测和分类方面的研究，并在 2011 年出版了《成像偏振光谱遥感及应用》，全面系统地介绍了成像偏振光谱理论及应用，为成像偏振光谱系统的设计、目标涂层偏振光谱学特性建模分析、基于成像偏振光谱技术的伪装和隐身目标检测分类等提供了科学的理论知识、翔实的实验数据以及实用的辨别方法。书中首先介绍了成像偏振光谱的光学基础、改进成像性能的方法以及偏振成像的发展趋势；其次给出了偏振光谱图像的获取方法、关键器件、成像系统的构建和定标方法；然后对目标、背景二向反射特性进行分析，研究了目标和背景的二向反射测量方法和建模理论,并针对具体的目标和背景给出了几种模型示例;最后分别以伪装、隐身目标检测和分类为背景,研究了偏振光谱图像的分析、处理方法,并给出了所开发的偏振光谱信息处理软件。

陈良富等(2011)长期从事大气参数反演方面的研究,在利用MODIS数据进行气溶胶参数反演以及气溶胶传输规律分析方面进行了大量研究,同时也采用POLDER偏振卫星获得的数据进行气溶胶反演。2011年出版了《气溶胶遥感定量反演研究与应用》,对海洋上空和陆地上空的偏振气溶胶反演方法进行了整理和总结,同时也介绍了常用的偏振反射率模型。

晏磊等(2014)在偏振设备的研发与地表偏振目标反射率规律研究方面有大量的成果,利用偏振采集设备对多种地物的偏振反射特性进行了详细的研究,2014年出版了《偏振遥感物理》,从偏振遥感在地物参数反演的应用、偏振遥感在大气参数反演的应用及偏振遥感应用的新领域三个方面系统地介绍了偏振遥感反演地表参数、大气参数及导航等的基础、原理、方法及结果验证。2013年,晏磊团队的"偏振遥感数字成像系统"获得了日内瓦国际发明展金奖。

顾行发等(2015)是国内最早从事航空和航天偏振载荷综合论证和应用研究的团队。顾行发从法国回国后就致力于国产偏振载荷的论证和研发工作,参考法国POLDER载荷的技术特点,联合中国科学院安徽光学精密机械研究所(后简称"安光所"),设计并研发了航空多角度偏振成像仪(DPC)并进行了大量的航天飞行验证工作。航空DPC载荷为高分五号航天偏振载荷的研发提供了重要技术支撑。此外,顾行发团队在偏振原理、偏振大气反演、偏振地表反射率模型研究、偏振应用等方面也进行了大量的研究。2015年出版的《大气气溶胶偏振遥感》,介绍了气溶胶偏振遥感理论基础和球形、非球形气溶胶散射特性模拟,并基于地表偏振反射机理和植被、土壤等典型目标偏振模型,改进了PARASOL载荷的气溶胶光学特性反演算法。同时,在地基仪器进行偏振定标的基础上,建立了气溶胶光学和物理参数的地基反演模型算法。

此外,段民征和吕达仁(2007,2008)提出了综合利用卫星标量辐射和偏振信息来同时确定陆地上空大气气溶胶和地表反照率的反演方法,Fan等(2009)利用PARASOL多角度偏振数据对北京地区城市气溶胶进行了研究,Su等(2010)利用POLDER数据对东亚地区气溶胶特性进行了分析。

2) DPC遥感器论证与高分五号载荷工程

(1) 需求认识

我国社会经济发展带来了很多环境问题,在经济快速发展的20世纪末及21世纪初愈发突出。国家航天局航天遥感论证中心在2004年成立伊始,即酝酿服务我国大气环境监测的DPC项目,并在其研发过程中对研究目标、意义与作用有了更多理解与认识。相对于先行一步的国外偏振星载载荷服务全球大尺度,特别是海洋上空大气气溶胶的情况,发展我国DPC要更加关注我国陆表上空气溶胶情况。

星载 DPC 从研制到最终定型发射，经历了一个长期、完整、系统的过程，包括最初的需求与论证、方案设计、机载平台的研制与地面实验、偏振数据的处理与遥感应用等。科学论证的思想在星载 DPC 的研制过程中得到了具体的应用并取得了预期的效果。

论证过程中利用偏振遥感系统开展了针对观测对象的“探测绘”研究，针对大气、水体、岩土、植被以及建筑等人造事物开展知识积累。基于对应用方法与技术的掌握，论证应用产品体系、遥感器采样“6 根”设置、遥感信息系统原型系统建设等。通过 DPC 项目论证、设计与实验过程，逐步完成知识体系构建、工程技术实现、应用示范推广。结合这些宝贵的经验对科学论证在多角度偏振遥感中的应用进行阐述，对于将来更多多角度偏振载荷的设计与应用也具有参考价值。

（2）过程情况

星载多角度偏振载荷的研究一般都要经历地面样机的生产、实验室定标、航空飞行测试、航空飞行定标等步骤，然后才能发射到卫星轨道进行在轨数据采集。地面样机的生产以及航空飞行实验对星载多角度偏振载荷的成功运行非常重要。以高分五号(GF－5)卫星 DPC 为例，研发的历程包括前期的调研、载荷参数设计、地面样机设计、航空飞行实验、数据分析与验证等过程。星载 DPC 的研究开始于 2008 年左右，当时中国科学院遥感应用研究所顾行发研究员作为中国科学院引进人才从法国回到国内。法国作为欧洲航空遥感大国，在偏振领域有着深厚的研究基础，第一个星载的多角度偏振载荷 POLDER 就是由法国设计的，虽然第一次和第二次发射后都由于卫星设备故障导致工作时间较短，但是 POLDER 载荷为后来“A-Train”计划中的 PARASOL 载荷的成功长时间(2005—2013 年)运行奠定了坚实的基础。

由于多角度偏振数据在大气定量遥感领域有着重要的应用，而国内当时对偏振的研究主要还集中在地表偏振的探测，对星载数据的研究也主要是以 POLDER 数据为主，因此研发团队联合安光所开展了基于航空 DPC 的应用研究工作。

航空 DPC 的研究以 POLDER 载荷为原型，具有三个偏振通道以及多个非偏振通道，采用 0°、60°、120°三个偏振角度来采集三组不同数据，利用图像匹配来实现不同偏振图像之间的配准。航空 DPC 研制的过程中，相机的偏振定标是一项重要的内容，研发团队在安光所和武汉大学进行了多次实验室测量与定标的工作，研究在轨定标的算法。

为了验证航空 DPC 的性能以及数据质量，先后开展了四次航空飞行实验，前面两次主要验证多角度偏振相机的拍摄与采集功能，第三次选择在广东省中山市进行综合飞行实验，利用 Y－12 飞机搭载航空 DPC 相机对中山市区以及附近海域进行了连续数据采集，并对飞行后的数据进行了定量反演，获得了气溶胶光学厚度。第四次在天津的飞行实验由于硬件的老化导致数据质量下降。航空 DPC 的研制与数据分析对于星载 DPC 具有重要的意义，大量的关键技术在航空 DPC 的研制过程中被攻关，这个过程中暴露的问题也成为星载 DPC 设计的前车之鉴。

随着高分系列卫星的立项，星载 DPC 也确定成为 GF－5 卫星的重要载荷，提供的多角度偏振数据为全球陆地气溶胶的反演提供重要支撑。以航空 DPC 为原型，星载 DPC 在硬件架构方面进一步提升，最终在2018年5月成功发射，目前已经可以提供多角度的偏振观测数据。

(3) 学科建设中的实践案例

多角度偏振成像仪是在新世纪开始落实“自主创新、重点跨越、支撑发展、引领未来”的集知识积累、信息过程、软硬件研发于一体的项目。通过多年实践，逐渐形成了对遥感学科的系统性认识，遥感学科应该包括研究“探测绘”方法与技术的遥感应用学，研究各种类型遥感器的遥感器学，以及研究遥感信息工程的遥感工程学。在这两个项目中，人、遥感系统、观测对象间的关系如图1.6所示。

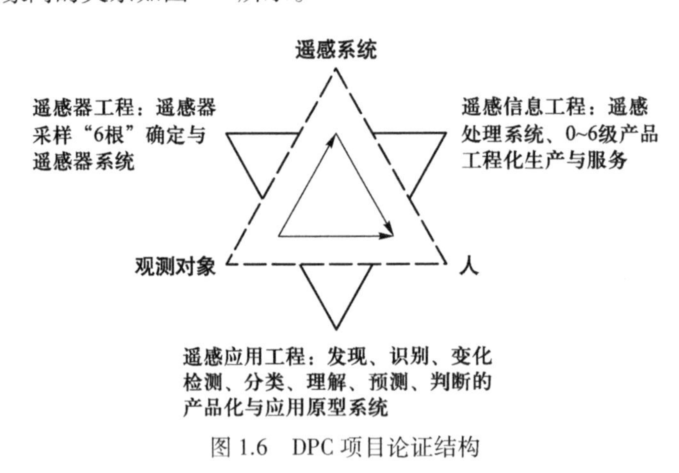

图1.6 DPC项目论证结构

通过开展应用研究，明确DPC在人对特定观测对象认知过程中的作用，形成完整的应用产品体系以及技术需求，并以此作为依据，牵引DPC遥感器工程与信息工程的开展。同时，DPC遥感器与信息系统技术的发展也推动了应用水平与能力的提升。从学科建设与发展角度，也有力推动了遥感应用学、遥感器学与遥感工程学的设立与发展。

1.2.2 偏振光与偏振遥感器

1) 偏振光的表示方法

光是一种电磁波，偏振是体现光的电磁波性质的重要特征，也是光波的横波性的重要标志。由于光波是横波，其光矢量在垂直于光传播方向的平面内进行非对称的振动，于是产生了光的偏振现象。

在电磁理论中，任意光的电磁场是可以由电场强度 $\boldsymbol{E}$、磁场强度 $\boldsymbol{H}$、电感应强度 $\boldsymbol{D}$ 和磁感应强度 $\boldsymbol{B}$ 四个矢量完全描述的，在空间大气遥感领域中，研究对象一般只涉及平面光波。由于光波是横波，电场强度矢量 $\boldsymbol{E}$ 和磁场强度矢量 $\boldsymbol{H}$ 彼此正交，均与光波前进方向垂直，两者振幅大小成正比且相位相同，而且在光波与物质发生作用时，电场作用比磁场作用大得多，因此光矢量完全可以用它的电场强度矢量 $\boldsymbol{E}$ 描述。

将光的传播方向定为 z 轴,平面波的电场矢量 $\boldsymbol{E}$ 为

$$\boldsymbol{E}=\boldsymbol{E}_0\cos(\omega t-kz+\alpha_0) \tag{1.1}$$

为了描述光波的偏振态,我们可以刻画振动面内电场强度矢量的端点轨迹,于是将电场强度矢量 $\boldsymbol{E}$ 分解为 x、y 方向的两个分量:

$$E_x=E_{0x}\cos(\omega t-kz+\alpha_x) \tag{1.2}$$

$$E_y=E_{0y}\cos(\omega t-kz+\alpha_y) \tag{1.3}$$

式中,ω 为光的频率,E_0 为振幅,t 为时间,z 表示传播方向的坐标,k 为光的波数,α_0 为相位,E_{0x} 和 E_{0y}、α_x 和 α_y 分别表示 x、y 方向的振幅和相位。于是电场强度矢量端点在 xy 平面内刻画出的曲线方程为

$$\left(\frac{E_x}{E_{0x}}\right)^2+\left(\frac{E_y}{E_{0y}}\right)^2-2\frac{E_x E_y}{E_{0x}E_{0y}}\cos\alpha=\sin^2\alpha \tag{1.4}$$

其中

$$\alpha=\alpha_y-\alpha_x \tag{1.5}$$

一般情况下,式(1.4)是一个椭圆方程,相应描述的光是椭圆偏振光;当 α 是 π 的整数倍时,式(1.4)变为一个直线方程,相应描述的光是线偏振光;当 α 是 $\pi/2$ 的奇数倍时,式(1.4)变为一个圆方程,相应描述的光是圆偏振光。

为了便于偏振光的应用研究,1852 年 Stokes 提出了用 Stokes 矢量 $\boldsymbol{S}$ 来描述一个光波的强度和偏振态:

$$\boldsymbol{S}=[I\ Q\ U\ V]^{\mathrm{T}} \tag{1.6}$$

在 Stokes 矢量法中,令被研究的光分别透过一系列偏振片,并分别测量其通过各偏振片后的光强,这些偏振片的透光特性依次是:透光轴与 x 轴夹角为 0°的偏振片;透光轴与 x 轴夹角为 90°的偏振片;透光轴与 x 轴夹角为 45°的偏振片;透光轴与 x 轴夹角为 135°的偏振片;左旋圆偏振片;右旋圆偏振片。光透过偏振片后测得的光强依次为 I_0、I_{90}、I_{45}、I_{135}、I_{LC}、I_{RC}。由此定义出四个 Stokes 分量:

$$I=I_0+I_{90} \tag{1.7}$$

$$Q=I_0-I_{90} \tag{1.8}$$

$$U=I_{45}-I_{135} \tag{1.9}$$

$$V=I_{\mathrm{RC}}-I_{\mathrm{LC}} \tag{1.10}$$

另外一种常用的偏振表示方法是1892年邦加(H. Poincaré)提出的邦加球法。在如图1.7所示的一般椭圆偏振光中,它的偏振态可以由椭率角χ和偏振角ψ这两个方位角完全确定,偏振角ψ定义为椭圆长轴与x轴夹角,椭率角χ正切值定义为椭圆半短轴与半长轴之比。

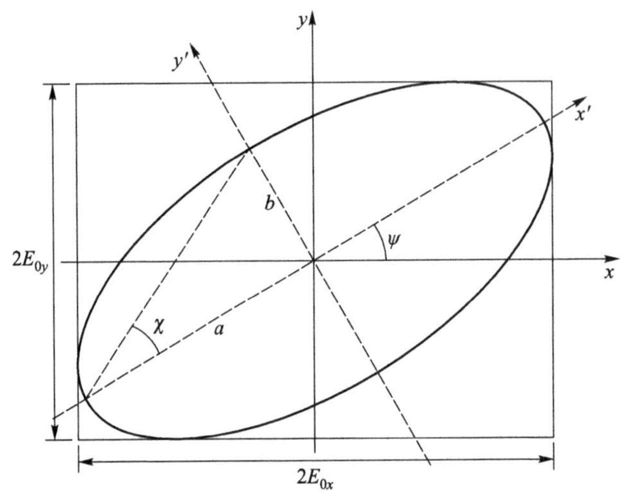

图1.7 椭圆偏振光各参量关系

利用2χ和2ψ分别表示球的纬度和经度,就构成了邦加球,如图1.8所示,任何一种偏振态都可以用球面上的一点表示。

$$\tan\chi = \pm\frac{b}{a}, \quad -\frac{\pi}{4} \leqslant \chi \leqslant \frac{\pi}{4} \tag{1.11}$$

其中正负号分别表示椭圆偏振光的右旋和左旋。

在描述完全偏振光时,结合Stokes矢量和邦加球得到如下关系:

$$I = Q^2 + U^2 + V^2 \tag{1.12}$$

$$Q = I\cos 2\chi \cos 2\psi \tag{1.13}$$

$$U = I\cos 2\chi \sin 2\psi \tag{1.14}$$

$$V = I\sin 2\psi \tag{1.15}$$

$$S_0 = I \tag{1.16}$$

观测对象偏振状态可以用Stokes参量来描述,其中I为光的总强度,p为偏振度。

$$S_1 = pI\cos 2\psi \cos 2\chi \tag{1.17}$$

$$S_2 = pI\sin 2\psi \cos 2\chi \tag{1.18}$$

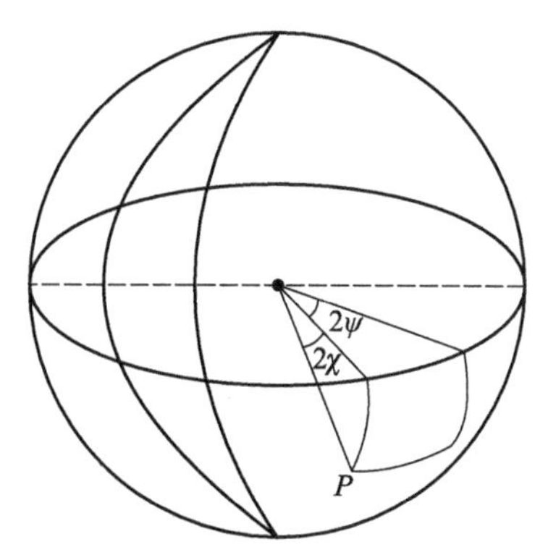

图 1.8 邦加球(P 表示偏振态)

2) 偏振探测原理与方法

从太阳发出的非偏振的自然光进入大气层,大气的散射、吸收等对太阳光产生起偏作用,再与地面目标表面相互作用,形成反射偏振光,再次经过大气介质,到达遥感器。整个过程中,大气、目标/背景、遥感器三者对光波的强度和偏振状态都会产生影响。光学偏振成像仿真就是模拟太阳光线经大气-目标/背景-大气最终到达遥感器系统的一系列复杂的传输过程,以研究目标/背景和大气对太阳光的散射、起偏作用,以及它们之间的相互作用对到达遥感器光束的影响。

目标背景偏振特性仿真实际上就是模拟无偏的太阳直射光经过大气散射吸收、目标反射以及背景环境反射后变为偏振光的过程。通常理论上用偏振二向反射分布函数(bidirectional polarization distribution function, BPDF)表示目标的偏振二向反射特性。

大气环境的影响由经典矢量大气辐射传输模型计算。根据目标背景偏振特性模型和大气偏振特性传输模型,在考虑目标背景和大气的耦合效应后,实现目标反射光、背景环境反射光、大气散射光以及目标背景与大气之间的多次散射光一起到达偏振遥感器这个过程的模拟仿真。

$$\boldsymbol{I}_\lambda^{\mathrm{a}}(\theta_{\mathrm{s}},\theta_{\mathrm{v}},\varphi)=\boldsymbol{I}_\lambda^{\mathrm{atm}}(\theta_{\mathrm{s}},\theta_{\mathrm{v}},\varphi)+\frac{\boldsymbol{I}_\lambda^{\mathrm{suf}}(\theta_{\mathrm{s}},\theta_{\mathrm{v}},\varphi)}{1-\boldsymbol{I}_\lambda^{\mathrm{suf}}(\theta_{\mathrm{s}},\theta_{\mathrm{v}},\varphi)\cdot S}T_\lambda(\theta_{\mathrm{s}})T_\lambda(\theta_{\mathrm{v}}) \tag{1.19}$$

式(1.19)中,λ 代表波长,θ_{s} 为太阳天顶角,θ_{v} 为观测天顶角,φ 为相对方位角;$\boldsymbol{I}_\lambda^{\mathrm{a}}(\theta_{\mathrm{s}},\theta_{\mathrm{v}},\varphi)$ 为传感器入瞳处的归一化后的 Stokes 矢量;$\boldsymbol{I}_\lambda^{\mathrm{atm}}(\theta_{\mathrm{s}},\theta_{\mathrm{v}},\varphi)$ 为大气分子和气溶胶散射产生的归一化后的 Stokes 矢量;$\boldsymbol{I}_\lambda^{\mathrm{suf}}(\theta_{\mathrm{s}},\theta_{\mathrm{v}},\varphi)$ 为目标背景产生的归一化后的 Stokes 矢量;$T_\lambda(\theta_{\mathrm{s}})$ 为入射方向(太阳-目标路径)总的散射透过率,$T_\lambda(\theta_{\mathrm{v}})$ 为观测方向(目标-观测点路径)总的散射透过率;S 为大气半球反射率。

式(1.19)中目标背景产生的归一化后的 Stokes 矢量 $\boldsymbol{I}_\lambda^{\mathrm{suf}}(\theta_{\mathrm{s}},\theta_{\mathrm{v}},\varphi)$,可以由偏振二向反射特性模型或者实际测量获得;$T_\lambda(\theta_{\mathrm{s}})$、$T_\lambda(\theta_{\mathrm{v}})$ 和 $\boldsymbol{I}_\lambda^{\mathrm{atm}}(\theta_{\mathrm{s}},\theta_{\mathrm{v}},\varphi)$ 都与大气散射有关,都可以利用大气矢量辐射传输方程来精确计算。

传感器入瞳处的反射率 ρ 和偏振反射率 ρ_p 与传感器入瞳处的归一化后的 Stokes 参量 I, Q, U, V 有如下关系：

$$\begin{cases}\rho=\dfrac{\pi I}{\mu_0 F_0}\\ \rho_p=\dfrac{\pi\sqrt{Q^2+U^2+V^2}}{\mu_0 F_0}\end{cases} \tag{1.20}$$

式中，μ_0 为太阳天顶角的余弦，F_0 为大气层外的太阳辐照度。

根据遥感器每个波段的波段范围和光谱响应函数，由式(1.19)和式(1.20)求得传感器入瞳处的偏振反射率 ρ_p，即可实现考虑目标背景和大气耦合的光学偏振成像仿真。

1.2.3 观测对象遥感器偏振响应

1）气溶胶光学偏振特性参数化与遥感机理

（1）气溶胶介绍

大气气溶胶通常是指悬浮于大气中的微小粒子，粒径分布范围从 0.001 μm 到几十微米。作为地-气系统的重要组成部分，大气气溶胶主要通过直接辐射强迫和间接辐射强迫影响着气候。大气气溶胶同时具有显著的环境效应，直径在 10 μm 以下的大气气溶胶颗粒物(PM_{10})可到达人类呼吸系统的支气管区，直径小于 2.5 μm 的大气气溶胶颗粒物($PM_{2.5}$)可到达肺泡区，最终导致心血管疾病和哮喘的增加，直接对人类健康造成显著的影响，威胁着人类的生存与社会可持续发展。大气气溶胶对可见光的消光作用导致地面能见度显著下降，还会导致交通事故。此外，大气气溶胶还是影响大气校正精度的主要因素之一，其精度是开展卫星遥感定量应用的关键。

（2）矢量辐射传输模型与气溶胶偏振

① 球形均质气溶胶偏振遥感机理研究。

散射是指电磁波通过散射介质时，由于散射介质具有非均一性结构，引起入射波波阵面的扰动，从而使得入射波中的一部分能量偏离原传播方向，并以一定规律向其他方向发射的过程。大气中的各种散射粒子的辐射效应因其尺度与波长的相对大小不同而采用不同的计算方法，并且在散射计算过程中，通常将大气粒子简化为均匀介质的球形粒子来处理。对于大气中的分子而言，分子尺度远远小于入射波长，其散射辐射场可由瑞利(Rayleigh)散射公式得到精确分析解。而对于大气中的气溶胶粒子和云粒子而言，当入射光为可见光和近红外光等短波波段时，气溶胶粒子尺度远远大于入射波长，一般采用比较复杂的 Mie 散射理论来求解。

如果将入射光和散射光都用 Stokes 矢量来表示，则散射过程可由矢量方程表达如下：

$$\begin{pmatrix} I^{sca} \\ Q^{sca} \\ U^{sca} \\ V^{sca} \end{pmatrix} = \frac{\sigma_s}{4\pi R^2} \boldsymbol{P}(\Theta) \begin{pmatrix} I^{inc} \\ Q^{inc} \\ U^{inc} \\ V^{inc} \end{pmatrix} \tag{1.21}$$

其中,R 是散射粒子和观测点之间的距离;σ_s 是粒子的散射截面;$\boldsymbol{P}(\Theta)$ 称为散射矩阵,若粒子是随机朝向、旋转对称和独立散射的,$\boldsymbol{P}(\Theta)$ 可简化为 6 个独立的元素:

$$\boldsymbol{P}(\Theta) = \begin{pmatrix} P_{11}(\Theta) & P_{12}(\Theta) & 0 & 0 \\ P_{12}(\Theta) & P_{22}(\Theta) & 0 & 0 \\ 0 & 0 & P_{33}(\Theta) & P_{34}(\Theta) \\ 0 & 0 & -P_{34}(\Theta) & P_{44}(\Theta) \end{pmatrix} \tag{1.22}$$

其中,Θ 是入射方向和散射方向之间的矢量夹角。

散射矩阵的第一个元素 $P_{11}(\Theta)$ 称为散射相函数,是表征入射光被散射后在各个方向上的强度分布比例的函数;第二个元素 $P_{12}(\Theta)$ 称为偏振相函数,是表征偏振光被散射后在各个方向上的强度分布的函数。

为描述粒子散射的各向异性,定义不对称因子如下:

$$g = \frac{1}{2} \int_{-1}^{1} P_{11}(\cos\Theta) \cos\Theta \mathrm{d}(\cos\Theta) \tag{1.23}$$

对各向同性散射,g 为零;当相函数的衍射峰变得越来越尖锐时,g 也随之增大;若相函数峰值位于后向,g 为负值;$(1+g)/2$ 可以看作积分前向散射能量的百分比数;$(1-g)/2$ 可以看作积分后向散射能量的百分比数。

对于球形粒子的散射问题,1908 年德国物理学家 Mie 从麦克斯韦方程组出发,推导了均匀介质球形粒子的散射。推导通过在球坐标系中假定向量波动方程有可分离的解来进行。完整的推导需要将算法的解展开为勒让德函数和贝赛尔函数,并在球表面匹配边界条件。通过 Mie 散射理论,可以计算出球形粒子球内和球外任意一点上的电场分量。

② 非球形均质气溶胶偏振遥感机理研究。

一般而言,大气中气溶胶粒子是非球形的,特别是沙尘粒子。目前已有不少的理论与实验表明,非球形粒子的光散射特性与其对应的所谓等效球无论是光学截面还是散射函数,都有本质的区别。但是,目前非球形粒子光散射研究所面临的一个基本挑战是如何发展完善快捷而又有足够精度的方法,以及减少巨大的计算资源成本。为了便于处理,在目前的辐射计算中通常采用球形假设。

气溶胶粒子形状与其形成过程和母体的性质有很大关系,总体上可分为等轴状、片状和纤维状三种类别(Dubovik et al., 2006)。由于气溶胶粒子测量难度大,且建模过程复杂,到目前为止对气溶胶粒子形状的几何描述主要是针对规则的等轴状。长期以来,对气溶胶粒子散射特性的理论研究一直使用 Mie 散射理论,即把气溶胶粒子近似看成球形。

而实际上气溶胶粒子并非严格球形，其形状与组成成分有关。近几年来随着非球形粒子测量和识别技术的出现，非球形粒子散射计算方法得到不断改进。目前，T-Matrix 法被公认为是计算非球形气溶胶粒子散射较为有效的方法，已有研究者将此方法运用于气溶胶粒子的散射研究中，这为气溶胶粒子理论研究提供了很好的借鉴。目前国内将气溶胶粒子视为非球形粒子的研究尚不多。

T-Matrix 理论的优点在于计算过程只与粒子的形状、尺度因子、复折射指数以及粒子在坐标系中的方位有关，而与入射场无关。T-Matrix 理论在计算非球形粒子散射问题时，将非球形抽象成 3 种相对规则的形状，分别是椭球体、圆柱体和切比雪夫变形粒子。椭球体的形状用 a/b 来表示，即水平直径比垂直直径；圆柱体的形状用 D/L 来表示，即直径比高度；切比雪夫变形粒子的形状用 $T_n(\varepsilon)$ 来表示，n 和 ε 分别指变形程度和变形参数。

气溶胶的散射特性主要与粒子形状、尺度因子及性质 3 个因素有关。气溶胶常含有多种化学成分，其性质与其形成的源区有很大关系，不同地区气溶胶粒子的性质有很大不同。当考虑气溶胶粒子性质对散射特性的影响时，气溶胶粒子性质主要涉及 2 个参数——复折射指数和谱分布。国际气象学和大气物理学协会按照气溶胶性质，划分为 6 种气溶胶模型：沙尘性气溶胶粒子、可溶性气溶胶粒子、海洋性气溶胶粒子、烟煤、火山灰和硫酸水溶液滴。

气溶胶粒子的形状复杂多样。从电子显微镜获得的图像来看，沙尘粒子在微观形状上通常表现为不规则的几何体，与标准球形形态的差异很明显，其散射特性也与标准球形相差较大。

2）地表偏振遥感机理研究

麦克斯韦的电磁理论可以用来研究地表目标表面反射光的偏振问题，由麦克斯韦电磁理论求出反射光，再根据所得结果分析地表目标表面反射光的偏振问题。

当光倾斜入射到地表目标表面上时，其中一部分将发生反射，另一部分将折射进入地表目标内部。设 α 为入射角，β 为折射角，γ 为反射角，则包括入射光、反射光和折射光的平面构成入射面（图 1.9）。无论入射光本身的振动方向如何，它的电场强度矢量始终可以

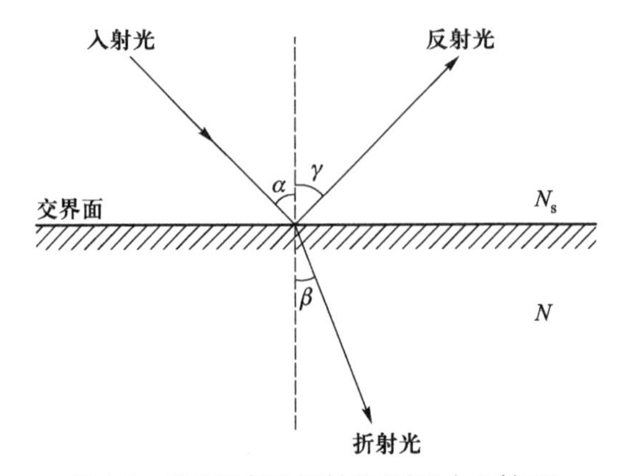

图 1.9 光的反射和折射（图平面为入射面）

分解为垂直于入射面的分量 $\boldsymbol{E}_{10\perp}$ 和平行于入射面的分量 $\boldsymbol{E}_{10=}$，设它们各自的反射光电场强度矢量的分量分别为 $\boldsymbol{E}'_{10\perp}$ 和 $\boldsymbol{E}'_{10=}$，对应的折射光电场强度矢量的分量分别为 $\boldsymbol{E}_{20\perp}$ 和 $\boldsymbol{E}_{20=}$。

根据麦克斯韦方程组

$$\nabla \cdot \boldsymbol{D}=\rho \tag{1.24}$$

$$\nabla \times \boldsymbol{E}=-\frac{\partial \boldsymbol{B}}{\partial t} \tag{1.25}$$

$$\nabla \cdot \boldsymbol{B}=0 \tag{1.26}$$

$$\nabla \times \boldsymbol{H}=\boldsymbol{J}+\frac{\partial \boldsymbol{D}}{\partial t} \tag{1.27}$$

和物质方程组

$$\boldsymbol{D}=\varepsilon \boldsymbol{E} \tag{1.28}$$

$$\boldsymbol{E}=\mu \boldsymbol{H} \tag{1.29}$$

$$\boldsymbol{J}=\sigma \boldsymbol{E} \tag{1.30}$$

再加上两个媒质交界面上电磁场的边值关系，可以推导出光在倾斜入射时的反射和折射强度公式，即菲涅耳（Fresnel）公式。以上各式中，$\boldsymbol{J}$ 为传导电流密度，t 为时间，ε 为介电常数，μ 为磁导率，σ 为电导率，ρ 为自由电荷体密度。菲涅耳公式如下：

$$\boldsymbol{E}'_{10\perp}=-\frac{\sin(\alpha-\beta)}{\sin(\alpha+\beta)}\boldsymbol{E}_{10\perp} \tag{1.31}$$

$$\boldsymbol{E}'_{10=}=\frac{\tan(\alpha-\beta)}{\tan(\alpha+\beta)}\boldsymbol{E}_{10=} \tag{1.32}$$

$$\boldsymbol{E}_{20\perp}=\frac{2\cos\alpha\sin\beta}{\sin(\alpha+\beta)}\boldsymbol{E}_{10\perp} \tag{1.33}$$

$$\boldsymbol{E}_{20=}=\frac{2\cos\alpha\sin\beta}{\sin(\alpha+\beta)\cos(\alpha-\beta)}\boldsymbol{E}_{10=} \tag{1.34}$$

式（1.31）和式（1.32）称为地表目标的振幅反射率公式；式（1.33）和式（1.34）称为地表目标的振幅透射率公式。

式（1.33）和式（1.34）表明，交界面对于入射光的两个分量（$\boldsymbol{E}_{10\perp}$ 和 $\boldsymbol{E}_{10=}$）的物理作用并不相同。不论入射光的偏振状态如何，交界面总是把它的 $\boldsymbol{E}_{10\perp}$ 按式（1.31）反射，而把它的 $\boldsymbol{E}_{10=}$ 按式（1.32）反射，然后 $\boldsymbol{E}'_{10\perp}$ 和 $\boldsymbol{E}'_{10=}$ 再合成反射光。由于两式中的反射系数的比例

不同,故合成的反射光在横向与纵向就产生了差异,其偏振状态就与入射光的偏振状态不同了,这就是反射光存在偏振的真正原因。

比较式(1.31)和式(1.32)的系数,一般来说,$\left|\dfrac{\sin(\alpha-\beta)}{\sin(\alpha+\beta)}\right|$的值要比$\left|\dfrac{\tan(\alpha-\beta)}{\tan(\alpha+\beta)}\right|$大,因此一般存在$|\boldsymbol{E}'_{10\perp}|>|\boldsymbol{E}'_{10=}|$。这种情况下,反射光是垂直于入射面方向振动占优势的部分偏振光。进一步地,随着入射角α值的增大,反射光中的垂直于入射面方向振动的光所占比例增加,即反射光偏振程度增加。到某一特殊入射角θ_B时,$|\boldsymbol{E}'_{10=}|$存在最小值。即当$\theta_B+\beta=90°$时,$\boldsymbol{E}'_{10=}=0$。此时反射光全部是垂直于入射面方向振动的光,即纯粹的直线偏振光。此现象表明,反射光在平行于入射面的方向上的振幅在削弱,而在垂直于入射面的方向上的振幅在增强,且总是朝垂直于入射面的方向发生偏振。

角θ_B又叫作布儒斯特角(Brewster's angle)或起偏角。这是一种极端特例,即当光波以θ_B入射时,反射光和折射光的传播方向正好成直角。图1.10绘出了光波以起偏角θ_B入射到交界面上的情况。此时反射光全部是垂直于入射面的直线偏振光,即振动方向垂直于图面,用黑点表示。此时折射光不是纯粹的直线偏振光,而是平行于入射面的振动占优势的部分偏振光。

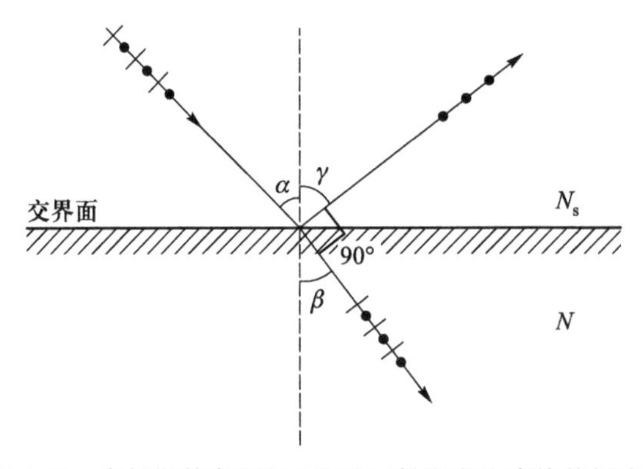

图1.10　布儒斯特角图解(此时反射光变为直线偏振光)

由以上的分析可知,不论入射光的偏振状态如何,只要它以布儒斯特角入射到交界面上,反射光就必定是电矢量垂直于入射面的直线偏振光。当入射角在θ_B附近时,$\tan(\theta_B+\beta)$趋近于无穷大,$\boldsymbol{E}'_{10=}$很小,此时反射光接近直线偏振光。

上面的物理现象表明,当光波在任意物质表面入射时,其反射光都会产生一定的偏振作用。对于不同的物质(如地表目标)表面,是否会产生不同特性的偏振光呢? 产生的这种偏振特征对研究地表目标的光谱学有何意义? 或者说不同的地表目标为什么会产生不同的偏振反射光谱呢?

根据折射定律,当光波入射到交界面上时,有

$$\frac{\sin\alpha}{\sin\beta}=\frac{N}{N_s} \tag{1.35}$$

式中,N_s和N分别为入射光和折射光所在介质的折射率。

同时对于空气，$N_s=1$，于是有

$$\frac{\sin\alpha}{\sin\beta}=N \tag{1.36}$$

这样我们在振幅反射率公式（1.35）和（1.36）中可以通过折射定律来消去 β。为此，将式（1.31）和式（1.32）展开，得到

$$\frac{\boldsymbol{E}'_{10\perp}}{\boldsymbol{E}_{10\perp}}=-\frac{\sin(\alpha-\beta)}{\sin(\alpha+\beta)}=-\frac{\sin\alpha\cos\beta-\cos\alpha\sin\beta}{\sin\alpha\cos\beta+\cos\alpha\sin\beta} \tag{1.37}$$

$$\frac{\boldsymbol{E}'_{10=}}{\boldsymbol{E}_{10=}}=\frac{\tan(\alpha-\beta)}{\tan(\alpha+\beta)}=\frac{\dfrac{\sin(\alpha-\beta)}{\cos(\alpha-\beta)}}{\dfrac{\sin(\alpha+\beta)}{\cos(\alpha+\beta)}}=\frac{\dfrac{\sin\alpha\cos\beta-\cos\alpha\sin\beta}{\cos\alpha\cos\beta+\sin\alpha\sin\beta}}{\dfrac{\sin\alpha\cos\beta+\cos\alpha\sin\beta}{\cos\alpha\cos\beta-\sin\alpha\sin\beta}} \tag{1.38}$$

根据折射定律，可以得到

$$\sin\beta=\frac{\sin\alpha}{N} \tag{1.39}$$

$$\cos\beta=\sqrt{1-\sin^2\beta}=\sqrt{1-\sin^2\alpha/N^2} \tag{1.40}$$

把这两式代入式（1.37）和式（1.38），得到

$$\frac{\boldsymbol{E}'_{10\perp}}{\boldsymbol{E}_{10\perp}}=-\frac{\sqrt{N^2-\sin^2\alpha}-\cos\alpha}{\sqrt{N^2-\sin^2\alpha}+\cos\alpha} \tag{1.41}$$

$$\frac{\boldsymbol{E}'_{10=}}{\boldsymbol{E}_{10=}}=\frac{N^2\cos\alpha-\sqrt{N^2-\sin^2\alpha}}{N^2\cos\alpha+\sqrt{N^2-\sin^2\alpha}} \tag{1.42}$$

从上述两式可以看出，光波经过地表目标表面反射后产生的偏振特征，理论上受两个因素决定和影响，一个因素是光波的入射角大小，另一个因素是地表目标的折射率。对于不同的地表目标，由于地表目标的物质组成不同、组成结构不同，因此它们的折射率也不相同，这样经过它们产生的反射光的偏振特征也随之发生改变。反之，我们可以通过地表目标反射光谱中的偏振特征来反推地表目标的物质性质，常用的典型地表偏振物理模型有 Rondeaux 和 Herman 模型（Rondeaux and Herman，1991）、土壤模型（Bréon et al.，1995），以及半经验的 BPDF 模型。

大量研究表明，地表的偏振反射是由地表小面片目标（如植被的叶片）的镜面反射产生的。对于浓密植被，当假设叶面倾角为均匀分布并模拟光线穿过冠层的透过率时，Rondeaux 和 Herman（1991）提出了一种植被的 BPDF 理论模型：

$$R_{p}^{veg}=\frac{F_{p}(m,\gamma)}{4(\mu_{s}+\mu_{v})} \tag{1.43}$$

针对裸土目标，Bréon 等（1995）采用相同的方法，在假设裸土面片的朝向是随机分布并且光线在土壤内部没有衰减时，提出了一种裸土的 BPDF 理论模型：

$$R_{p}^{soil}=\frac{F_{p}(m,\gamma)}{4\mu_{s}\cdot\mu_{v}} \tag{1.44}$$

式（1.43）和式（1.44）中，R_{p}^{veg} 和 R_{p}^{soil} 分别为植被和裸土的偏振反射率，$F_{p}(m,\gamma)$ 为描述偏振的菲涅耳系数，用来描述偏振的镜面反射，$\mu_{s}=\cos\theta_{s}$，$\mu_{v}=\cos\theta_{v}$，θ_{s} 和 θ_{v} 为太阳天顶角和观测天顶角，m 为地表的复折射指数（一般设置为 1.5），γ 为散射角。

实验表明，植被的 BPDF 理论模型会明显地低估实际观测值，而裸土的 BPDF 理论模型则会明显地高估实际观测值。基于上述理论模型的缺点，Nadal 和 Bréon（1999）提出了一种半经验的 BPDF 模型，公式如下：

$$R_{p}=\alpha\left(1-\exp\left(-\beta\frac{F_{p}(m,\gamma)}{\mu_{s}+\mu_{v}}\right)\right) \tag{1.45}$$

Waquet 等（2009）使用一个阴影函数 $S(\theta)$ 直接对菲涅耳公式进行修正：

$$R_{p}=\xi\times F_{p}(m,\gamma)\times S(\theta_{s})\times S(\theta_{v}) \tag{1.46}$$

$$S(\theta)=\frac{2}{1+\mathrm{erf}(\rho)+(\rho\sqrt{\pi})^{-1}\exp(-\rho^{2})} \tag{1.47}$$

$$\rho=(\sigma\sqrt{2})^{-1}\cot\theta \tag{1.48}$$

该模型有两个参数，ξ 为整体缩放的比例参数，σ 为地表的粗糙度因子。erf 为误差函数，ρ 为中间系数。

Maignan 等（2009）提出了只有一个参数的线性 BPDF 模型，该模型考虑到了归一化植被指数（NDVI）和植被垂直突起对偏振反射率的影响，模型如下：

$$R_{p}=\frac{\alpha_{1}\exp(-\tan\alpha_{1})\exp(-v)F_{p}(m,\gamma)}{4(\mu_{s}+\mu_{v})} \tag{1.49}$$

式中，α_{1} 为入射角，v 为归一化植被指数。

植被垂直突起对偏振的衰减来源于公式：

$$K(\alpha_{1},k)=\exp(-k\tan\alpha_{1}) \tag{1.50}$$

式中，k 为粗糙系数，通常取 0.1~0.3；K 为偏振的衰减程度。

为了得到线性化的 BPDF 模型，Maignan 等将公式等号右侧修改为 $A\exp(-\tan\alpha_{1})$，其

中 A 为拟合参数。

Litvinov 等(2011) 提出了一种具有三个参数的 BPDF 模型,该模型考虑了阴影和地表坡度分布对偏振反射率的影响,模型如下:

$$R_p = \frac{\alpha\pi F_p(m,\gamma)}{4(\mu_s+\mu_v)} f(\boldsymbol{n}_v,\boldsymbol{n}_s) f_{sh}(\gamma) \tag{1.51}$$

$$f(\boldsymbol{n}_v,\boldsymbol{n}_s) = \frac{1}{\pi\mu_n^3 2\sigma^2} \exp\left(-\frac{1-\mu_n^2}{\mu_n^2 2\sigma^2}\right) \tag{1.52}$$

$$f_{sh}(\gamma) = \left(\frac{1+\cos k_\gamma(\pi-\gamma)}{2}\right)^3 \tag{1.53}$$

$$\mu_n = \frac{\boldsymbol{n}_v^2+\boldsymbol{n}_s^2}{|\boldsymbol{n}_v+\boldsymbol{n}_s|} \tag{1.54}$$

$$\boldsymbol{n}_s = (\sin\theta_s\cos\varphi_s, \sin\theta_s\sin\varphi_s, \cos\theta_s) \tag{1.55}$$

$$\boldsymbol{n}_v = (\sin\theta_v\cos\varphi_v, \sin\theta_v\sin\varphi_v, \cos\theta_v) \tag{1.56}$$

$f(\boldsymbol{n}_v,\boldsymbol{n}_s)$用来描述地表中的反射小面片朝向的分布,并服从高斯分布。$f_{sh}(\gamma)$是阴影函数,用来表示阴影对不同散射角度的偏振反射率的影响。阴影区域的宽度用参数 k_γ 来控制($0<k_\gamma<1$)。μ_n、$\boldsymbol{n}_s$、$\boldsymbol{n}_v$ 为中间参数。

1.3 DPC 系统的科学论证研究

DPC 科学论证在信息层次的核心是确定遥感器的采样“6 根”,按照遥感信号是一定时空间下的电磁波这一认识,有关时间、空间、角度、波段、极化、相位遥感器采样参数的设置是确保观测对象信息流描述、遥感信息流获取、置信与质量评判的前提。在数据层是产品集及围绕信息流的遥感信息系统,在应用层是利用遥感数据开展的发现、识别、变化监测、分类、理解、判断与预测方法集。以上内容的研发是建立在 GPP 实践过程基础上的。

1.3.1 DPC 遥感器采样与探测指标设置论证

1) DPC 观测对象偏振特征知识积累

(1) 分子气体与气溶胶

相比非偏振反射率,偏振反射率相对较弱。但是对大气中的分子、气溶胶等微观目标比较敏感,不同波段的偏振反射率有明显的变化。

大气气溶胶的多角度反射特性可以用偏振相函数来描述。从偏振相函数可以看出，当散射角较小或者较大时偏振反射率较低，而在90°左右的偏振反射率较高。对气溶胶而言，气溶胶颗粒的大小直接决定了偏振反射率的高低。细粒子气溶胶的偏振反射率较高，而沙层等大颗粒的气溶胶偏振反射率较低，存在明显的退偏效应。

（2）地面对象

相比非偏观测，多角度偏振观测的地面对象受波段的影响较小，即不同波段的偏振反射率基本不变。偏振反射率可以用菲涅耳公式来计算。大量的实验表明，来自地表的偏振反射率是由单次镜面反射产生的，镜面反射可以利用菲涅耳公式来描述，描述偏振的菲涅耳系数的公式为

$$F_{\mathrm{p}}(m,\gamma)=\frac{1}{2}\left[\left(\frac{m\mu_{\mathrm{t}}-\mu_{\mathrm{r}}}{m\mu_{\mathrm{t}}+\mu_{\mathrm{r}}}\right)^2-\left(\frac{m\mu_{\mathrm{r}}-\mu_{\mathrm{t}}}{m\mu_{\mathrm{r}}+\mu_{\mathrm{t}}}\right)^2\right] \tag{1.57}$$

式中，$\mu_{\mathrm{r}}=\cos\theta_{\mathrm{r}}$，$\mu_{\mathrm{t}}=\cos\theta_{\mathrm{t}}$，$\sin\theta_{\mathrm{r}}=m\sin\theta_{\mathrm{t}}$，$\theta_{\mathrm{r}}=(\pi-\gamma)/2$，$\gamma$ 为散射角。θ_{r} 和 θ_{t} 分别代表镜面反射角和折射角。从菲涅耳公式可以看出，偏振反射率只与散射角和复折射指数有关。也就是说当入射光线和出射光线的相对位置固定之后，菲涅耳公式计算的值就不会改变。但是实际情况中，随着入射和出射角度的变化，地表偏振反射率会发生改变。比如 Rondeaux 和 Herman（1991）以及 Bréon 等（1995）采用的植被 BPDF 模型为

$$R_{\mathrm{p}}^{\mathrm{veg}}=\frac{F_{\mathrm{p}}(m,\gamma)}{4(\mu_{\mathrm{s}}+\mu_{\mathrm{v}})} \tag{1.58}$$

除了菲涅耳公式之外，分母中还包含了太阳天顶角和观测天顶角的余弦。当散射角度不变时，分母的值就会对实际的偏振反射率产生影响，这对研究地形起伏对偏振反射率的影响有帮助，因为当太阳和卫星的位置固定时，散射角的值就固定了，这个时候对偏振反射率的影响就只能通过分母的变化来体现。菲涅耳公式只能描述镜面反射，如何用菲涅耳公式来描述偏振？可以这样来理解，如果从微观角度来看，地表可以看作是由无数个小的反射面组成的。每个反射面都被认为遵守镜面反射，所以我们首先需要将镜面反射研究清楚。

当入射角为某个值时，入射的非偏太阳光经过反射后成为完全偏振光，这个入射角就是布儒斯特角。入射的光线中，有些光线的电场振动的方向是在入射平面内的（如图1.11中的箭头所示的方向，p-polarized，平行），有些光线的电场振动的方向是垂直于入射平面的（如图1.11中的圆点所示，s-polarized，垂直）。实验观测表明，在反射的过程中，电场振动方向平行于入射平面的光线大量被折射（即进入下方的介质中），而电场振动方向垂直于入射平面的光线大量被反射。当入射的角度为布儒斯特角时，反射的光线中只有 s-polarized。假设光线入射上方的介质的复折射指数为 n_1，折射的介质的复折射指数为 n_2，那么根据 Snell 公式可以计算出布儒斯特角为

$$\theta_{\mathrm{B}}=\arctan\left(\frac{n_2}{n_1}\right) \tag{1.59}$$

地表的复折射指数一般为 1.5,空气为 1,那么可以计算出布儒斯特角为 56.31°。

当入射角为布儒斯特角时,反射的光无水平偏振,只有垂直偏振。文献中(Bréon et al., 1995)直接提到镜面反射后的偏振光的偏振方向就是垂直于散射平面的,瑞利单次散射后的偏振光的偏振方向也是垂直于散射平面的,气溶胶粒子单次散射后的偏振光的偏振方向则是水平或者垂直于散射平面,多次散射则可能得到任何方向的偏振光。

对于卫星图像来说,散射角度很少会小于 40°,因此我们所观测到的效果就是随着散射角度的变大,偏振反射率在下降,如图 1.12 所示。菲涅耳公式只和散射角有关,与入射天顶角、观测天顶角和相对方位角没有直接关系。

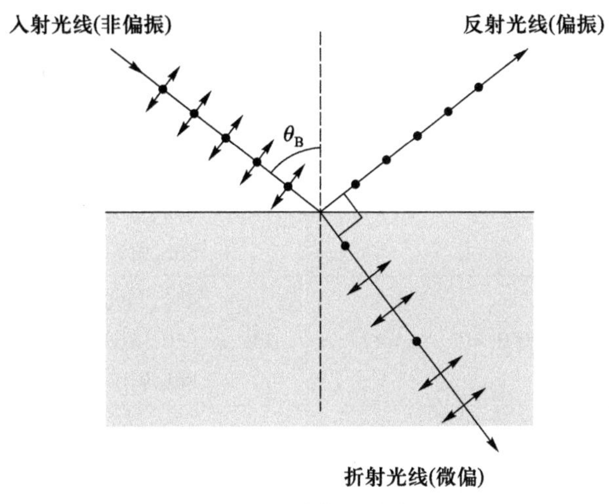

图 1.11 布儒斯特角

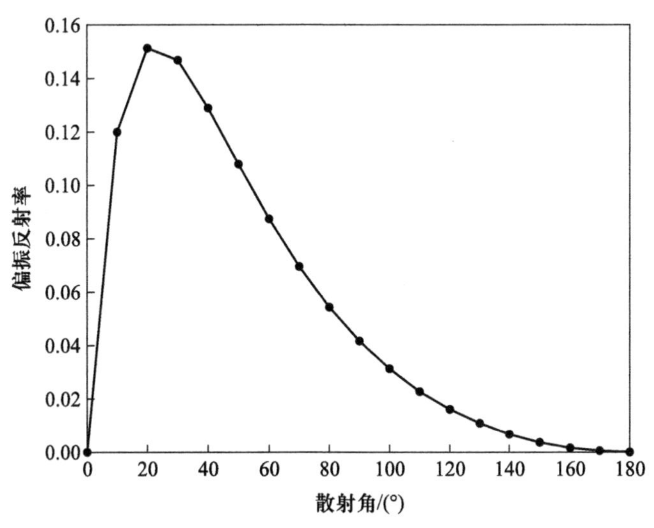

图 1.12 偏振反射率随散射角的变化图

2) DPC 采样设置

DPC 系统从一定的时空间尺度对地面目标进行拍摄,获取观测对象某个时空间尺度范围内多个角度、多个波段的非偏与偏振反射率数据，是对遥感采样“6根”的一种有序组合，提升对观测对象某种信息的获取能力，DPC与RSP等遥感器的对比见表1.1。

表1.1 基于遥感采样“6根”认识的遥感器对比

序号	遥感器	起止时间	空间分辨率/km	角度/(°)	波段/nm	偏振波段/nm
1	RSP	1999年至今	—	152	410、470、555、670、865、960、1590、1880、2250	410、470、555、670、865、960、1590、1880、2250
2	APS	2011年发射失败	5.6×5.6	250	412、443、555、672、865、910、1378、1610、2250	412、443、555、672、865、910、1378、1610、2250
3	POLDER－Ⅰ	1996—1997年	6×7	14	443、490、565、670、763、765、865、910	443、670、865
4	POLDER－Ⅱ	2002—2003年	6×7	14	443、490、565、670、763、765、865、910	443、670、865
5	PARASOL	2004—2013年	6×7	14	443、490、565、670、763、765、865、910、1020	490、670、865
6	DPC	2018—2020年	3.3×3.3	15	443、490、565、670、763、765、865、910	490、670、865

如表1.1所示，不同波段的偏振散射与反射特性存在差别，如何选择恰当的偏振波段来进行数据采集，对于后续的定量化应用关系重大。偏振角度的论证也有必要，角度太多会给硬件的设计带来负担，角度太少又无法发挥多角度遥感的优势。因此就需要结合实际的应用，采用系统论证的方式来进行归纳和分析。

1.3.2 DPC的DSH构建论证

1）遥感信息

利用遥感器开展的遥感活动主要在于对观测对象的发现、识别、分类、理解、评价与预测，DPC遥感信息主要用于大气物理、化学特性观测。随着全球气候变化日益严峻，对影响气候变化的大气组成成分进行分析成为目前全球气候变化研究的重要组成部分。大气中的气溶胶对太阳光的反射、吸收具有重要影响，也是目前影响气候变化的最不确定的因素。大气气溶胶颗粒对偏振反射敏感,采用多角度偏振遥感能够更精确地对气溶胶颗粒的光学、物理甚至化学属性进行反演,为全球气候变化和大气环境监测提供重要的数据支撑。

植被、裸地等观测对象也具有偏振性,可以通过 DPC 获得这些观测对象的物理、化学特性。

2) 标准定量产品

通过对遥感数据处理,可以获得观测对象的定性与定量信息。标准定量产品是按照 UPM 构建的标准产品体系,将数据校正,形成"理想遥感器"数据、观测对象理化特性、应用专题信息的有效整合,有利于评价研发状态以及所处阶段,支持遥感信息处理系统的标准化设计与建设。

3) 产品生产过程标准化

基于 UPM 构建的标准定量产品集具有品种、规格、质量要求的明确定义,可以构建标准化的技术流程,有利于数据工程开发以及相应的软硬件开发。

1.3.3 GPP 过程实践

民用航天预先研究工作比较关注部分认知研究及全部的工程前研究,为项目进入工程研发阶段打下基础,同时为卫星上天能马上投入应用及客观评价提供支撑。其中,GPP 中的 CVVAR、IDSH 综合、ATRL 得到了全面建设。

1) 在新型遥感器工程预先研究中的作用分析

航天遥感卫星工程中采用双成熟度技术。一方面,以 HTRL 和 ATRL 为尺子,指示与衡量遥感卫星技术工程中各项技术的发展现状,确定它们在重要研发阶段的发展目标,了解它们与目标之间的差距,以此加强技术状态和发展规划管理,帮助改善经费和进度管理。另一方面,以 HTRL 和 ATRL 为评价标准,在 TRL 评价中,检查和发现由于漏选了关键技术、性能要求和实验环境要求的内容有遗漏、重要的实验没有安排、已知的风险缺乏严格的评估或应对措施等原因造成的技术虚假成熟现象,在识别和应对技术风险方面发挥作用。通过 TRL 审查,发现那些技术成熟度方面存在严重问题的项目,然后采取相应的措施。

2) 基于 GPP 的研究结构

载荷技术与应用技术是互相牵引、互相推动的螺旋式递进关系。在航天遥感技术工程中,HTRL 和 ATRL 达到 2~3 后,将需求指标确定,构建两条研制基线,一条是载荷应用研制线,另一条是载荷研制线。载荷应用技术是从应用需求出发,探索相适应的物理基础及技术的过程;载荷技术主要包括载荷的设计、制造、试验、测试等。两者都是在航天遥感工程总基线的框架下发展。前者偏向于载荷探测指标的设计与数据应用,后者偏向于载荷制造。各环节之间的具体关系及作用如图 1.13 和图 1.14 所示。

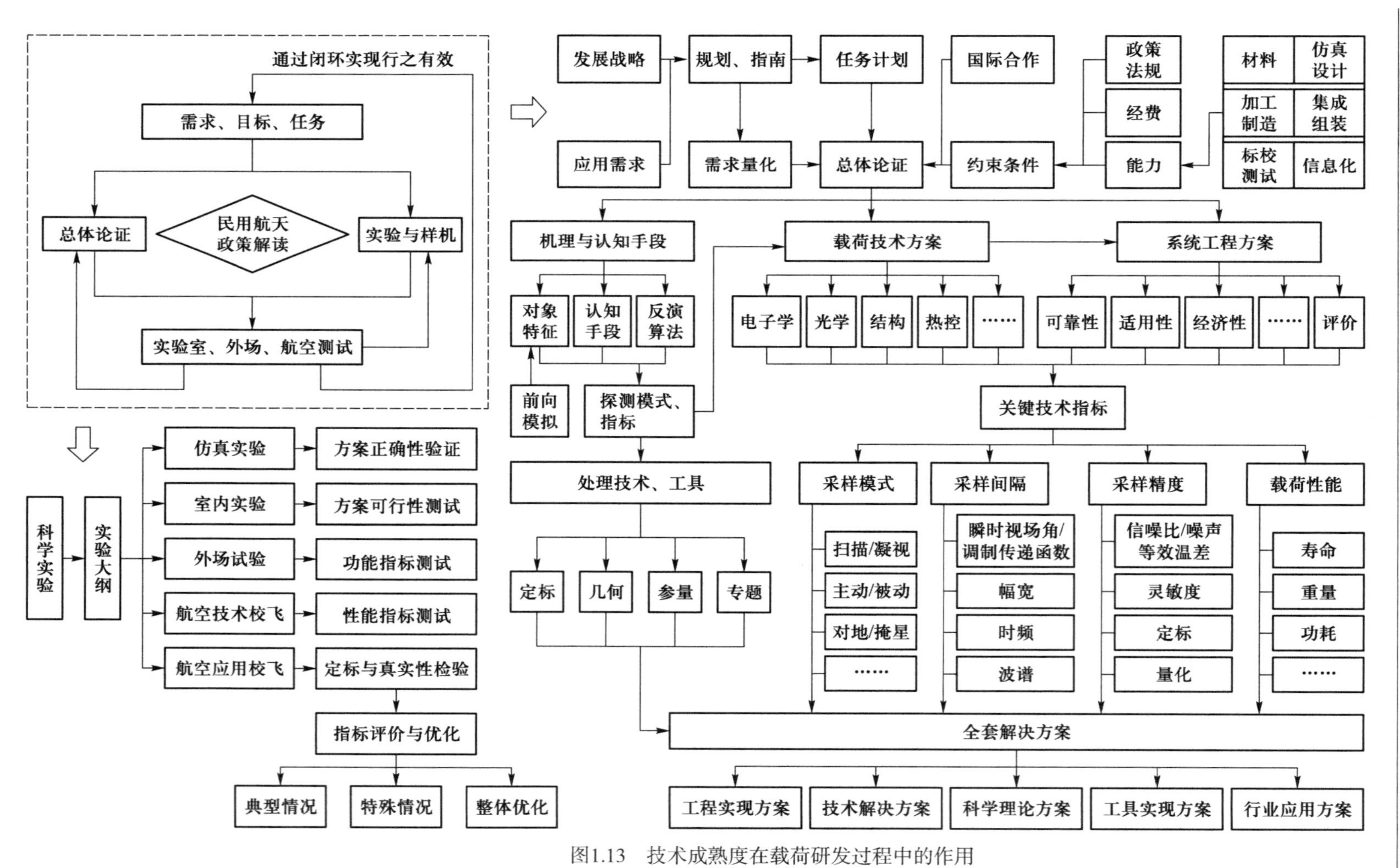

图1.13　技术成熟度在载荷研发过程中的作用

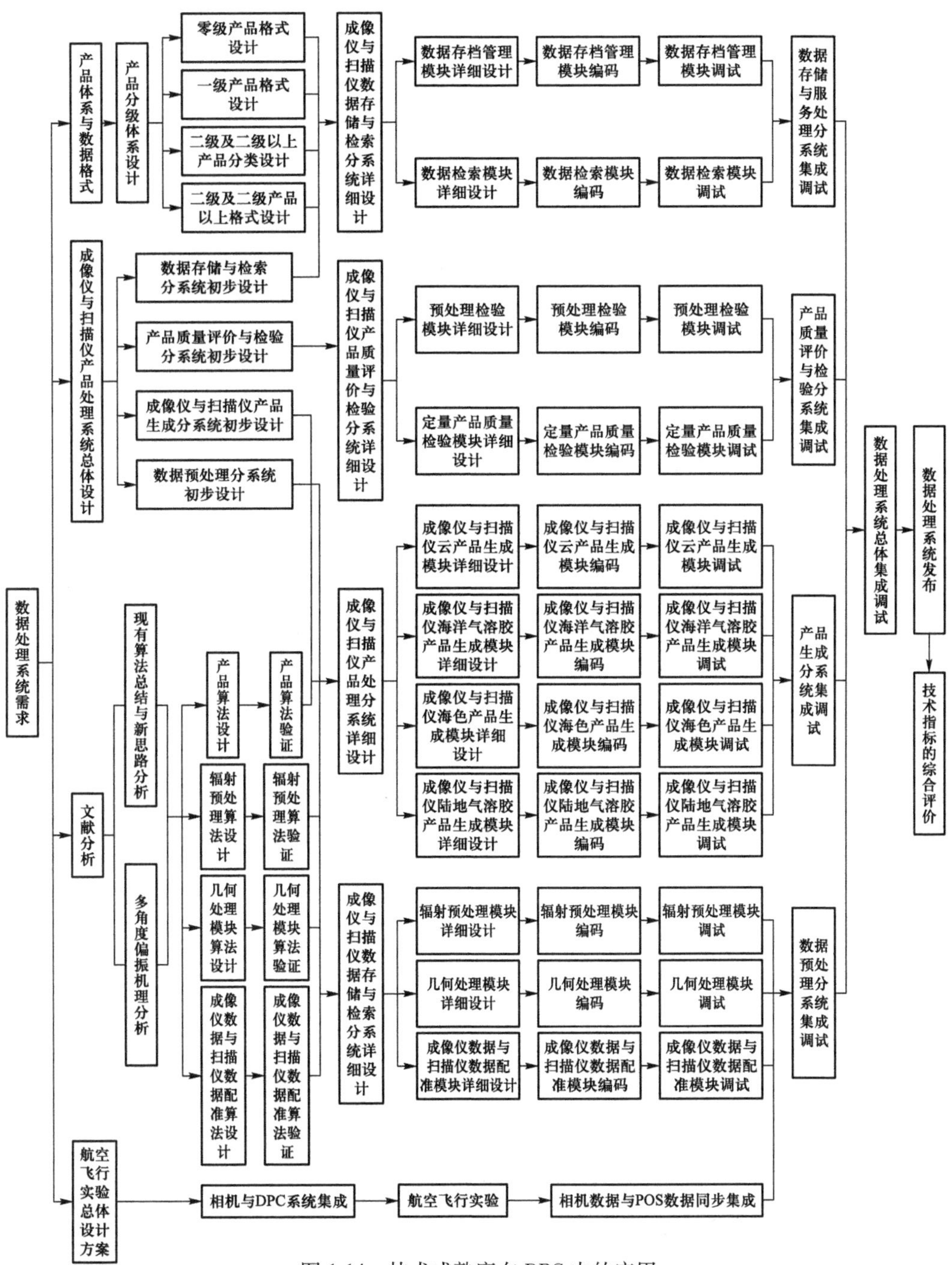

图 1.14　技术成熟度在 DPC 中的应用

3）ATRL 与 HTRL 协同与基于里程碑的评价方法

突破第一个(4 级)和第二个(6 级)里程碑为主要任务。一般地,对于工程预先研究项目最大跨度的 TRL,起始 TRL 在第一个里程碑前,HTRL/ATRL 在 2~3 级;终止 TRL 在第二个里程碑后,HTRL/ATRL 在 6~7 级。

新型遥感器研发过程中要突破第一个(ATRL4)和第二个(ATRL6)里程碑,每个里程碑的实现都是基于 GPP 方法落实认知、技术和评价 3 个标准化流程的过程,是从科学到技术再到应用实践的发展。

第一个里程碑 ATRL4 的实现:形式是完成原理演示系统并通过验证,包括了基本原理的发现、需求理解与确认、技术概念和指标的阐明、应用方案的优化与决策等过程,为工程性研发奠定基础。首先通过人的认知开展科学研究,利用论证的方法提出并阐明需求,观察并把握基本的科学原理,采用实验验证的方法证实研究结果的正确性并确定支撑科学原理的技术元素,将需求通过人的认知明确为关键技术指标、功能和特性。然后以此为链接开始把科研研究转移到应用研究与开发,初步形成整体概念,进一步构建出原理演示系统,通过测试与分析验证应用方案的可行性。

第二个里程碑 ATRL6 的实现:形式是完成原型系统研制并通过验证。在达到第一个里程碑阶段明确的技术指标体系后,第二个里程碑以满足应用指标体系为目标,通过模拟实际使用环境把原理系统集成为接近实际系统的原型系统,并进行测试验证,通过确定系统是否符合设计要求来评价原型系统是否研制完成。

第一个里程碑是科学研究向技术研发实践转变的节点,原理演示系统是对需求的实践结果,实现了整体认识的提升。第二个里程碑是通过技术实践向应用活动转变的节点,原型系统是对技术的实践结果,实现了技术的可信、可行。在不同的阶段,采用不同的论证方法,第一个阶段多为理论论证与验证,通过仿真、实验室、外场方式完成成熟度状态的评价;第二个阶段更多采用验证检验的方法,提升系统的可信性。

1.4　本书内容

本书系统总结民用航天预先研究项目及其他相关方面研究成果,反映了对面向应用的遥感软硬件研发过程的理解。全书共分 8 章,分别对应遥感系统研发过程认识、知识积累、产品技术研究、应用工程推广 4 个部分,划分如图 1.15 所示。

第 1 章在对 DPC 论证与应用技术研发所处阶段与环境进行描述的基础上,提出基于产品的论证体系,在需求与遥感器技术、信息处理系统技术间形成纽带,并对其中所用的概念进行了说明,如应用技术成熟度与硬件技术成熟度的新技术研发过程,通过 CVVAR 进行检测评价与知识积累,构建好的实践过程等。

第 2~3 章按照知识积累要求,综合已有科技成果并补充开展仿真实验、室内外实验,形成 ATRL 提升过程。针对应用需求提出、应用需求满足,构建应用系统的效能评价和分

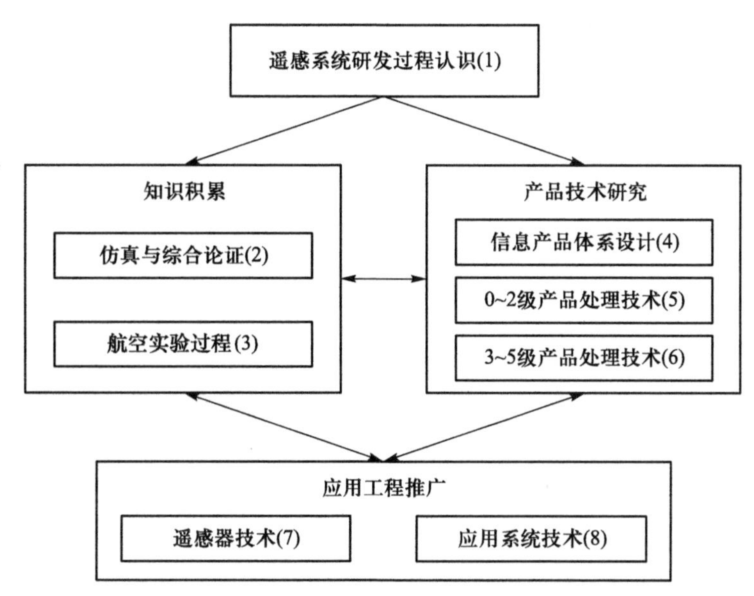

图 1.15　全书体系结构

析模式，对应用基础设施、共性技术和专题应用系统的需求满足度和效能，按照建设与运行总要求提出评价方法。

第 4~6 章介绍 0~5 级产品体系设计，开展产品生产方法描述以及处理系统的构建。进一步按照研制要求，对各级产品的模型与方法进行描述。同时，以应用技术发展规律为脉络，对研制总要求进行考察、评价与改进。按照遥感应用有关数据产品、观测对象信息产品以及专题应用产品的定义进行分类。

第 7~8 章分别为 DPC 论证结果在服务遥感器工程技术研发与遥感信息工程技术研发方面的应用。以遥感工具的发现、识别、变化监测、分类、理解、判断、预测等应用需求为牵引，开展围绕信息链的应用处理系统与数据生产的 DPC 观测指标说明，为遥感器、卫星系统、地面系统、应用系统工程研发、应用基础设施建设提供支撑。

第2章

地面实验设计与开展

遥感器采样中“6 根”的确定是论证的核心内容。通过仿真多角度偏振成像仪(DPC)的时间、空间、角度、波段、极化和相位,提升遥感器对陆表状态参数获取的适应性;对指标的论证工作,基于数值模拟,建立卫星数据数值仿真系统,对不同的硬件指标,在典型的大气和地表状况下进行数值模拟,以进行指标论证。通过室内实验与外场试验,提升对遥感器技术状态要求的理解与可行性分析。

2.1 地面实验体系设计

地面实验体系指 DPC 数据仿真与技术指标综合论证,卫星数据仿真系统主要包括遥感器成像模型系统和地气模拟系统。

2.1.1 遥感器成像模型系统

首先,根据可见光、近红外宽视场多角度偏振传感器的成像机理,以传感器的载荷指标为基础,得出遥感器成像系统的调制传递函数(MTF)或点扩散函数(PSF),建立成像系统的仿真模型。其次,考虑传感器的物理特性、成像方式以及卫星平台的几何姿态,模拟传感器自身对光谱、空间的响应过程,建立遥感器响应的仿真模型。再次,进行传感器的信号采样、量化(A/D 转换)过程的模拟,将模拟的连续的电信号转变为离散的数据值,建立信号处理过程的仿真模型。最后,集成成像系统、遥感器响应、信号处理过程的仿真模型,模拟系统加性噪声或乘性噪声的影响,建立遥感器成像模型。

2.1.2 地气模拟系统

为更好地开展地面实验,需要建立地气模拟系统。首先,基于全球气溶胶观测网

(AERONET)和我国常规气象台站的大气观测数据,分析我国大气、气溶胶和云的物理性质以及时空分布特征,结合 Mie 散射理论,得出大气分子和气溶胶的散射相函数和偏振相函数。其次,观测典型地物(植被、水体、土壤等)的辐射以及偏振特性,根据地物的结构特点,建立不同地物的二向反射分布函数(BRDF)和 BPDF 模型。再次,收集典型地区的相关资料,例如大气、太阳辐射特性、地表等,将之系统地表达或模块化,并整理入库,形成先验知识库,作为输入地气模型的参数库。最后,对标量和矢量辐射传输机理进行原理研究,并考虑计算的效率和精度,利用成熟的大气辐射传输软件 6S、MODTRAN 对大气的辐射传输过程进行标量计算,研究并改进矢量辐射传输软件 SOS 以及 RT3,建立地气模拟系统。

2.2 DPC 系统仿真论证

2.2.1 DPC 波段论证

星载多角度偏振遥感系统主要基于海洋气溶胶偏振情况进行设计,陆地气溶胶反演的论证在遥感器的时间、空间、角度、波段、极化和相位采样"6 根"参数方面有何特殊性需要通过仿真与实验开展研究。

1) 波段位置

海洋气溶胶偏振反演所需的通道波段位置,首先应考虑在大气窗口区域,然后还要考虑该通道波段对气溶胶散射偏振性质的响应是否有利于反演。

图 2.1 为从可见光到近红外的大气透过率廓线图,从图中能够看出大气窗口区域有限。选择窗口区域,设置探测通道。

中心波长分别为 490 nm、555 nm、665 nm、750 nm、865 nm,波段宽度为 10 nm 的偏振散射相函数如图 2.2 所示,其中 490 nm、555 nm、665 nm、865 nm 是计划设置的 4 个通道,750 nm 是暂时加进去以对比说明的,从图中偏振散射相函数可以看出,750 nm 与 665 nm、555 nm 通道的偏振响应相近,所以增加这个通道对偏振反演没有帮助。

海洋气溶胶偏振反演需要两个通道的信息,由于较难得到下垫面海洋的离水反射率,而靠近近红外的通道测得的辐射可以忽略离水反射贡献,所以 665 nm 和 865 nm 通道的偏振信息就可以满足海洋气溶胶反演需求。

2) 波段宽度

理论上是越窄越好,这样计算时就不需要进行波段平均了;但仪器设计上却有着信噪比等诸多限制,不能设计很窄的波段宽度。这是一个互相妥协的过程。正常情况下,需要进行模拟信号估计以验证波段宽度设计,但这中间还要考虑到曝光时间等因素,这些情况

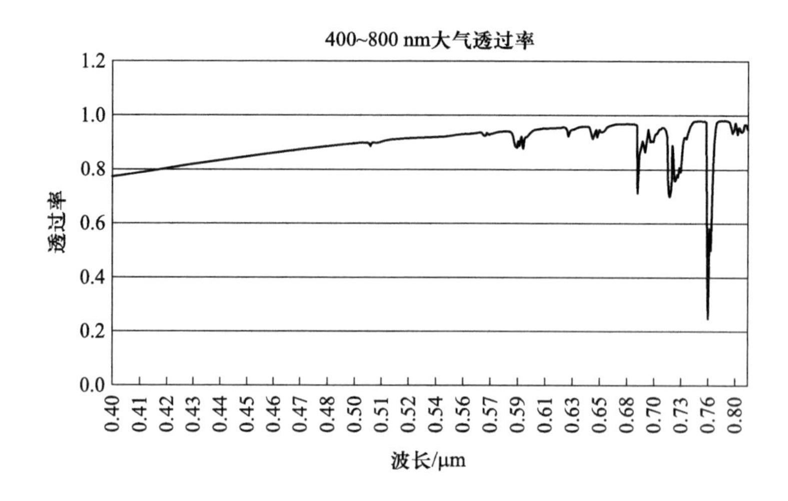

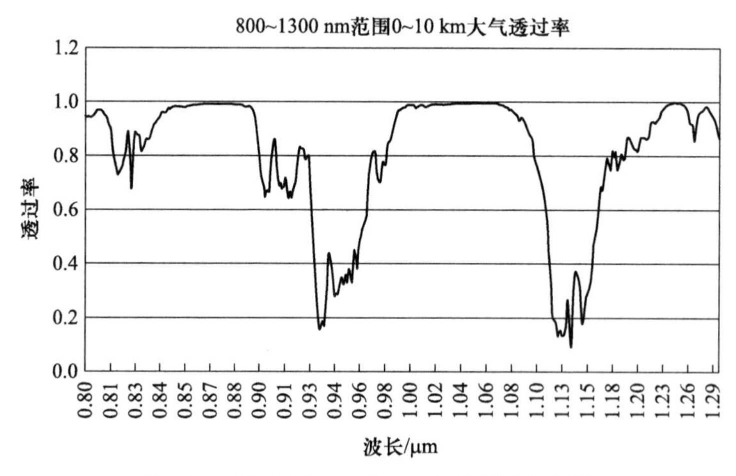

图 2.1 可见光到近红外的大气透过率廓线图

我们了解不足,需要进一步探讨。

POLDER 的设计是 670 nm 通道波段宽度 20 nm,865 nm 通道波段宽度 40 nm,以保证在附加偏振片时,短曝光情况下,信噪比在 200 dB 左右。考虑到器件灵敏度和地面分辨率的提高等综合因素,波段宽度能不能缩小还需要用具体指标进行估计。如果能提高到 MODIS 的指标(如 10 nm)当然很好,如果不能,仍然沿用 POLDER 的指标也是可以的。不同波段、不同波段宽度下的散射角与偏振散射相函数的关系如图 2.3~图 2.5 所示。

以图 2.3 为例,490 nm 通道下,在偏振散射相函数过峰值以后,偏振散射相函数随散射角的增大变化较大,同一个通道内波段间偏振散射相函数的相对变化较大不利于反演。因此,490 nm 通道应该设置较窄的通道宽度,以减少通道内偏振散射相函数的相对变化,减少因通道内平均带来的偏振信息误差。所以,建议 490 nm 通道宽度设为 10 nm。

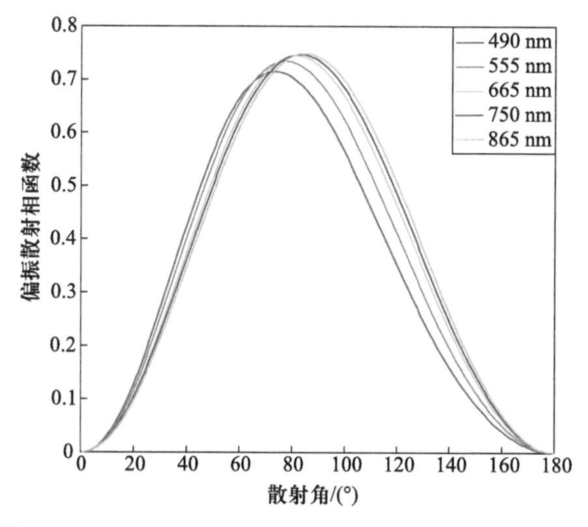

图 2.2 中心波长分别为 490 nm、555 nm、665 nm、750 nm、865 nm 时散射角与偏振散射相函数的关系

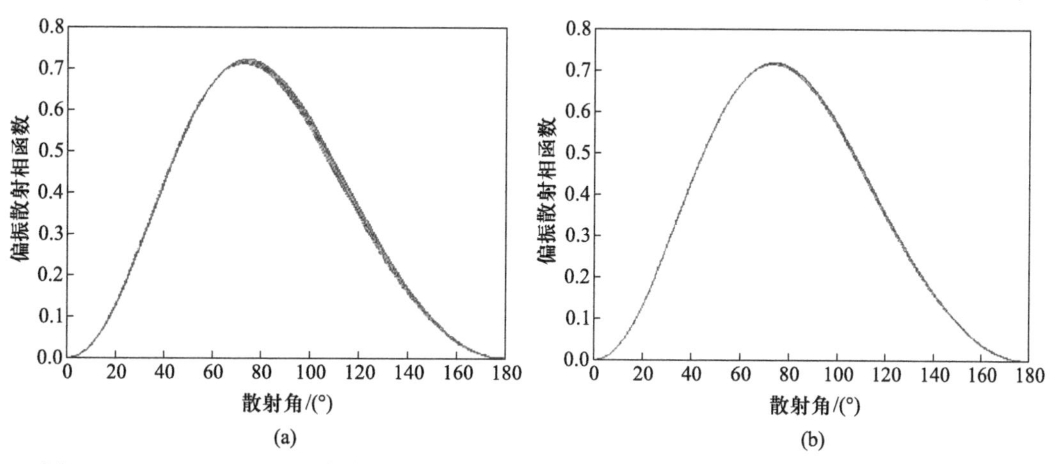

图 2.3 (a) 480~500 nm 散射角与偏振散射相函数的关系(中心波长:490 nm;波段宽度:20 nm);(b) 485~495 nm 散射角与偏振散射相函数的关系(中心波长:490 nm;波段宽度:10 nm)

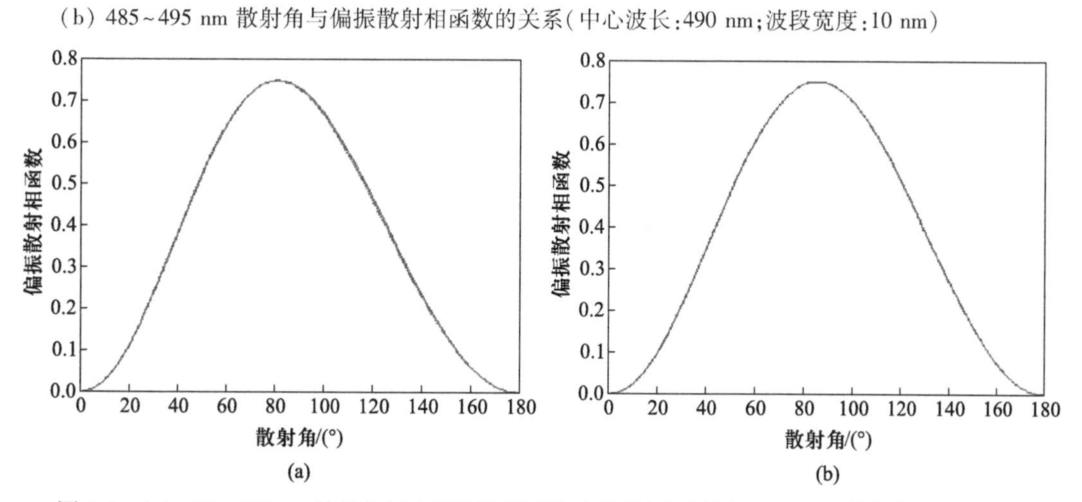

图 2.4 (a) 655~675 nm 散射角与偏振散射相函数的关系(中心波长:665 nm;波段宽度:20 nm);(b) 855~875 nm 散射角与偏振散射相函数的关系(中心波长:865 nm;波段宽度:20 nm)

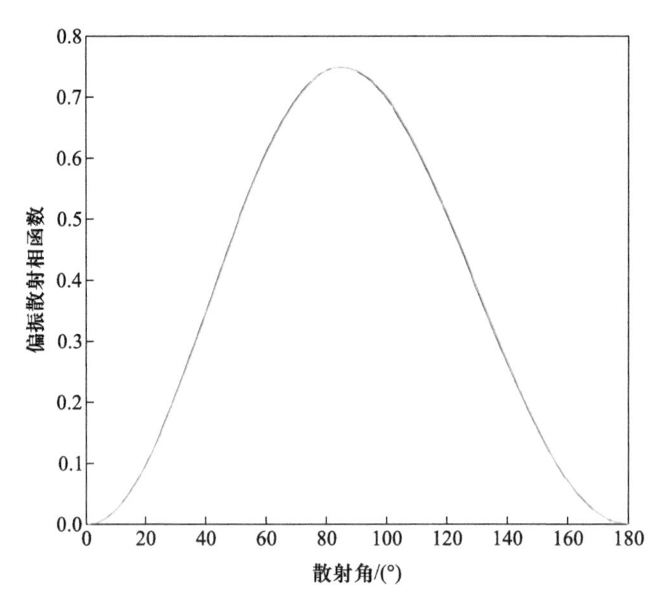

图 2.5 845~885 nm 散射角与偏振散射相函数的关系(中心波长:865 nm;波段宽度:40 nm)

2.2.2 DPC 观测角度论证

大气气溶胶的偏振信息对参数反演具有重要意义,如何更好地获取散射过程产生的偏振信息,与观测时的几何情况有很大的关系。因为不同的观测角度数和不同的观测视场角会产生不同的散射角,从而影响散射矩阵,改变反演结果。

DPC 设计如果仍采用 POLDER 这种大视场角电荷耦合元件(CCD)结构,角度应该是根据轨道高度、速度以及采样间隔等几何参数来设计。把观测天顶角、方位角与太阳天顶角、方位角结合起来可以算出散射角范围。对于气溶胶反演来说,散射角范围越大越好。

1)观测几何模拟设计

确定气溶胶模型为单模式对数正态分布,平均半径 r_m 为 0.07,方差为 0.46,复折射指数 m 为 1.60;设定气溶胶光学厚度在 870 nm 为 0.2;辐射值模拟设定 5%以内的随机误差。

设观测点有星下点成像,观测几何关系如图 2.6 所示,设定 5 个不同观测地点,如表 2.1 所示。

假设海面风速 $v=5\ \mathrm{m\cdot s^{-1}}$,粗糙海面镜面分布符合 Cox 和 Munk 的统计规律模型,并假设海面只有镜面反射产生偏振,海拔为 0 km。

2)观测几何模拟结果

观测角度数(多角度)固定,观测天顶角为 45°,改变太阳天顶角和相对方位角,模拟图像并反演气溶胶光学厚度,得到 5 个不同观测地点的反演误差,在存在观测误差的情况下,光学厚度反演误差如图 2.7 所示。

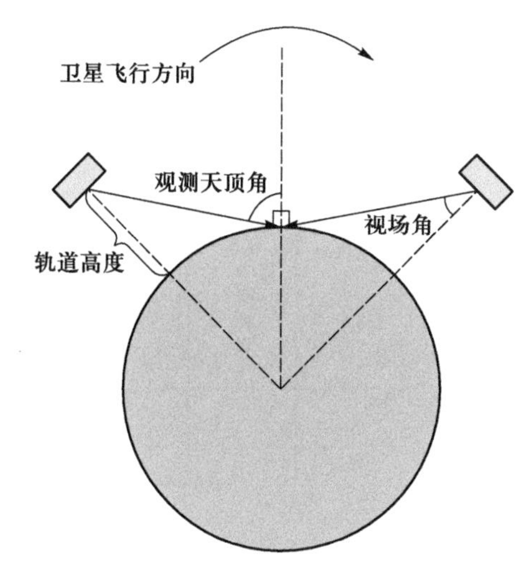

图 2.6 观测几何关系

表 2.1 五个不同观测地点的入射几何和地理位置

序号	太阳天顶角/(°)	相对方位角/(°)	经度/(°)	纬度/(°)
1	17	52	120	-10
2	27	150	120	25
3	41	160	120	40
4	60	165	120	60
5	80	167	120	80

比较观测地点 1 和观测地点 2,两次模拟给定的相对方位角分别为 52°和 150°,相差近 100°的相对方位角并没有给反演误差的减小带来明显的优势。比较观测地点 3 和观测地点 4,太阳天顶角分别为 41°和 60°,太阳天顶角的增大使反演误差减小,特别是在较大观测误差时,反演精度改善明显。

由海面偏振反射率的分析可知,入射的太阳天顶角越大,偏振反射率就越小;海洋气溶胶的反演中,利用剥离得到的气溶胶贡献信息反演气溶胶参数,海面的偏振信息在反演中是以噪声的形式存在的,这部分噪声越小,对反演越有利;在太阳天顶角越大的情况下,海面镜面反射带来的偏振噪声就越小,由此得到的气溶胶反演参数也就越精确。

选择入射几何条件较理想的观测地点 5(太阳天顶角 80°,相对方位角 167°)进行观测角度数(多角度)设置的论证。固定观测视场角大小为 45°,设置不同的观测角度数(5、7、9、11、13、15、17、19)的 8 次模拟反演,从反演结果可以看到以下规律:气溶胶光学厚度的反演误差随设定的观测误差的增大而增大;在这样的观测几何情况下,5%以内的观测误差,带来 1.0%以内的反演误差;观测角度数为 19 的模拟反演精度最高,在观测角度数达到 13 以上时,反演误差已非常接近,反演的结果相当理想,而且观测角度数越多,反演误差越小。

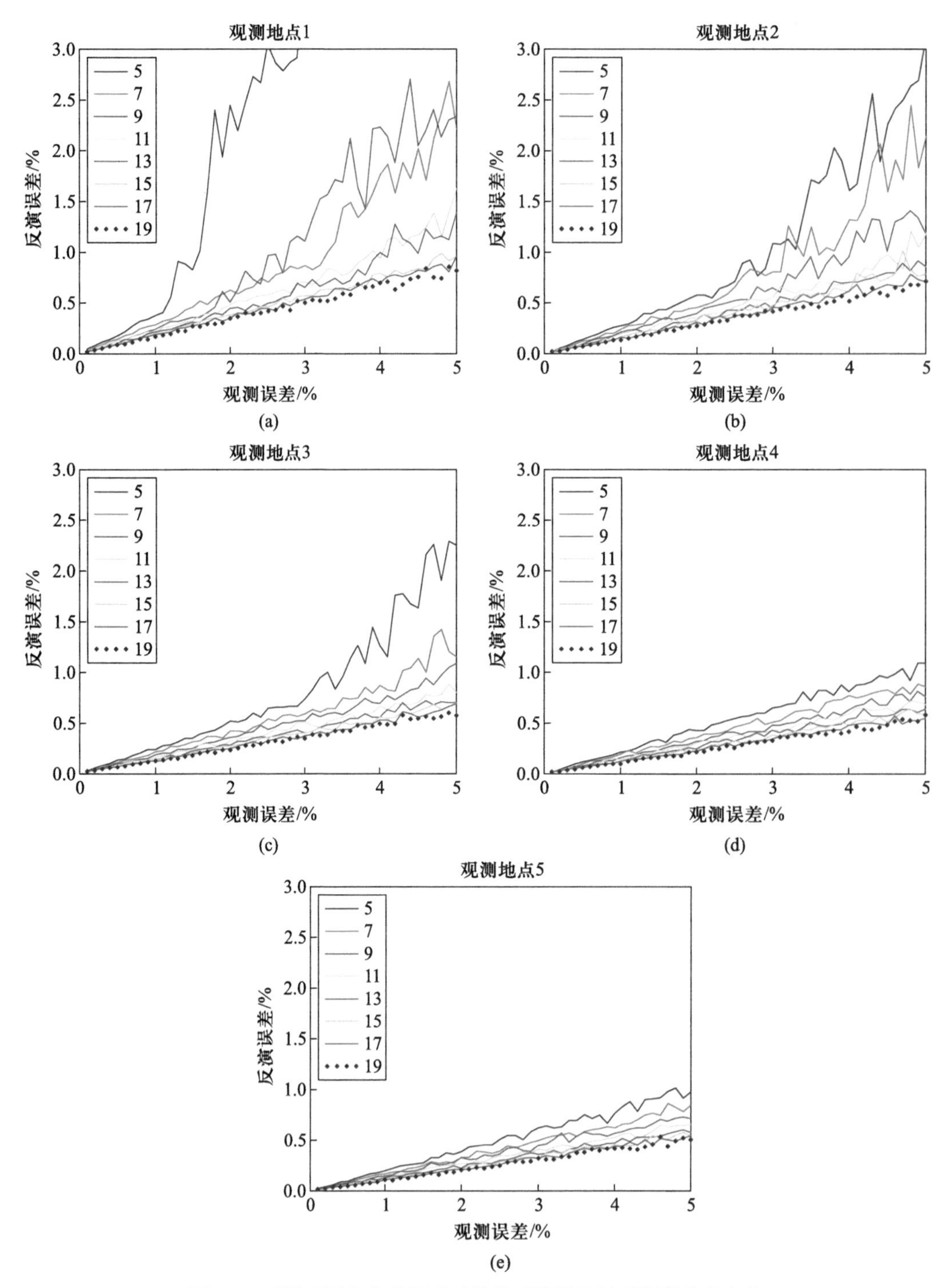

图 2.7 不同观测角度数情况下模拟反演误差随观测误差的变化

3）观测视场角大小

与论证观测角度数所作的模拟反演类似,高的反演精度要求选择太阳天顶角较大的数据,可以减少海面耀斑带来的噪声。如图 2.8 所示,开展观测视场角设置的论证,固定观

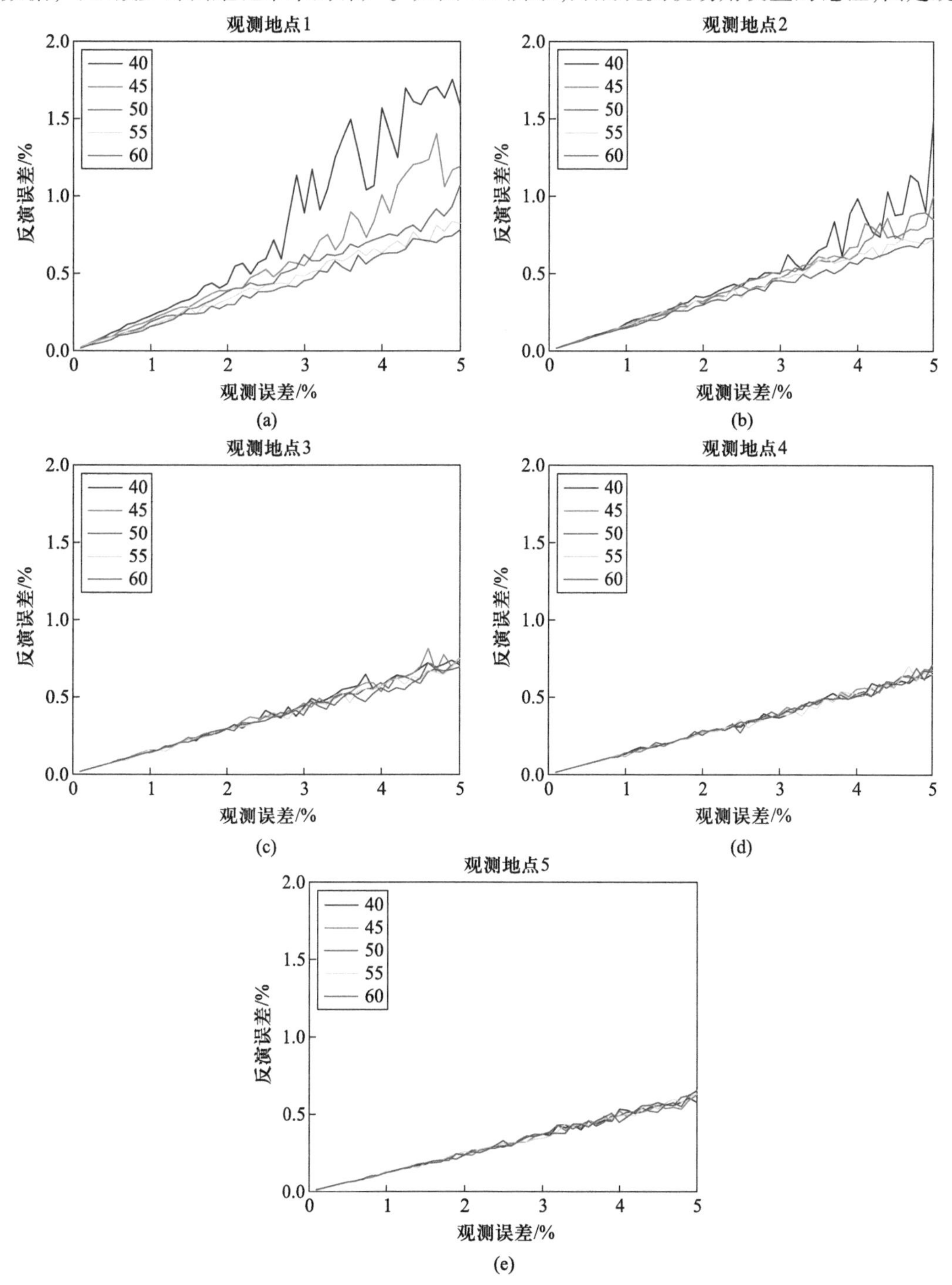

图 2.8　不同观测视场角情况下模拟反演误差随观测误差的变化

测角度数为13,设置不同观测视场角(40°、45°、50°、55°、60°)的5次模拟反演,从反演结果可以看到以下规律:在观测地点4和5这样的高纬度地区,视场角大小对反演精度影响不大;在观测地点1、2和3中,明显看到气溶胶光学厚度反演误差随观测误差的增大而增大,随视场角的增大而减小;观测视场角为50°、45°、40°的几次模拟反演,反演误差接近,而且在可接受的范围内;视场角为55°时,5%的观测误差引起的反演误差在1%以内,反演精度较高。

2.2.3 DPC遥感器定标精度

模拟和反演的原理与论证观测几何相同。辐射定标精度的论证结果如下:反演误差随辐射定标精度变化,定标精度越高,反演误差越小;5%的辐射定标误差,带来0.7%的反演误差;如果要求反演误差控制在0.5%,就要求辐射定标误差在3.5%以内。

2.2.4 DPC波段及视场角需求总体方案

1) 波段设置方案

根据DPC各条产品线功能和任务的需要,列出其相应的波段需求,如表2.2~表2.5所示。

表2.2 大气气溶胶探测

陆地气溶胶/nm	665(P)(20)	865(P)(40)	1640(P)(20)
海洋气溶胶/nm	665(P)(20)	865(P)(40)	

注:P代表该波段为偏振波段;括号内为波段宽度,单位为nm,下同。

表2.3 海色探测(无须偏振信号)

最低需求/nm			490	555		7**	865
常规需求/nm		443	490	555	665	7**	865
最佳要求/nm	412	443	490	555	665	7**	865

注:7** nm表示位于700~800 nm之间的窗口波段。

表2.4 云识别及云产品探测

最低需求/nm	490(P)		763	765	865(P)			
常规需求/nm	490(P)	665(P)	763	765	865(P)		1380	
最佳需求/nm	490(P)	665(P)	763	765	865(P)	1100	1380	1670

表 2.5　大气水汽含量探测(无须偏振信号)

最低需求/nm	915(20)	865(40)	785(30)
最佳需求/nm	935(20)	936(50)	

2）波段方案选择

(1) 最佳方案

该方案的应用范围、功能及对应的通道如下:海色中的黄色物质探测(419 nm);提高叶绿素含量反演精度(443 nm、555 nm、665 nm、780 nm、865 nm);卷云识别与卷云性质反演(490 nm、665 nm、763 nm、765 nm、865 nm、1100 nm、1380 nm、1670 nm);大气水汽含量探测,为其他产品线进行水汽吸收影响校正(935 nm、945 nm)。该方案的通道和应用范围如表 2.6 所示。

表 2.6　最佳方案通道和应用范围

波段号	中心波长/nm (波段宽度/nm)	是否偏振	应用范围
1	419(20)	否	海色
2	443(20)	否	海色、陆地观测
3	490(20)	是	海色、云识别与云产品
4	555(20)	否	海色
5	665(20)	是	气溶胶、海色、云识别与云产品、陆地观测
6	763(10)	否	云识别与云产品
7	765(40)	否	云识别与云产品
8	780(20)	否	海色、陆地观测
9	865(40)	是	气溶胶、海色、云识别与云产品、陆地观测
10	935(20)	否	大气水汽
11	945(50)	否	大气水汽
12	1100(20)	否	云识别与云产品(卷云性质反演)
13	1380(30)	否	云识别与云产品(卷云识别)
14	1640(40)	是	陆地气溶胶
15	1670(20)	否	云识别与云产品(卷云性质反演)

注:如果成像仪可响应 900 nm 以下的波段,且转盘可以支持 16 个通道(其中一个用于检测暗电流),则 1~9 波段共 15 个通道(每个偏振波段 3 个通道),可以都设置在成像仪上。

(2) 中等方案

与最佳方案相比,无海色任务中探测黄色物质的功能(无 419 nm 通道),无卷云性质反演功能(无 1100 nm、1670 nm 通道)。改变水汽通道方案(利用 915 nm 作为吸收通道,780 nm 和 865 nm 作为窗口通道),精度有所下降(5%~10%)。该方案的通道和应用范围如表 2.7 所示。

表 2.7 中等方案通道和应用范围

波段号	中心波长/nm (波段宽度/nm)	是否偏振	应用范围
1	443(20)	否	海色、陆地观测
2	490(20)	是	海色、云识别与云产品
3	555(20)	否	海色
4	665(20)	是	气溶胶、海色、云识别与云产品、陆地观测
5	763(10)	否	云识别与云产品
6	765(40)	否	云识别与云产品
7	780(20)	否	海色、陆地植被
8	865(40)	是	气溶胶、海色、云识别与云产品、陆地观测、大气水汽
9	915(20)	否	大气水汽
10	1380(30)	否	云识别与云产品(卷云识别)
11	1640(40)	是	气溶胶

(3) 低配方案

该方案的通道和应用范围如表 2.8 所示。

表 2.8 低配方案通道和应用范围

波段号	中心波长/nm (波段宽度/nm)	是否偏振	应用范围
1	490(20)	是	海色、云识别与云产品
2	555(20)	否	海色
3	665(20)	是	气溶胶、海色、云识别与云产品、陆地观测
4	763(10)	否	云识别与云产品

续表

波段号	中心波长/nm (波段宽度/nm)	是否偏振	应用范围
5	765(40)	否	云识别与云产品
6	780(20)	否	海色、陆地植被、大气水汽
7	865(40)	是	气溶胶、海色、云识别与云产品、陆地观测
8	915(20)	否	大气水汽
9	1380(30)	否	云识别与云产品(卷云识别)
10	1640(40)	是	气溶胶

(4) 无海色探测方案

该方案的通道和应用范围如表 2.9 所示。

表 2.9 无海色探测方案通道和应用范围

波段号	中心波长/nm (波段宽度/nm)	是否偏振	应用范围
1	490(20)	是	海色、云识别与云产品
2	665(20)	是	气溶胶、海色、云识别与云产品、陆地观测
3	763(10)	否	云识别与云产品
4	765(40)	否	云识别与云产品
5	865(40)	是	气溶胶、海色、云识别与云产品、陆地观测
6	935(20)	否	大气水汽
7	936(50)	否	大气水汽
8	1100(20)	否	云识别与云产品(卷云性质反演)
9	1380(30)	否	云识别与云产品(卷云识别)
10	1670(20)	否	云识别与云产品(卷云性质反演)
11	1640(40)	是	气溶胶

(5) 无卷云探测方案

该方案的通道和应用范围如表 2.10 所示。

表 2.10 无卷云探测方案通道和应用范围

波段号	中心波长/nm（波段宽度/nm）	是否偏振	应用范围
1	419(20)	否	海色
2	443(20)	否	海色、陆地观测
3	490(20)	是	海色、云识别与云产品
4	555(20)	否	海色
5	665(20)	是	气溶胶、海色、云识别与云产品、陆地观测
6	763(10)	否	云识别与云产品
7	765(40)	否	云识别与云产品
8	780(20)	否	海色、陆地植被
9	865(40)	是	气溶胶、海色、云识别与云产品、陆地观测
10	935(20)	否	大气水汽
11	936(50)	否	大气水汽
12	1640(40)	是	气溶胶

3）视场角及观测角方案

依据气溶胶反演、云识别与云产品、地面观测等需要，提出视场角及观测角方案，如表 2.11 所示。

表 2.11 视场角及观测角方案

	视场角/(°)	观测角/(°)	应用范围
最佳需求	45	14	气溶胶、云识别及云产品、陆地观测
常规需求	60	16	气溶胶、云识别及云产品、陆地观测

2.3 DPC 航空样机设计及实验室定标

2.3.1 DPC 航空样机设计

我国自主研制的高分五号卫星上搭载的多角度偏振成像仪（DPC）借鉴了 POLDER 和 PARASOL 的设计思想，采用面阵成像的方式来获取不同偏振辐射通道的图像，依靠图像重叠来获取多角度信息，利用像元配准实现同一波段连续三次偏振探测之间的几何校正。

高分五号卫星多角度偏振成像仪的原型系统是原中国科学院遥感与数字地球研究所主持设计的 DPC 航空样机(以下简称"航空样机"),如图 2.9 所示。航空样机专为航空飞行设计,可以从多个角度获取地表偏振数据,包括三个偏振波段和一个全色波段,三个偏振波段的中心波长分别为 490 nm、665 nm 和 865 nm。飞行时通过控制相邻图像之间的重叠区域来获得多个角度的数据。DPC 的构成主要包括宽视场光学系统、滤光片偏振片转轮和 CCD 面阵遥感器等。

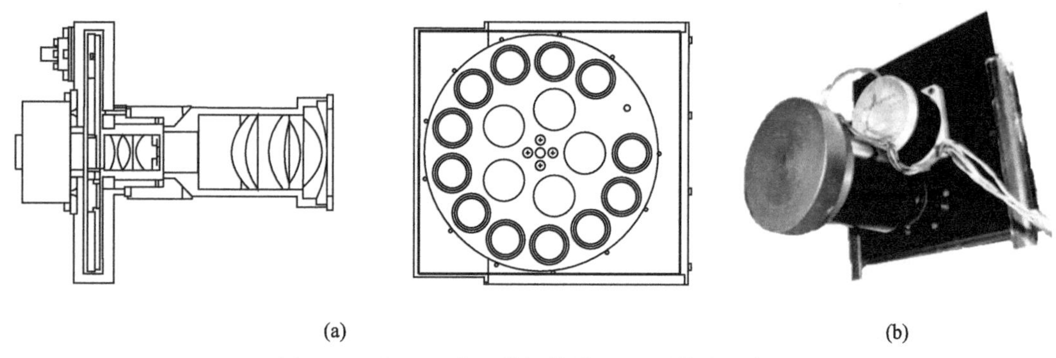

图 2.9 (a) DPC 航空样机设计;(b) 最终成型产品

为了获取 Stokes 参数(I,Q,U),需要采用三个角度的偏振片来对同一个地物进行拍摄。DPC 的偏振片按照 0°、60°、120°进行设计,偏振片和滤光片都安装在一个转轮上,称为滤光片偏振片转轮。整个转轮划分为 13 个扇区,其中一个扇区起挡光作用(拍摄暗电流),如图 2.10 所示,其他 12 个扇区为通光孔。每个非偏振通道的通光孔都安装了一个相应的滤光片,每个偏振通道的通光孔中分别安装偏振片和滤光片,并且保证每一个偏振波段对应的三个偏振片的主透射轴间隔 60°。

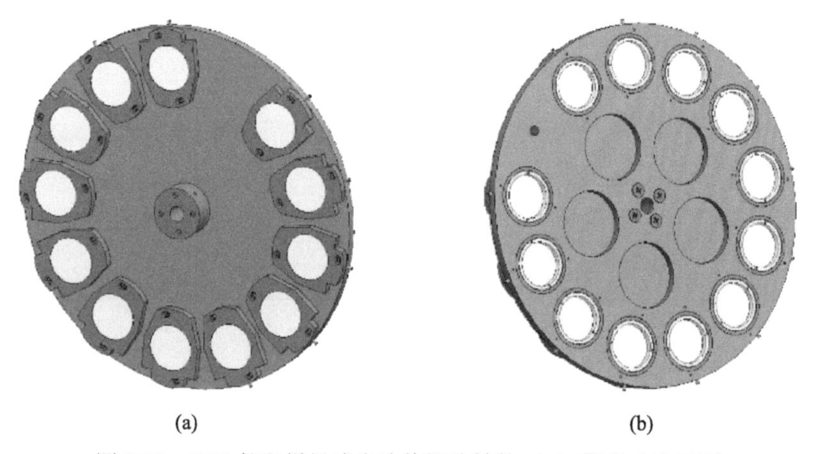

图 2.10 DPC 航空样机滤光片偏振片转轮:(a) 背面;(b)正面

进行拍摄时,每个偏振片需要进行一次拍摄,定标需要拍摄暗电流,全色波段拍摄三次。因此每个成像周期拍摄的图像总数为 $3\times3+1+3=13$。

拍摄采用 DALSA 公司生产的 TF 1M30 型科学级数字 CCD 相机,该相机遥感器是帧转移体系结构,具有像元复位和反晕功能,无须快门,相机与采集卡之间的数据传输采用 Camera Link 标准。成像后的图像分辨率为 1024 像元×1024 像元,图像数据为 12 bit,最大像元读出速率为 40 MHz。

为保证偏振探测精度,POLDER 采用硬件补偿的方式,实现同一波段不同偏振方向图像之间的几何配准。由于机载实验中速高比的限制,航空样机未采用该设计,计划使用图像匹配的算法进行配准。

DPC 航空样机的主要参数如下:

- 光电探测器:DALSA 1M30 CCD 相机。
- 像元数:1024×1024。
- 数据位数:12 bit。
- 波段设置如表 2.12 所示。
- 曝光时长:1~100 ms 可调。
- 图像连续采集周期设置:700±2 ms。
- 多角度数:不少于 9 个。
- 设计飞行实验高度:3500 m。
- 设计飞行实验速度:200 km · h^{-1}。
- 电源供电:+28 VDC。
- 平均功耗:小于 65 W。

表 2.12 DPC 航空样机波段设置

序号	中心波长/nm	波段宽度/nm	是否偏振
1	490	30	是
2	555	20	否
3	665	30	是
4	780	20	否
5	810	30	否
6	865	30	是

2.3.2 实验室偏振辐射定标原理

系统级偏振辐射定标是 DPC 研制过程中的关键环节,对于提高大气气溶胶和云相态等定量化探测应用具有重要意义。实验室定标的目的是获取 DPC 的偏振辐射定标系数,将 DPC 拍摄的图像的响应 DN 值转换为偏振反射率,为航空实验数据的定量化应用提供支持。

DPC 采用面阵 CCD 探测器进行画幅式成像，偏振信息的获取采用分时工作方式，即检偏器-滤光片组合置于转轮之上，通过转轮转动获取同一波段三个偏振方向的图像，并最终解析出偏振信息。在光学设计上采用广角镜头，以满足获取宽幅图像的应用需求。DPC 的自身偏振效应严重影响了偏振测量精度。这是因为大视场光学系统通常具有较大的偏振效应。而偏振效应会改变入射光束的偏振态，导致 DPC 对偏振参数的测量产生误差。因此，需要采用一种包含偏振效应的定标模型，用于 DPC 航空样机自身的偏振效应定标与测试。

具体来说，结合矩阵光学和辐射度学理论，建立 DPC 偏振响应定标模型，识别需要定标的关键影响参量。采用积分球参考光源，检测镜头、滤光片等对视场非均匀性的影响，实现了高频和低频相对透过率的高精度测量。采用傅里叶级数的分析方法，建立全视场起偏度的测量模型，消除参考光源偏振方位角绝对位置引入的测量误差，实现光学系统偏振特性的准确测量。采用可调偏振度光源，开展偏振定标精度的比对验证和精度分析。

参考法国 POLDER 实验室定标的思路，通过确定辐射模型参数实现遥感器自身的定标。根据航空样机自身特色，辐射模型略有一点变化。

辐射模型不考虑 CCD 探测器相对增益系数、相对曝光时间和相对高频透光率；辐射模型增加了 CCD 探测器的帧转移因子 $Z(l)$（影响较小）；采用挡板信道（信道号 10）进行暗电流校正（曝光时间差异对暗电流影响很小）。DPC 获得的响应 DN 值 $X_{l,p}^{k,a}$ 表示为

$$X_{l,p}^{k,a}=A^k\cdot T^{k,a}\cdot Z^k(l)\cdot P^{k,a}(l,p)\cdot\left(P_1^{k,a}(l,p)I_{l,p}^k+P_2^{k,a}(l,p)Q_{l,p}^k+P_3^{k,a}(l,p)U_{l,p}^k\right)+C_{l,p} \tag{2.1}$$

式中，k 代表不同波段，a 代表不同偏振方向，k 和 a 可以一起代表一个偏振通道；$T^{k,a}$ 为检偏器和滤光片的相对透过率；A^k 为绝对辐射定标系数；$Z^k(l)$ 代表帧转移因子；$P^{k,a}(l,p)$ 为低频部分的透过率；$P_1^{k,a}(l,p)$、$P_2^{k,a}(l,p)$ 和 $P_3^{k,a}(l,p)$ 为光学系统的偏振参数；$I_{l,p}^k$，$Q_{l,p}^k$，$U_{l,p}^k$ 为待求解的三个 Stokes 参数；$C_{l,p}$ 为探测器像元的本底。

探测器像元坐标号 (l,p) 与 (θ,ϕ) 可以由几何关系相互转化。

计算时实际使用的公式为

$$\boldsymbol{G}\cdot\begin{bmatrix}I^k\\Q^k\\U^k\end{bmatrix}=\frac{1}{A^k}\begin{bmatrix}X_{l,p}^{k,1}-C_{l,p}\\X_{l,p}^{k,2}-C_{l,p}\\X_{l,p}^{k,3}-C_{l,p}\end{bmatrix} \tag{2.2}$$

由于低频透过率的拟合系数 $P^{k,a}(\theta)$ 和帧转移因子 $Z(l)$ 都与 (l,p) 相关，程序计算时将两者合并为 $PZ_{l,p}^{k,a}(a=1,2,3)$：

$$PZ_{l,p}^{k,a}=[x(1)\times\theta^2+x(2)\times\theta+x(3)]\cdot\frac{x(4)+0.00273\cdot l}{x(4)+1.4} \tag{2.3}$$

式中，$x(1)$、$x(2)$、$x(3)$、$x(4)$ 为参照前文 $P^{k,a}(\theta)$ 和 $Z(l)$ 的相关参数；$\boldsymbol{G}$ 为 3×3 矩阵：

$$\begin{bmatrix} T^{k,1}\cdot PZ_{l,p}^{k,1}\cdot P_1^{k,1}(l,p) & T^{k,1}\cdot PZ_{l,p}^{k,1}\cdot P_2^{k,1}(l,p) & T^{k,1}\cdot PZ_{l,p}^{k,1}\cdot P_3^{k,1}(l,p) \\ T^{k,2}\cdot PZ_{l,p}^{k,2}\cdot P_1^{k,2}(l,p) & T^{k,2}\cdot PZ_{l,p}^{k,2}\cdot P_2^{k,2}(l,p) & T^{k,2}\cdot PZ_{l,p}^{k,2}\cdot P_3^{k,2}(l,p) \\ T^{k,3}\cdot PZ_{l,p}^{k,3}\cdot P_1^{k,3}(l,p) & T^{k,3}\cdot PZ_{l,p}^{k,3}\cdot P_2^{k,3}(l,p) & T^{k,3}\cdot PZ_{l,p}^{k,3}\cdot P_3^{k,3}(l,p) \end{bmatrix} \tag{2.4}$$

对于非偏振通道,基于 $P_1^k=1,P_2^k=0,P_3^k=0$ 的假设,实际使用的计算公式为

$$\begin{cases} I^k=\dfrac{X_{l,p}^k-C_{l,p}}{A^k\times PZ_{l,p}^k} \\ Q^k=0 \\ U^k=0 \end{cases} \tag{2.5}$$

2.3.3 偏振定标系统研制

1）偏振定标系统的起偏模型分析

偏振定标系统(可调偏振度光源;VPOLS)由积分球和偏振盒两部分组成,如图 2.11 所示。积分球产生相对稳定的光谱分布强度,且出射光为偏振度接近 0 的非偏振光;偏振盒由两块相对放置的平板玻璃构成,同时调节两玻璃板的角度可以产生各种偏振度的出射光。偏振盒中两玻璃板的角度调节范围为 0°~65°,玻璃采用 K9 玻璃。

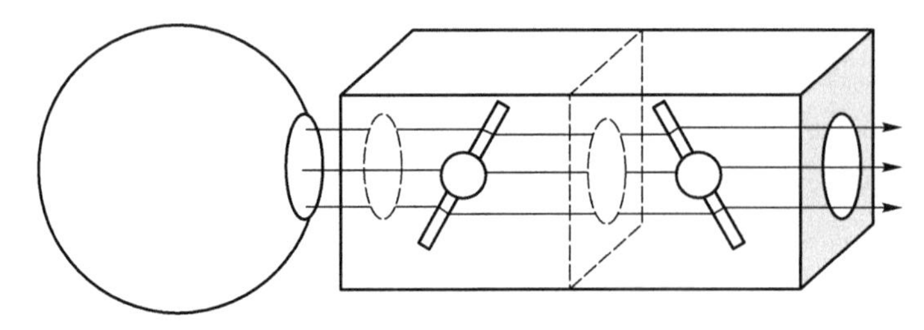

图 2.11 可调偏振度光源构成图

(1) 理想可调偏振度光源原理

一束完全非偏振光以角度 i 入射至一片平板玻璃上,入射光的反射和折射光路见图 2.12。

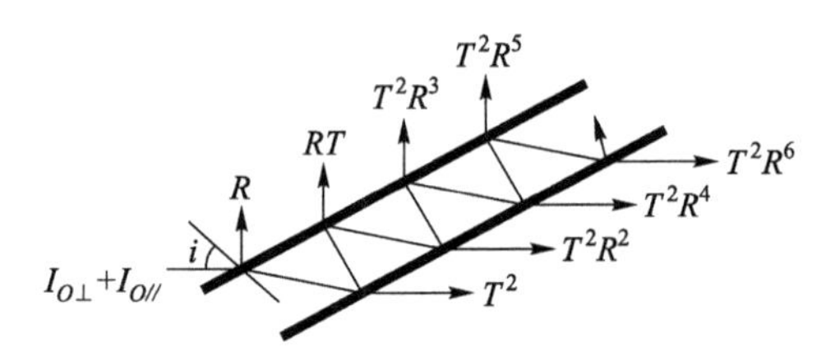

图 2.12 可调偏振度光源原理图

假设光束经过了 n 次折射后经两面透射输出,出射光是所有透射光束的综合,设入射光中所含平行振动分量 $I_{0//}=1$,透射光中平行于纸面的振动分量为 $I_{//}$,则:

$$I_{//}=T_{//}^{2}+T_{//}^{2}\cdot R_{//}^{2}+T_{//}^{2}\cdot R_{//}^{4}+T_{//}^{2}\cdot R_{//}^{6}+\cdots \tag{2.6}$$

其中,T 和 R 分别为透射和反射系数,式(2.6)为等比数列,且 $R_{//}^{2}<1$,则 $I_{//}=T_{//}^{2}/(1-R_{//}^{2})$,又因为 $T_{//}=1-R_{//}$,假设不考虑玻璃的吸收,有

$$I_{//}=(1-R_{//})/(1+R_{//}) \tag{2.7}$$

同理,垂直于纸面的振动分量为

$$I_{\perp}=(1-R_{\perp})/(1+R_{\perp}) \tag{2.8}$$

偏振度 P 可以写成

$$P=(I_{//}-I_{\perp})/(I_{//}+I_{\perp}) \tag{2.9}$$

即

$$P=(R_{\perp}-R_{//})/(1-R_{//}\cdot R_{\perp}) \tag{2.10}$$

由菲涅耳公式有

$$\begin{cases}R_{\perp}\propto(\sin(i-r)/\sin(i+r))^{2}\\R_{//}\propto(\tan(i-r)/\tan(i+r))^{2}\end{cases} \tag{2.11}$$

由于空气折射率为 1,所以 $\sin i=n\cdot\sin r$,可以得到

$$P=[\sin^{2}(i+r)\cdot\sin^{2}(i-r)]/[\sin^{2}(i+r)+\sin^{2}(i-r)-\sin^{2}(i+r)\cdot\sin^{2}(i-r)] \tag{2.12}$$

透过第一片玻璃板后的偏振度 P_1 为

$$P_{1}=(I_{1//}-I_{1\perp})/(I_{1//}+I_{1\perp}) \tag{2.13}$$

所以

$$I_{1//}/I_{1\perp}=(1+P_{1})/(1-P_{1}) \tag{2.14}$$

对于第二片玻璃,设出射光偏振度为 P_2,则总的平行于纸面的振动分量和垂直于纸面的振动分量的强度比值为

$$I_{//}/I_{\perp}=(1+P_{1})/(1-P_{1})\times(1+P_{2})/(1-P_{2})=(1+P)/(1-P) \tag{2.15}$$

所以经过定标系统的出射光的总偏振度为

$$P=(P_{1}+P_{2})/(1+P_{1}P_{2}) \tag{2.16}$$

定标盒中两块玻璃的材料及倾斜角度相同，所以有 $P_1=P_2$，即出射光的总偏振度可以表示为

$$P=2P_1/(1+P_1^{\ 2}) \tag{2.17}$$

选取4个比较典型的波段进行出射光的偏振度分析，如图2.13所示。

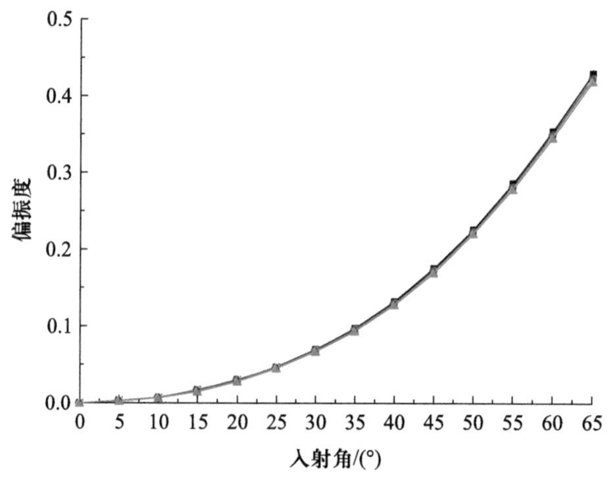

图2.13 偏振度随入射角的变化曲线图

由上图可以得出：① 偏振盒出射光的偏振度随两玻璃倾斜角度的增大而增大；② 两玻璃在相同倾斜角度的情况下，出射光偏振度随波长的减小而增大。

（2）可调偏振度光源的实际模型分析

玻璃板安装的过程中，实际转轴与理想转轴并不重合。如图2.14所示，设 x 轴为玻璃板的理想转轴，y 轴为玻璃板初始位置的法线方向，即初始入射光线的方向，按右手螺旋法则建立 z 轴。两玻璃板转轴的平行度可以由机械加工来保障，其最大角度误差为 $\phi_{\max}=\pm\arctan(0.05/170)=\pm0.01685°$。所以，可以忽略它们的角度误差，认为两玻璃板转轴平行。为了使两玻璃板有可比性，以实际转轴所在的方向建立新坐标轴 x'，在垂直于 $x'y$ 平面的方向建立与其相应的 z'轴，按右手螺旋法则建立 y'轴。这样建立的坐标系是固定的新坐标轴，即不随两玻璃板的偏差变化，有助于分析后面总体系统的偏振度误差。

设 x'轴在 xyz 坐标系的方向余弦为$(\cos\alpha_1,\cos\beta_1,\cos\gamma_1)$，根据以上分析可以表示 z'轴的方向余弦为

$$\begin{cases}\cos\alpha_3=-\cos\gamma_1\\ \cos\beta_3=0\\ \cos\gamma_3=\cos\alpha_1\end{cases} \tag{2.18}$$

为了求 y'轴的方向余弦，用三点$(0,0,0)$、$(\cos\alpha_1,\cos\beta_1,\cos\gamma_1)$和$(\cos\alpha_3,\cos\beta_3,\cos\gamma_3)$表示 $x'z'$平面方程：

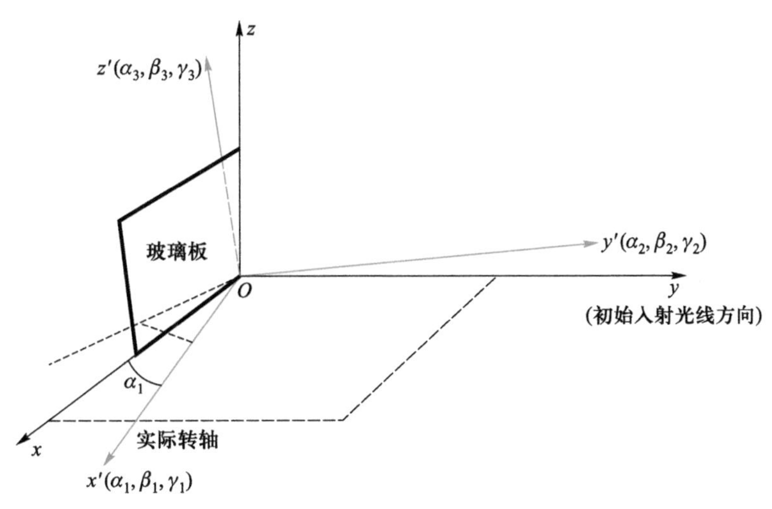

图 2.14 非理想转动的模型示意图

$$\begin{cases} A\cos\alpha_1 + B\cos\beta_1 + C\cos\gamma_1 = 0 \\ A\cos\alpha_3 + B\cos\beta_3 + C\cos\gamma_3 = 0 \end{cases} \tag{2.19}$$

整理得:

$$\begin{cases} A = \cos\beta_3\cos\gamma_1 - \cos\beta_1\cos\gamma_3 \\ B = \cos\alpha_1\cos\gamma_3 - \cos\alpha_3\cos\gamma_1 \\ C = \cos\alpha_3\cos\beta_1 - \cos\alpha_1\cos\beta_3 \end{cases} \tag{2.20}$$

所以,y'轴的方向余弦可以表示为

$$\begin{cases} \cos\alpha_2 = \dfrac{A}{\sqrt{A^2+B^2+C^2}} \\ \cos\beta_2 = \dfrac{B}{\sqrt{A^2+B^2+C^2}} \\ \cos\gamma_2 = \dfrac{C}{\sqrt{A^2+B^2+C^2}} \end{cases} \tag{2.21}$$

在 xyz 坐标系下,玻璃板平面的初始位置方程为

$$y = 0 \tag{2.22}$$

由坐标轴变化公式,可以得到玻璃板平面在 $x'y'z'$ 坐标系下方程为

$$x'\cos\beta_1 + y'\cos\beta_2 + z'\cos\beta_3 = 0 \tag{2.23}$$

当沿着转轴 x' 调节玻璃板时，可以等价于坐标轴沿相反的方向变化相同的角度，即新旧坐标的换算公式可以表示为

$$\begin{cases} x' = x'' \\ y' = y''\cos(-\omega) - z''\sin(-\omega) \\ z' = y''\sin(-\omega) + z''\cos(-\omega) \end{cases} \tag{2.24}$$

式中，ω 为玻璃板的旋转角度。可以得到玻璃板平面法线的方向数为

$$\boldsymbol{m} = (\cos\beta_1, \cos\omega\cos\beta_2 - \cos\beta_3\sin\omega, \cos\omega\cos\beta_3 + \sin\omega\cos\beta_2) \tag{2.25}$$

在 xyz 坐标系下，入射光线的方程为

$$\begin{cases} x = 0 \\ z = 0 \end{cases} \tag{2.26}$$

根据新旧坐标的换算公式，可得在 $x'y'z'$ 坐标系的直线方程为

$$\begin{cases} x'\cos\alpha_1 + y'\cos\alpha_2 + z'\cos\alpha_3 = 0 \\ x'\cos\gamma_1 + y'\cos\gamma_2 + z'\cos\gamma_3 = 0 \end{cases} \tag{2.27}$$

由此可得直线的方向矢量为

$$\boldsymbol{n} = (\cos\alpha_2\cos\gamma_3 - \cos\alpha_3\cos\gamma_2, \cos\alpha_3\cos\gamma_1 - \cos\alpha_1\cos\gamma_3, \cos\alpha_1\cos\gamma_2 - \cos\alpha_2\cos\gamma_1) \tag{2.28}$$

方向余弦 $\cos\gamma_1$ 可以用 $\cos\alpha_1$，$\cos\beta_1$ 表示，即

$$\cos\gamma_1 = \pm\sqrt{1 - \cos^2\alpha_1 - \cos^2\beta_1} \tag{2.29}$$

实际转轴与玻璃板平面的平行度可以表示为 $\delta = \pi/2 - \beta_1$，则入射光束与玻璃板平面法线的夹角可以表示为 α_1、δ 和 ω 的函数，即

$$i(\alpha_1, \delta, \omega) = \arccos\left(\frac{\boldsymbol{m} \cdot \boldsymbol{n}}{|\boldsymbol{m}||\boldsymbol{n}|}\right) \tag{2.30}$$

如果玻璃板的旋转调节精度为 $\Delta\omega$，则光束在该玻璃板面的入射角误差为

$$\Delta i(\alpha_1, \delta, \omega) = \frac{\partial i(\alpha_1, \delta, \omega)}{\partial\omega} \cdot \Delta\omega \tag{2.31}$$

非理想转动的模型分析可应用于两个玻璃板，其模型参数如表 2.13 所示。

表 2.13　两玻璃板非理想转动的模型参数列表

玻璃板 1	α_1^1	δ^1	ω	$\Delta\omega_1$	$\pm\cos\gamma_1^1(\alpha_1^1,\delta^1,\omega)$	$\Delta i^1(\alpha_1^1,\delta^1,\omega,\Delta\omega^1)$
玻璃板 2	α_1^2	δ^2	$-\omega$	$\Delta\omega_2$	$\pm\cos\gamma_1^2(\alpha_1^2,\delta^2,\omega)$	$\Delta i^2(\alpha_1^2,\delta^2,\omega,\Delta\omega^2)$

两玻璃板入射面的法线方向数分别为

$$\begin{cases} \boldsymbol{q}_1=\boldsymbol{m}_1\times\boldsymbol{n}_1 \\ \boldsymbol{q}_2=\boldsymbol{m}_2\times\boldsymbol{n}_2 \end{cases} \tag{2.32}$$

因两玻璃板实际转轴有很好的平行度，且透射两玻璃板的光束入射方向相同，所以对其中一个玻璃板建立的坐标轴，经恰当的坐标轴平移即可适用于另一个玻璃板。坐标轴的平移对直线的方向数或两直线间的夹角不产生影响，即在任意玻璃板内建立的坐标系下，可计算两玻璃板入射面的法线之间的夹角，其大小为

$$\varepsilon=\arccos\frac{|\boldsymbol{q}_1\cdot\boldsymbol{q}_2|}{|\boldsymbol{q}_1||\boldsymbol{q}_2|} \tag{2.33}$$

两玻璃板入射面法线之间的夹角 ε 等于两玻璃板入射面之间的夹角。可以写出玻璃板的 Mueller 矩阵分别为

$$\boldsymbol{M}=\frac{1}{2}\begin{bmatrix} I_1^1+I_2^1 & I_1^1-I_2^1 & 0 \\ I_1^1-I_2^1 & I_1^1+I_2^1 & 0 \\ 0 & 0 & 2\sqrt{I_1^1\cdot I_2^1} \end{bmatrix} \tag{2.34}$$

$$\boldsymbol{N}=\boldsymbol{A}(\mp2\varepsilon)\boldsymbol{N}^0\boldsymbol{A}(\pm2\varepsilon) \tag{2.35}$$

其中，旋转矩阵

$$\boldsymbol{A}(\varepsilon)=\begin{bmatrix} 1 & 0 & 0 \\ 0 & \cos2\varepsilon & \sin2\varepsilon \\ 0 & -\sin2\varepsilon & \cos2\varepsilon \end{bmatrix} \tag{2.36}$$

$$\boldsymbol{N}^0=\frac{1}{2}\begin{bmatrix} I_1^2+I_2^2 & I_1^2-I_2^2 & 0 \\ I_1^2-I_2^2 & I_1^2+I_2^2 & 0 \\ 0 & 0 & 2\sqrt{I_1^2\cdot I_2^2} \end{bmatrix} \tag{2.37}$$

积分球发出的非偏振光透过偏振盒后的光束 Stokes 参量为

$$\begin{bmatrix} I' \\ Q' \\ U' \end{bmatrix}=\boldsymbol{M}\cdot\boldsymbol{N}\cdot\begin{bmatrix} 1 \\ 0 \\ 0 \end{bmatrix} \tag{2.38}$$

其偏振度为

$$P' = \sqrt{Q'^2 + U'^2} / I' \tag{2.39}$$

当玻璃板旋转 ω 角度时,偏振度误差为

$$\Delta P = P' - P \tag{2.40}$$

式中,P 为理想偏振盒的偏振度。

非理想偏振盒偏振度误差的模拟分析表明:① 模型参量 α_1^1、α_1^2 对偏振度误差影响很小,并且参量 $\cos\gamma_1^1$、$\cos\gamma_1^2$ 和 ε 的正负对偏振度误差影响也很小;② 转轴与玻璃板的平面夹角 δ_1、δ_2 对偏振度的影响程度与玻璃板旋转误差 $\Delta\omega$ 的取值相关;③ 玻璃板的旋转误差 $\Delta\omega$ 对偏振盒偏振度影响最大,尤其两个玻璃板的 $\Delta\omega$ 都取负值的情况(因偏振盒非理想转动使光束的入射角减小)。表 2.14 列出了一些常用的误差组合数据。

表 2.14 玻璃板的旋转误差和转轴与玻璃板的平面夹角对偏振度的影响

玻璃板旋转误差/(′)	转轴与玻璃板的平面夹角/(°)	偏振度误差/%
3(0.050°)	1.3	0.143
	1.4	0.153
	1.5	0.165
4(0.067°)	1.0	0.141
	1.1	0.149
	1.2	0.158
5(0.083°)	0.7	0.146
	0.8	0.152
	0.9	0.159

可以看出,当玻璃板旋转误差为 5′(≈0.083°)时,转轴与两玻璃板平面夹角 δ_1、δ_2 的取值范围可以在±1°内。为了满足平板玻璃与转轴之间的平行度要求,借助一个辅助设备对偏振盒进行光学装调。

2)可调偏振度光源装调技术

为了保障可调偏振度光源的高精度指标,调节平板玻璃与其转轴之间的平行度是一个关键步骤。我们通过一个辅助设备间接调节平板玻璃与转轴的平行度。辅助设备由一个立方体棱镜、二维调整架和一个精密电控旋转台组成,其原理图如图 2.15 所示。

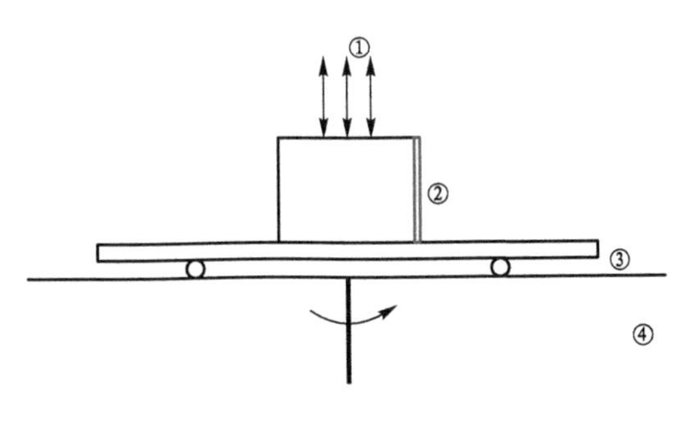

图 2.15 棱镜辅助调试设备(实物、原理)

注:①为内调焦望远镜平行光管;②为立方体棱镜;③为二维调整架;④为精密电控旋转台

立方体棱镜采用 K9 玻璃,面角度误差为 10″。精密电控旋转台采用北京光学仪器厂生产的 MRS102 型号,实际最小分辨率为 0.001°。

立方体棱镜上表面放置内调焦望远镜平行光管,用来调节转轴与立方体棱镜上表面平行,即精密电控旋转台带动立方体棱镜旋转时,光束 1 反射的十字叉丝像始终与内调焦望远镜平行光管的原十字叉丝像重合。再将内调焦望远镜平行光管水平放置,使其发出的光束垂直于立方体棱镜的侧面。当辅助设备绕转轴转动时,侧面光束 2 的入射面始终垂直于辅助设备转轴。

控制精密电控旋转台,使立方体棱镜旋转 180°,如图 2.16 所示。观测这两种状态下的叉丝像偏离角度差,其数值的一半即为立方体棱镜上表面法线与转轴的平行度误差。经测量分析,可得平行度误差约为 0.005°(18″),可以忽略其影响。

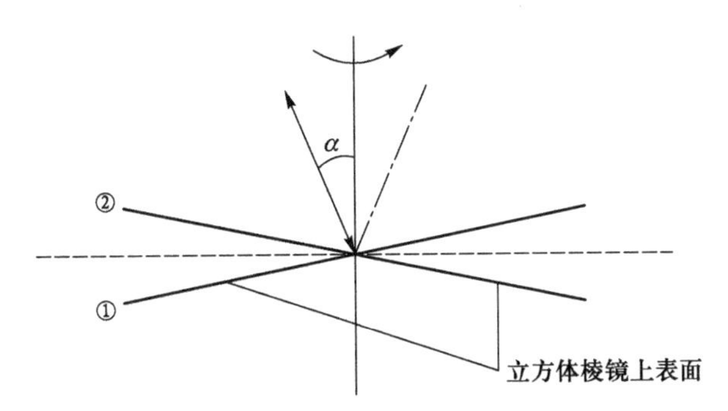

图 2.16 精度分析原理图

注:①和②分别表示立方体棱镜旋转 180°前后,其上表面的位置

为了控制玻璃板与其转轴平行度,把辅助设备放在 VPOLS 一侧,如图 2.17 所示。

通过光路的几何关系可知,立方体棱镜旋转角度 α,玻璃板相应地旋转 2α 角度,且反射叉丝像重合,即为调好。

为了验证机械安装的稳定性,绕光轴旋转盒体并反复旋转玻璃板,反射叉丝像在竖直方向偏离约 0.06 mm,水平方向偏离约 0.4 mm。水平方向偏离较大的主要原因是平板玻璃刻度盘的角度定位精度有限(通过小角度旋转立方体棱镜可对其进行验证)。

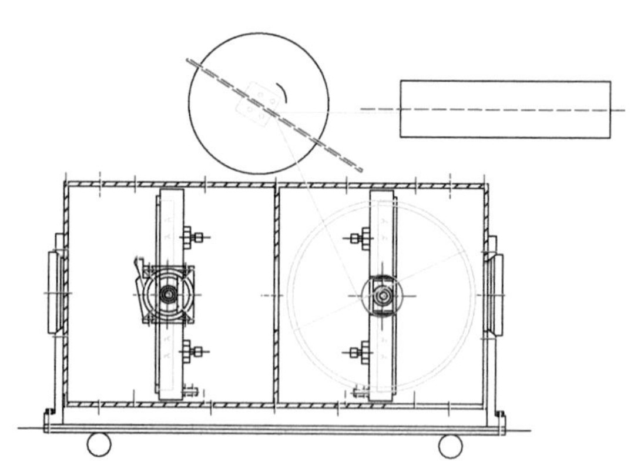

图 2.17 玻璃板与其转轴平行度的调节图

所以，玻璃板与其转轴平行度误差对反射叉丝像的影响，近似用竖直方向上的叉丝像偏离数值来表示，此数值对应的反射叉丝像偏离角约为0.018°。查询反射叉丝像偏离角随玻璃板转动角度的对应关系，如图2.18所示，可得平板玻璃与转轴的平行度的误差很小，不大于0.2°（玻璃板的旋转范围为30°）。

对玻璃板旋转精度为5′的VPOLS，只要将平板玻璃与其转轴的平行度误差控制在0.2°内，即可得到较满意的偏振度精度，如表2.15所示。

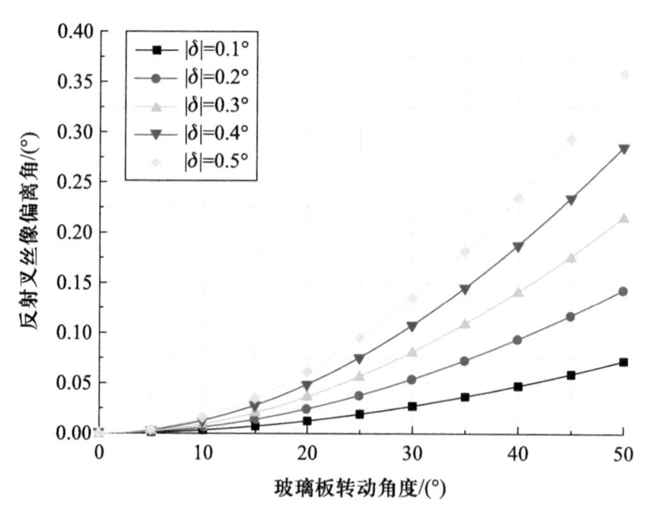

图 2.18 反射叉丝像偏离角与玻璃板转动角度的关系

表 2.15 偏振度精度分布（玻璃板旋转精度为5′）

平行度误差/(°)	偏振度精度/%
0	0.127
0.1	0.127
0.2	0.128

最后,需要确定两个平板玻璃的转动初始位置,如图 2.19 所示。当绕光轴旋转盒体时,要求两玻璃板反射的叉丝像始终与原叉丝像重合,即可保证盒体的旋转不改变非偏振光的强度。玻璃板的 2 个反射叉丝像偏离角约为 0.018°,即两个玻璃板的初始定位精度为 0.009°(可以忽略误差)。

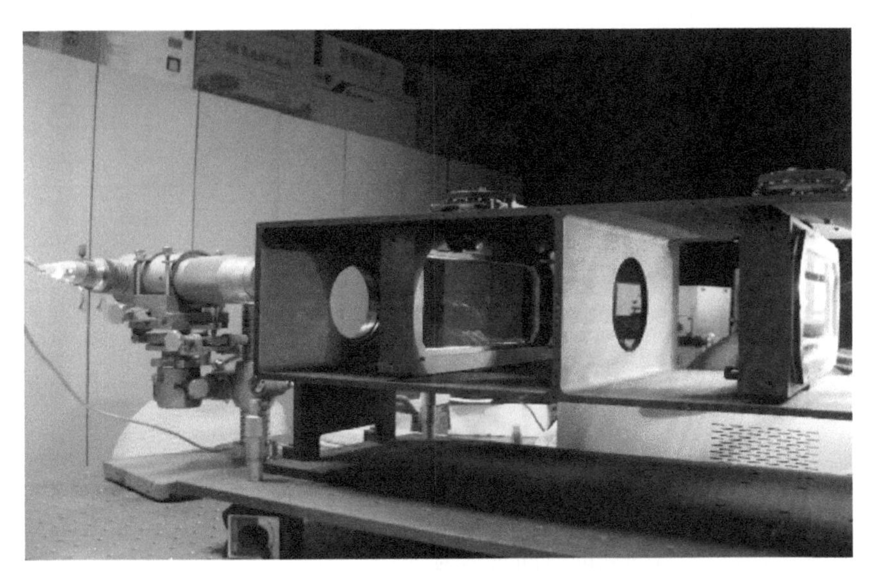

图 2.19　玻璃板初始位置的调节

2.3.4　实验室偏振辐射定标测试

1) 面阵 CCD 探测器帧转移校正实验

(1) 面阵 CCD 帧转移时间测量

对帧转移面阵 CCD 来说,通过软件设定第一行曝光时间为 t,逐行增加一个微小时间延迟量 Δt,最后一行曝光时间变为 $t+N\Delta t$,如图 2.20 所示。

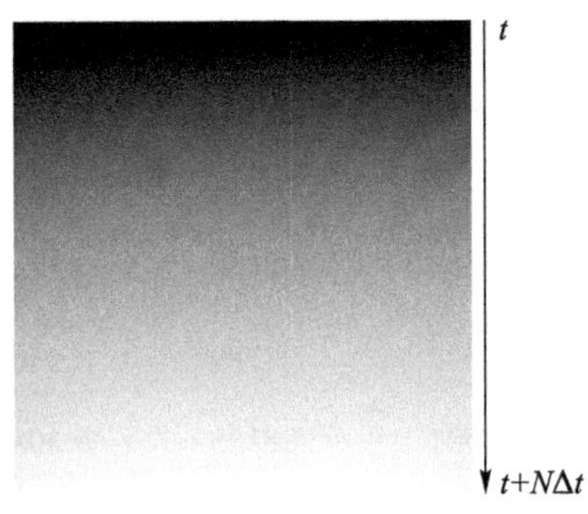

图 2.20　CCD 帧转移时间测量图

CCD 像元每行响应灰度(DN)值为

$$\mathrm{DN}_{i,j}=AT_{i,j}B_{i,j}t+\frac{t_{\mathrm{f}}}{N-1}\sum_{k=1}^{j}AT_{i,k-1}B_{i,k-1} \tag{2.41}$$

式中,A 为 DPC 航空样机绝对辐射定标系数,$T_{i,j}$为探测器像元(i, j)对应的光学系统透过率,$B_{i,j}$为外界被测目标的辐亮度,t 为 DPC 航空样机设定的曝光时间,N 为探测器面阵的行数,t_{f} 为探测器的帧转移时间。

$$\begin{aligned}
&\mathrm{DN}_{i,1}=AT_{i,1}Bt\\
&\mathrm{DN}_{i,2}=AT_{i,2}B(t+\Delta t)\\
&\qquad\vdots\\
&\mathrm{DN}_{i,N/2}=AT_{i,N/2}B(t+N\Delta t/2)\\
&\mathrm{DN}_{i,N/2+1}=AT_{i,N/2+1}B[t+(N/2+1)\Delta t]\\
&\qquad\vdots\\
&\mathrm{DN}_{i,N}=AT_{i,N}B(t+N\Delta t)
\end{aligned} \tag{2.42}$$

因为光学系统透过率(T)是关于光轴对称的,所以有 $T_{i,k}=T_{i,N-k+1}$。

通过上式之比,可得行周期的时间延迟为

$$\Delta t=\frac{2t\sum_{k=1}^{N/2}(\mathrm{DN}_{i,N-k+1}-\mathrm{DN}_{i,k})}{N\left[(N-k)\sum_{k=1}^{N/2}\mathrm{DN}_{i,k}-(k-1)\sum_{k=1}^{N/2}\mathrm{DN}_{i,N-k+1}\right]} \tag{2.43}$$

整个 CCD 芯片的最大时间延迟量(从第一行到最后一行)为 $\Delta\tau=N\Delta t$,实验测量结果如表 2.16 和表 2.17 所示。

根据测试数据可得:$\Delta\tau=2.8\pm0.2$ ms。

表 2.16 32 灯条件下的延迟量测量结果

曝光时间/ms	550 nm		780 nm		810 nm	
	时间延迟/ms	标准差	时间延迟/ms	标准差	时间延迟/ms	标准差
2	2.7870	0.0679	2.9389	0.1208	2.8026	0.2644
4	2.7312	0.1495	2.8819	0.1349	2.5061	0.1885
5	2.6877	0.1895	2.8899	0.3154	—	—
6	2.6645	0.1632	2.8789	0.3301	—	—
7	2.6078	0.1527	2.8128	0.2089	—	—
8	2.5581	0.1952	2.7882	0.2497	—	—

表 2.17　64 灯条件下的延迟量测量结果

曝光时间/ms	550 nm		780 nm		810 nm	
	时间延迟/ms	标准差	时间延迟/ms	标准差	时间延迟/ms	标准差
1	2.8218	0.0930	2.9628	0.0779	2.7622	0.1858
2	2.7835	0.1196	2.9182	0.0944	—	—

（2）帧转移校正实验

帧转移效应校正前后测试如图 2.21 所示，根据帧转移面阵 CCD 探测器的工作原理，帧转移校正算法如下：

$$T_{1,j} = \mathrm{DN}_{1,j}$$
$$T_{i,j} = \mathrm{DN}_{i,j} - \sum_{k=1}^{i-1} \beta \cdot T_{k,j} \tag{2.44}$$
$$\beta = (\Delta\tau/N)/E$$

式中，$\mathrm{DN}_{i,j}$为第 i 行第 j 列的像元 DN 值，E 为曝光时间，单位为 ms，β 为帧转移模糊系数。

挡光和不挡光图像沿帧转移方向的 DN 值分布如图 2.22 所示。

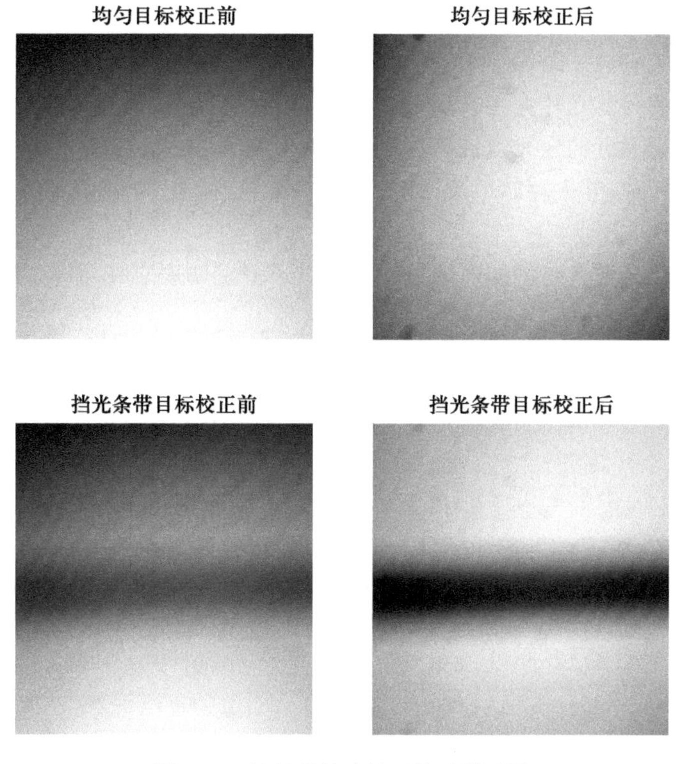

图 2.21　帧转移效应校正前后测试图

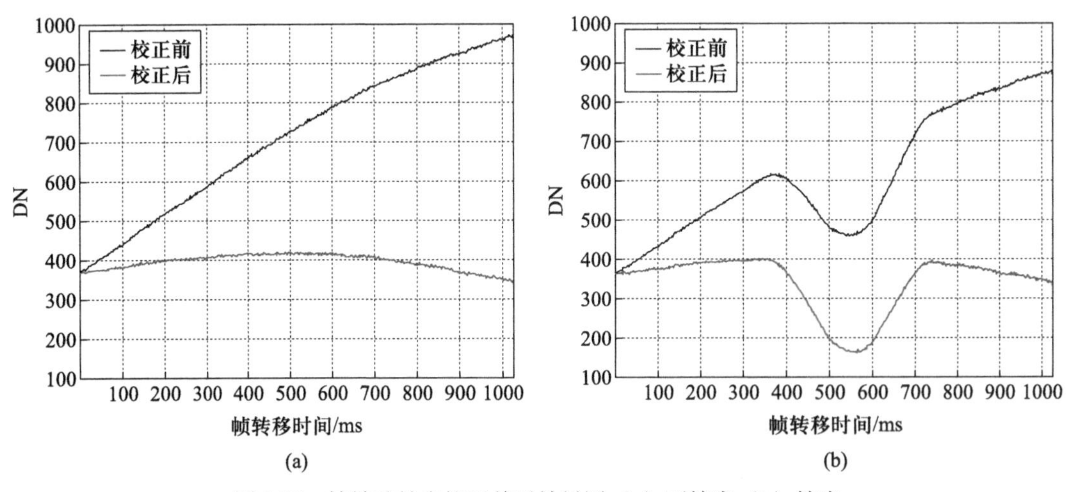

图 2.22 帧转移效应校正前后效果图:(a) 不挡光;(b) 挡光

从图 2.22 中可以看出,经过 CCD 帧转移公式的校正后,面阵 CCD 探测器响应 DN 值具有较好的对称性,证明了帧转移时间测量和校正方法的正确性。

2) 滤光片偏振片转轮的相对透过率

在航空样机中,每个偏振波段中的三组偏振片和滤光片存在差异,需要用积分球辐射源进行校正。以偏振片 0°放置的通道为基准,滤光片偏振片转轮的相对透过率结果如图 2.23 所示。图中,相对透过率 $T^{k,a}$ 的下标 $k=1,2,3$ 分别代表三个偏振波段 490 nm、665 nm 和 865 nm,$a=1,2,3$ 分别代表-60°、0°和 60°的偏振片放置通道。

由于边缘视场的滤光片偏振片转轮的相对透过率还包含光学镜头的偏振影响,所以我们仅取中心视场附近的像元点计算滤光片偏振片转轮的相对透过率。用 16×16 模板对原图像进行平滑处理,并去掉暗电流影响,取中心像元点 64×64 计算滤光片偏振片转轮的相对透过率。

基于两种标准亮度进行的相对透过率处理结果分别如表 2.18 和表 2.19 所示。

表 2.18 滤光片偏振片转轮的相对透过率(9 个灯)

通道	平均值	标准差	相对标准差/%
490(-60°)	0.862	0.0012	0.1035
490(0°)	1.000	0.0000	0.0000
490(60°)	0.918	0.0015	0.1377
665(-60°)	0.975	0.0009	0.0877
665(0°)	1.000	0.0000	0.0000
665(60°)	0.958	0.0005	0.0479
865(-60°)	1.056	0.0011	0.1162
865(0°)	1.000	0.0000	0.0000
865(60°)	1.008	0.0015	0.1511

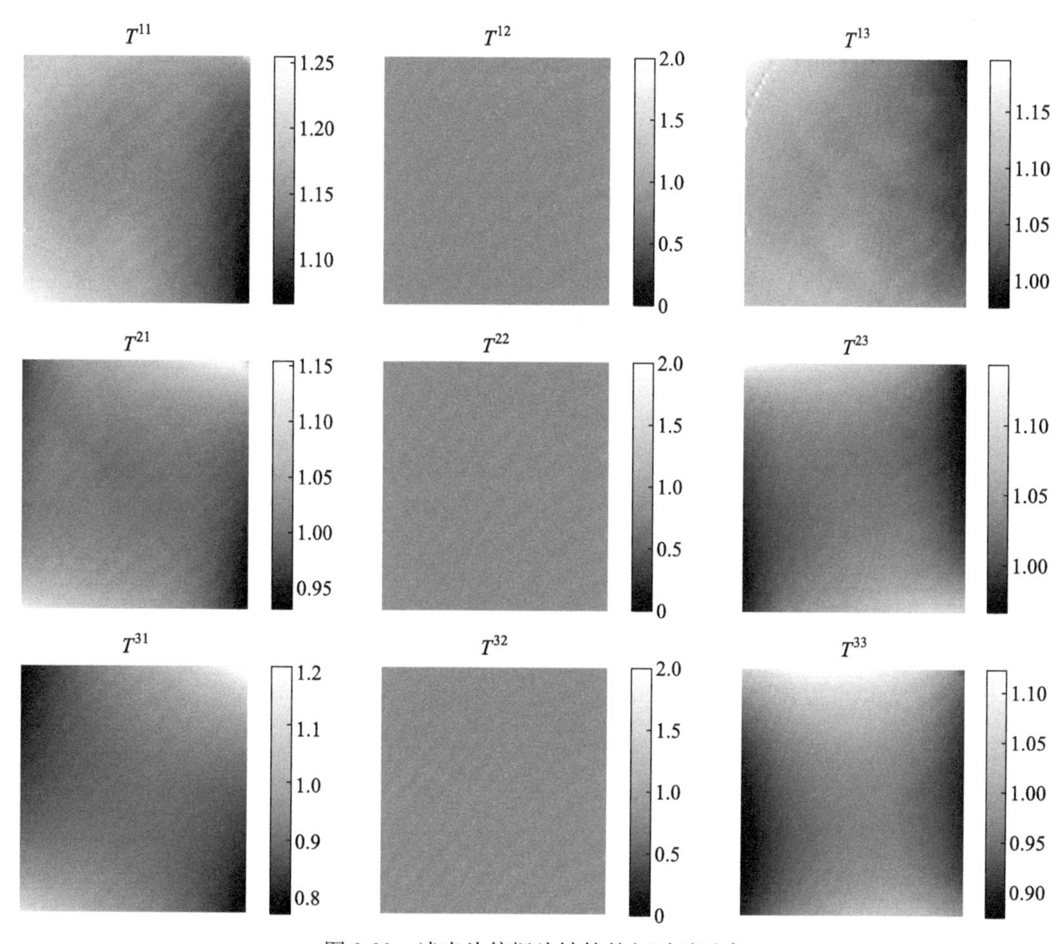

图 2.23 滤光片偏振片转轮的相对透过率

表 2.19 滤光片偏振片转轮的相对透过率(7 个灯)

通道	平均值	标准差	相对标准差 /%
490(−60°)	0.864	0.0014	0.1209
490(0°)	1.000	0.0000	0.0000
490(60°)	0.918	0.0013	0.1194
665(−60°)	0.974	0.0010	0.0974
665(0°)	1.000	0.0000	0.0000
665(60°)	0.957	0.0005	0.0478
865(−60°)	1.057	0.0014	0.1479
865(0°)	1.000	0.0000	0.0000
865(60°)	1.008	0.0018	0.1815

由表 2.18 和表 2.19 的数据可以看到，航空样机三个偏振波段的滤光片偏振片转轮相对透过率非常稳定，可以控制在±0.2%的精度。

3）绝对辐射定标系数

（1）绝对辐射定标系数测试

将航空样机正对积分球辐射源，打开积分球光源及被定标的仪器进行预热至稳定状态。取中心像元点 64×64 计算绝对辐射定标系数：

$$A^k=\frac{\overline{X}_{0,0}^{k,1}-\overline{C}_{0,0}}{T^{k,a}\cdot I_{0,0}^k} \tag{2.45}$$

式中，$\overline{C}_{0,0}$为航空样机在挡光通道时中心视场处像元多次采集暗电流响应示值的平均值；$\overline{X}_{0,0}^{k,1}$为波段 k 中心视场处像元对积分球光源多次采集的响应示值的平均值；$I_{0,0}^k$为积分球光源在波段 k 的辐射亮度。

积分球的绝对光谱辐亮度可由光谱辐射计（ASD VNIR）测量，如图 2.24 所示。

根据式（2.45），可得航空样机的绝对辐射定标系数如表 2.20 所示。

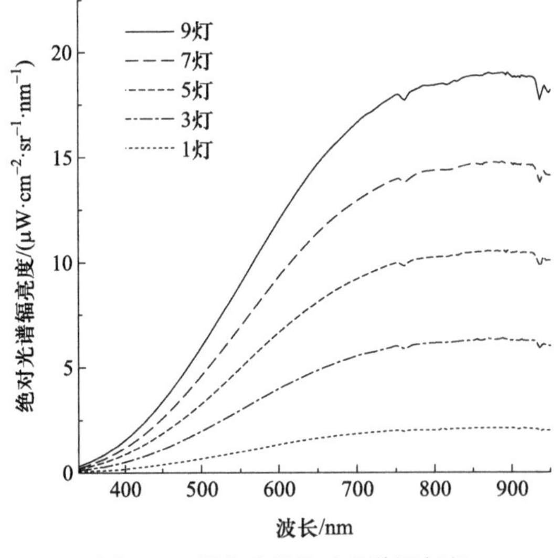

图 2.24 积分球的绝对光谱辐亮度

（2）绝对辐射测量精度分析

航空样机的绝对辐射测量精度由积分球辐射源的绝对辐射不确定度和航空样机的响应度的非线性、非稳定性、非重复性不确定度构成。

积分球辐射源的绝对辐射不确定度[u(a)]包括光谱辐射计不确定度、测量列 A 类评定、积分球非稳定性等因素，该项直接引用《IS2500-1000 积分球辐射源检测报告》数据。

表 2.20 绝对辐射定标系数 A^k

波段/nm	通道号	绝对辐射定标系数/[DN/(μW · cm⁻² · sr⁻¹ · nm⁻¹)]
490	1、2、3	264.4074
665	4、5、6	515.8958
865	7、8、9	130.0124
550	11	772.6798
780	12	243.2665
810	13	453.0680

（3）非线性测试

保持光谱分布不变的前提下（即不能调电流，只能改变灯数），点亮积分球的灯数分别为 9、7、5、3 和 1，用式(2.46)对各通道的所有 CCD 像元分别作线性拟合：

$$y=ax+b \tag{2.46}$$

式中，x 为灯数 1,3,5,7,9；y 为相应的 DN 值。可得各像元点的线性拟合系数 R-square 的直方图，如图 2.25 所示。

可以看出，航空样机具有良好的线性度，各通道线性拟合系数 R-square 的中心峰值都在 0.997 以上。

线性不确定度为(1−R-square)×100% = 0.3%。

（4）非稳定性测试

响应度的稳定性表征 DPC 航空样机在一定连续工作时间内的稳定程度，以检验遥感器及信号放大系统的时间漂移性。通常固定仪器测量条件，以一稳定的辐射源照射，根据实际工作的时间持续测量。

调节积分球光源的输出辐射亮度（积分球输出的非稳定性为 0.80%），使遥感器的输出信号达到规定的幅值，重复测量 9 次，每次间隔 10 分钟。按照式(2.47)计算遥感器响应度的非稳定性（参照航天 CCD 遥感器通用定标方法）：

$$\mathrm{NS}(i)=\left[\frac{Y(i)_{\max}-Y(i)_{\min}}{\langle Y(i)\rangle}\right]\times 100\% \tag{2.47}$$

式中，$\mathrm{NS}(i)$ 为规定时间段内，第 i 个像元的响应度非稳定性；$Y(i)$ 为第 i 个像元的输出信号；$Y(i)_{\max}$ 为 $Y(i)$ 的最大值；$Y(i)_{\min}$ 为 $Y(i)$ 的最小值；$\langle Y(i)\rangle$ 为第 i 个像元 M 次输出信号的算术平均值。

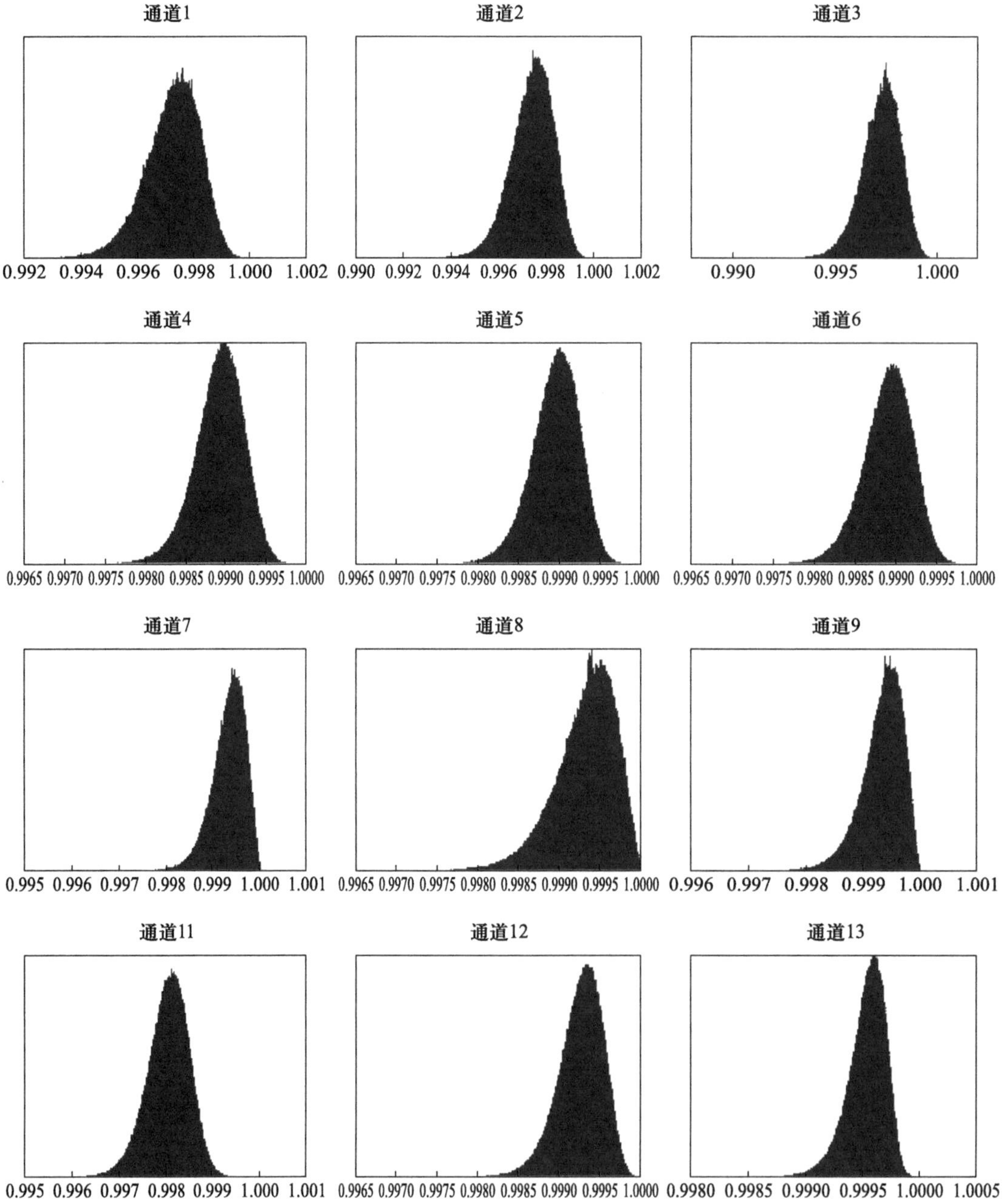

通道1
0.992 0.994 0.996 0.998 1.000 1.002

通道2
0.990 0.992 0.994 0.996 0.998 1.000 1.002

通道3
0.990 0.995 1.000

通道4
0.9965 0.9970 0.9975 0.9980 0.9985 0.9990 0.9995 1.0000

通道5
0.9965 0.9970 0.9975 0.9980 0.9985 0.9990 0.9995 1.0000

通道6
0.9965 0.9970 0.9975 0.9980 0.9985 0.9990 0.9995 1.0000

通道7
0.995 0.996 0.997 0.998 0.999 1.000 1.001

通道8
0.9965 0.9970 0.9975 0.9980 0.9985 0.9990 0.9995 1.0000

通道9
0.996 0.997 0.998 0.999 1.000 1.001

通道11
0.995 0.996 0.997 0.998 0.999 1.000 1.001

通道12
0.9965 0.9970 0.9975 0.9980 0.9985 0.9990 0.9995 1.0000

通道13
0.9980 0.9985 0.9990 0.9995 1.0000 1.0005

图 2.25 线性拟合系数 R-square 的直方图

注:通道 10 为本底通道,下同

由式(2.47)可以得到航空样机各通道响应度的非稳定性,如图 2.26 和表 2.21 所示。

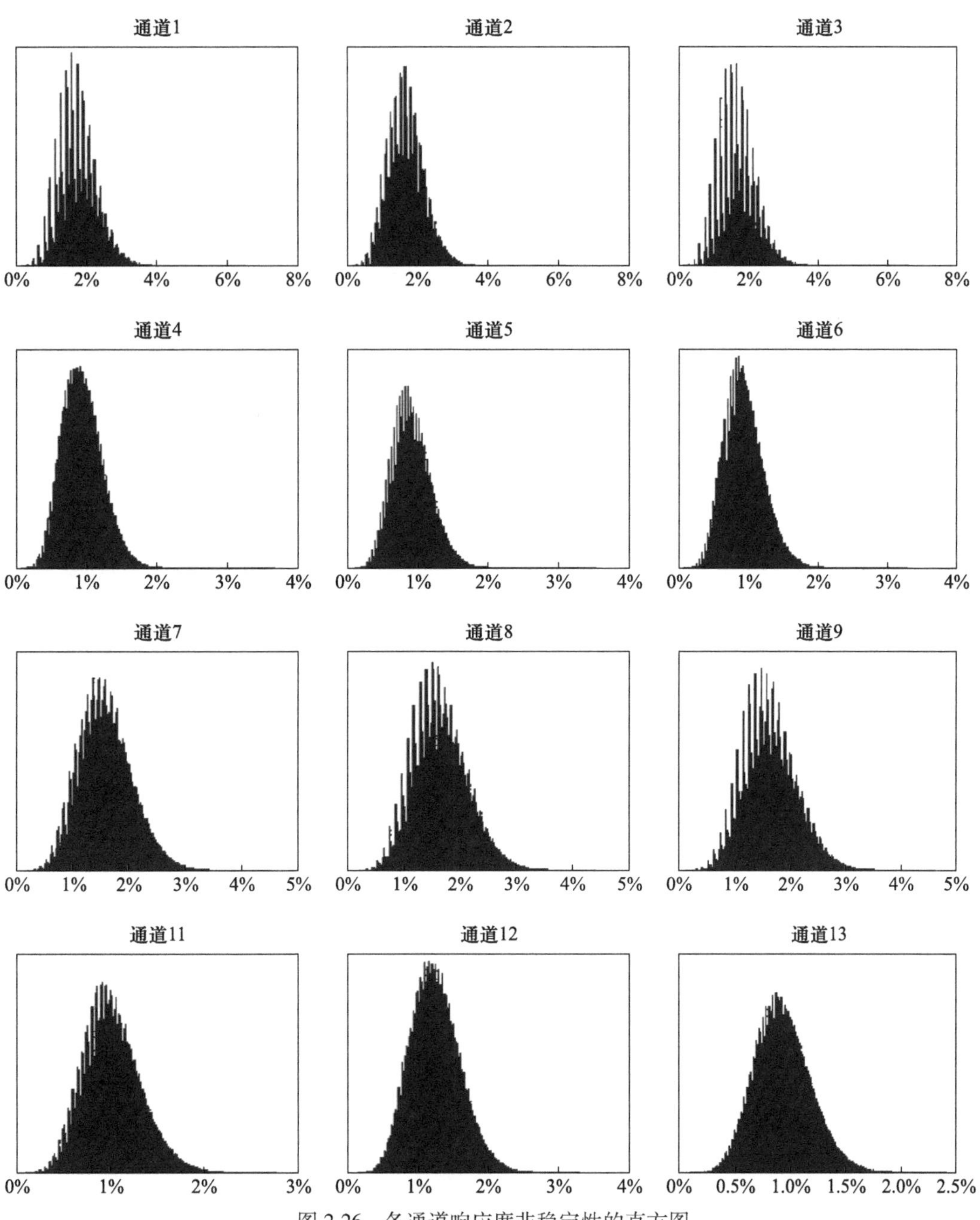

图 2.26 各通道响应度非稳定性的直方图

表 2.21 各波段响应度非稳定性的中心数值

波段/nm	通道号	响应度非稳定性/%
490	1、2、3	1.8
665	4、5、6	0.9
865	7、8、9	1.7
552	11	1.0
780	12	1.4
813	13	1.0

由图 2.26 和表 2.21 可以看出,DPC 航空样机具有很好的响应度稳定性(考虑到积分球辐射源 0.8%的非稳定性);由于探测时的转轮振动会影响像元配准,我们测量的非稳定性参数也受积分球面均匀性的影响。

(5) 非重复性测试

将仪器正对积分球辐射源,积分球出射面充满仪器视场。打开积分球光源及被定标的仪器,预热至稳定状态(约 30 分钟)。航空样机进行 8 次采样并记录输出信号。按照以下公式计算遥感器响应度定标的非重复性(参照航天 CCD 遥感器通用定标方法):

$$\mathrm{NR}(i)=\frac{1}{\langle Y(i)\rangle}\sqrt{\frac{\sum_{m=1}^{M}[Y(i,m)-\langle Y(i)\rangle]^2}{M-1}}\times 100\% \tag{2.48}$$

式中,$\mathrm{NR}(i)$ 为第 i 个像元的响应度定标非重复性;$Y(i,m)$ 为在第 m 次测量中,第 i 个像元的输出信号;$\langle Y(i)\rangle$ 为第 i 个像元 M 次输出信号的算术平均值;m 为测量序号;M 为总的测量次数($M=8$)。

由式(2.48)可以得到航空样机各通道响应度定标的非重复性,如表 2.22 和图 2.27 所示。

表 2.22 各波段响应度非重复性的中心数值

波段/nm	通道号	响应度非重复性/%
490	1、2、3	0.67
665	4、5、6	0.35
865	7、8、9	0.56
552	11	0.40
780	12	0.42
813	13	0.32

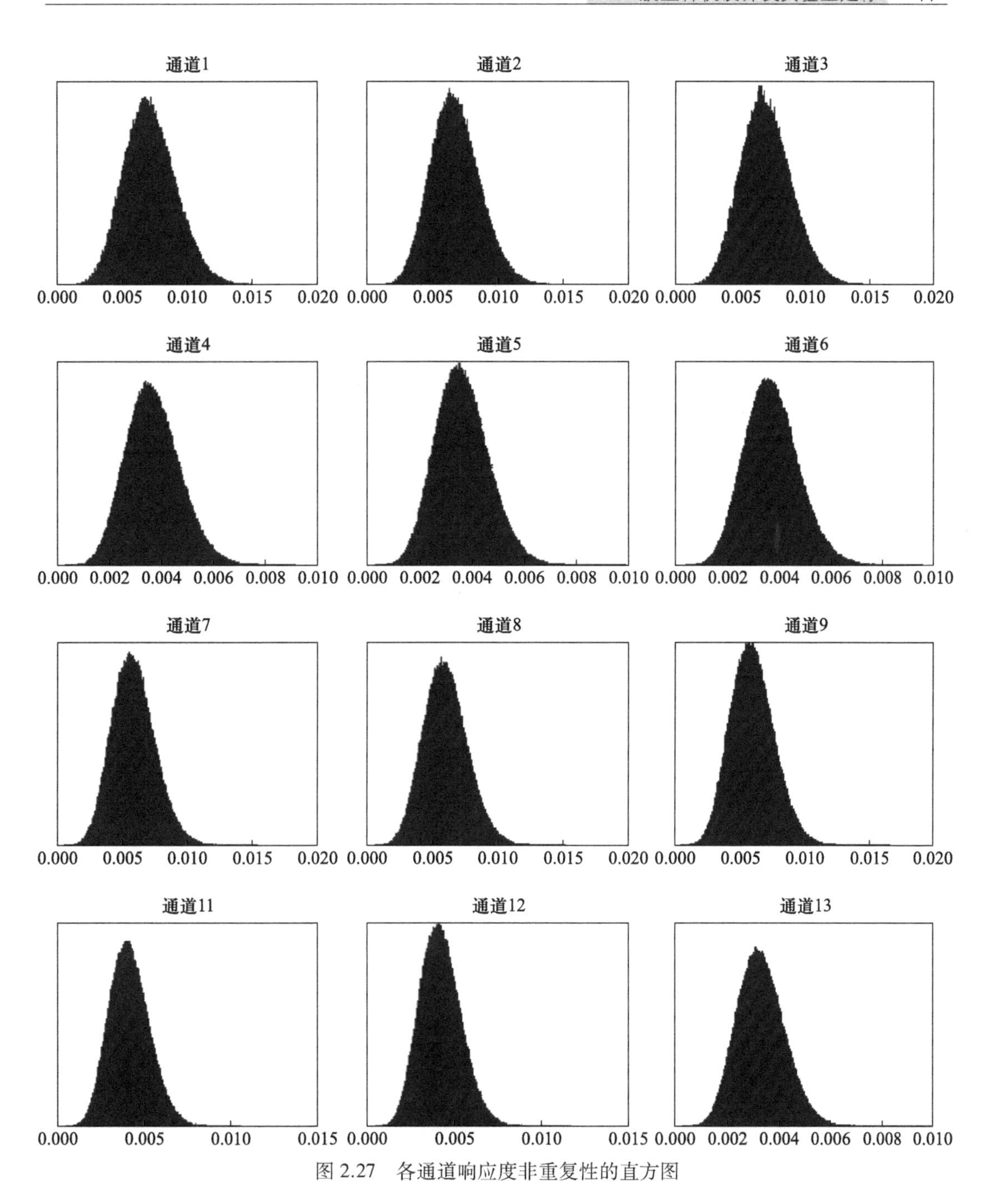

图 2.27 各通道响应度非重复性的直方图

由图 2.27 和表 2.22 可以看出,航空样机具有很好的响应度重复性,且 3 个偏振波段的响应度非重复性直方图分布基本相同。

(6) 辐射定标不确定度合成

按式(2.49)计算航空样机的辐射定标不确定度:

$$u=\sqrt{u(a)^2+u(b)^2+u(c)^2+u(d)^2} \tag{2.49}$$

式中,u 为合成不确定度;u(a)为积分球辐射源的绝对辐射不确定度;u(b)为航空样机响应的非线性;u(c)为航空样机响应的非稳定性;u(d)为航空样机响应度定标的非重复性。表 2.23 为 DPC 航空样机辐射定标不确定度合成。

表 2.23　DPC 航空样机辐射定标不确定度合成

波段/nm	不确定性因素及贡献				u/%
	u(a)/%	u(b)/%	u(c)/%	u(d)/%	
490(P)	2.43	0.3	1.8	0.67	3.17
555	2.29	0.3	0.9	0.35	2.51
665(P)	2.10	0.3	1.7	0.56	2.82
780	1.90	0.3	1.0	0.40	2.22
815	1.95	0.3	1.4	0.42	2.47
865	1.95	0.3	1.0	0.32	2.24

4）低频相对透过率

（1）非偏振波段相对透过率测试

对于非偏振波段校正帧转移曝光效应后的光学系统透过率图像,用 16×16 模板对图像进行合并,把像元分辨率由 1024×1024 转换成 64×64,低频透过率 $P^k(\theta)$ 的图像如图 2.28 所示。

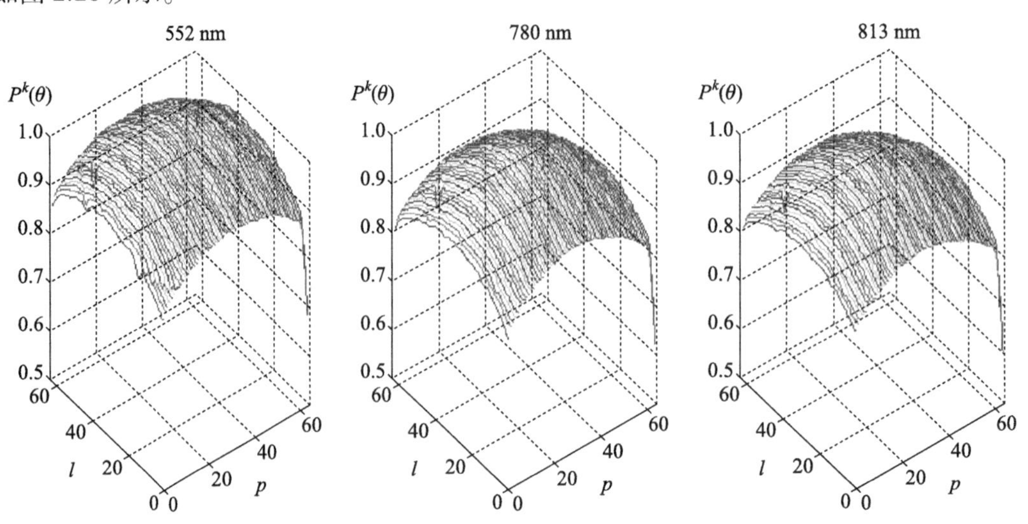

图 2.28　低频透过率

注:l、p 代表 64×64 分辨率下的像元编号

对低频透过率作多项式拟合，其拟合公式为

$$f(\theta)=x(1)\times\theta^2+x(2)\times\theta+x(3) \tag{2.50}$$

式中，θ 为 DPC 航空样机的视场角。其中拟合曲线如图 2.29 所示，多项式拟合系数如表 2.24 所示。

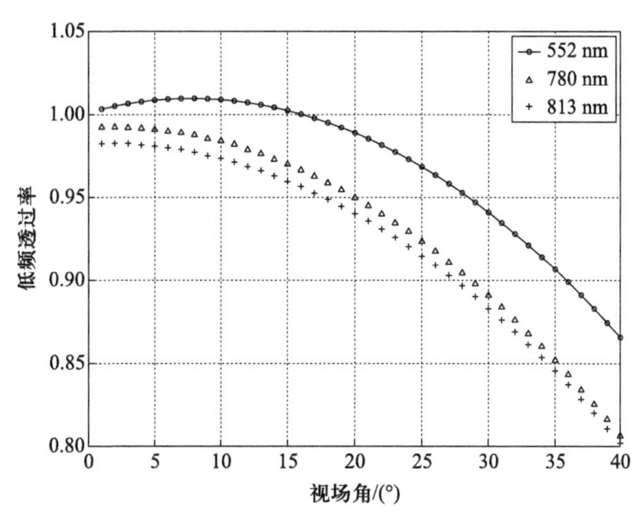

图 2.29 低频透过率的拟合曲线

表 2.24 低频透过率的拟合系数

非偏波段/nm	$x(1)$	$x(2)$	$x(3)$
552	−0.4516	0.1213	1.0012
780	−0.4156	0.0247	0.9918
813	−0.3969	0.0188	0.9820

可以计算积分球的辐射亮度：

$$I^k=\frac{X_{l,p}^k}{A^k\cdot P^k(\theta)Z(l)} \tag{2.51}$$

把拟合的低频透过率和帧转移因子代入，可以对非偏振通道进行均匀性校正，其效果如图 2.30 所示。

可以看出，航空样机非偏振通道的相对响应被有效地校正，进一步证明了前述对低频透过率和帧转移因子的多项式拟合是成功的。

(2) 偏振波段相对透过率测试

偏振波段低频透过率计算方法如下：

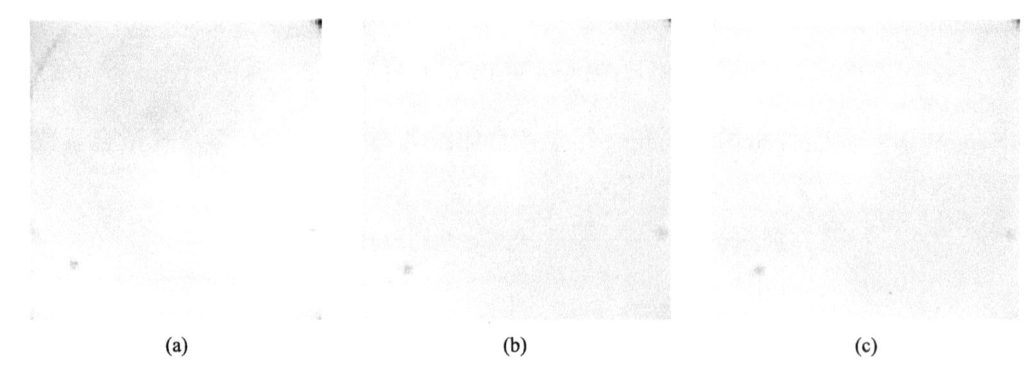

图 2.30 非偏振通道的积分球亮度校正:(a) 552 nm;(b) 780 nm;(c) 813 nm

$$PP^k(x,y)=\frac{X_{x,y}^{k,a}}{T^{k,a}\cdot P_1(\varepsilon^k,\alpha^{k,a},\theta,\varphi)} \tag{2.52}$$

式中,$T^{k,a}(a=1,2,3)$分别为 k 波段下偏振方向 0°、60°和 120°所对应的 DPC 航空样机各通道的相对透过率;P_1 为航空样机光学系统的偏振参量;$X^{k,a}(a=1,2,3)$为 k 波段下偏振图像进行帧转移校正、低频滤波后生成原始图像的 DN 值;ε^k 为 k 波段下光学系统的偏振度;$\alpha^{k,a}$为偏振片绝对位置参数;方位角 $\varphi=\arctan\left(\frac{y-XS_k}{x-YS_k}\right)$,$XS_k$ 和 YS_k 为 k 波段的畸变中心坐标。

对低频透过率利用下式进行归一化:

$$P^k(x,y)=\frac{PP^k(x,y)}{PP^k(XS_k,YS_k)} \tag{2.53}$$

低频透过率的多项式拟合公式为

$$P(\theta)=x(1)\times\theta^2+x(2)\times\theta+x(3) \quad (\theta \text{ 为弧度}) \tag{2.54}$$

其中各波段的拟合系数如表 2.25 所示。

表 2.25 低频透过率的多项式拟合系数

波段/nm	通道号	$x(1)$	$x(2)$	$x(3)$
490	1	−0.3915	0.1653	0.9809
	2	−0.3416	0.1448	0.9822
	3	−0.3670	0.1602	0.9937
665	4	−0.4581	0.0896	0.9894
	5	−0.4862	0.1404	0.9843
	6	−0.4999	0.1476	0.9962

续表

波段/nm	通道号	$x(1)$	$x(2)$	$x(3)$
865	7	−0.3876	−0.0065	0.9936
	8	−0.4103	0.0216	0.9915
	9	−0.3756	0.0074	0.9907

5）仪器偏振片的绝对定位角度

对偏振通道来说，参数 $P_1^{k,a}(\theta,\varphi)$ 是 DPC 航空样机偏振片绝对定位角度的函数，即与偏振片透光轴方向、CCD 坐标 x 轴的夹角有关，需要事先测出。DPC 航空样机对物距大于 50 mm 的物体（相对于第一个镜面）可以比较清楚地成像。

在辅助偏振片上贴一个矩形的长条胶带，并且要求矩形长条与辅助偏振片的透光轴平行，如图 2.31 所示，则像面上矩形长条的方向就代表辅助偏振片的透光轴方向。

图 2.31 辅助偏振片上的矩形长条图

基于辅助偏振片与仪器偏振片正交消光的原理，调节辅助偏振片与仪器偏振片（0°放置偏振片）的透光轴平行，如图 2.32 所示。测试结果如图 2.33 所示。需要注意，可见光波段与红外波段的仪器偏振片放置起点不同。

图 2.32 仪器偏振片透光轴方向的测试装置

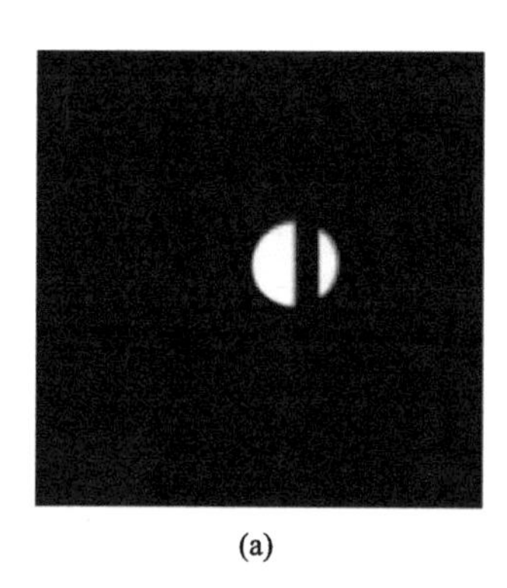
(a)

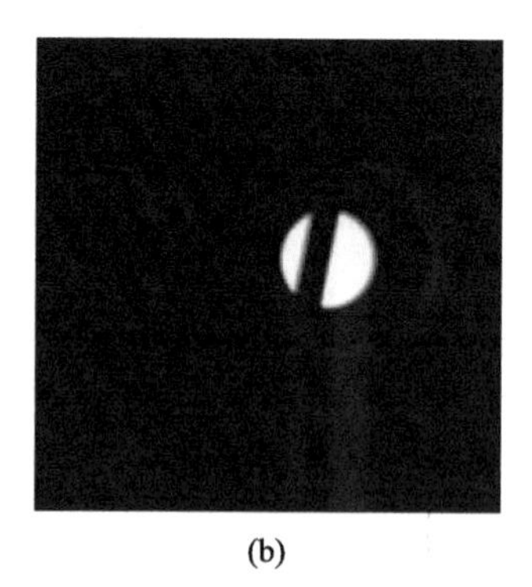
(b)

图 2.33 仪器偏振片的透光轴方向图:(a) 偏振波段 490 nm、665 nm;(b) 偏振波段 865 nm

用 10×10 的像元窗对仪器偏振片的透光轴图进行空间滤波并扣除暗电流,校正图像的随机噪声等影响,结果如图 2.34 所示。

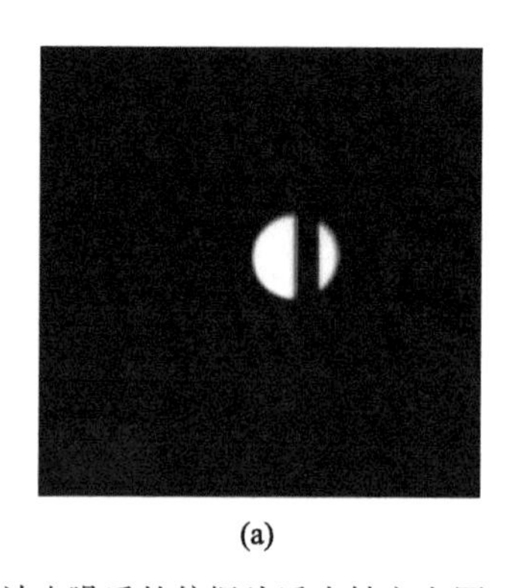
(a)

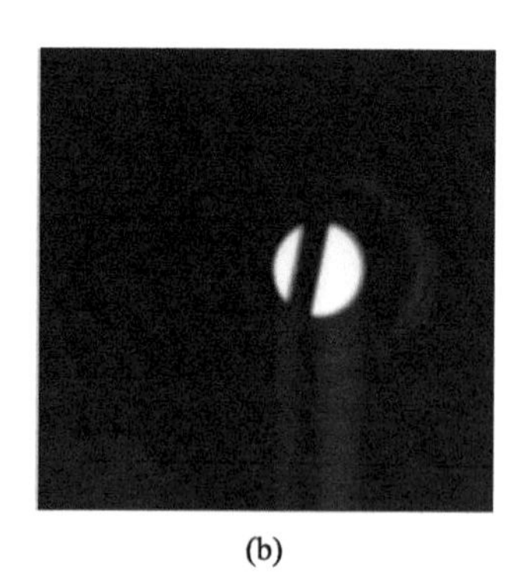
(b)

图 2.34 滤波去噪后的偏振片透光轴方向图:(a) 偏振波段 490 nm、665 nm;(b) 偏振波段 865 nm

对空间滤波去噪后的图像进行边缘检测(基于 Sobel 边缘检测器),提取胶带的边缘信息,如图 2.35 和图 2.36 所示。

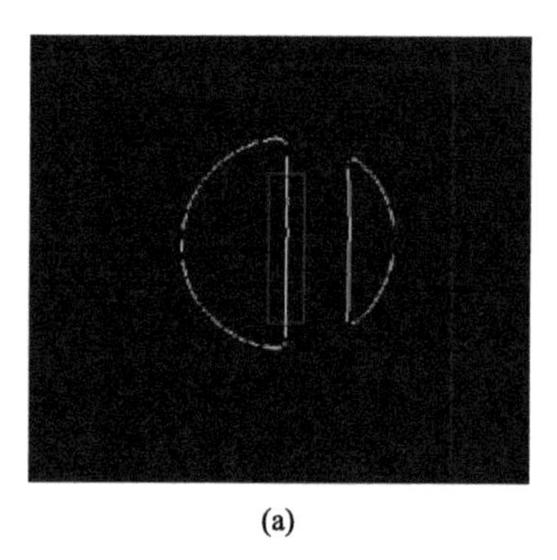
(a)

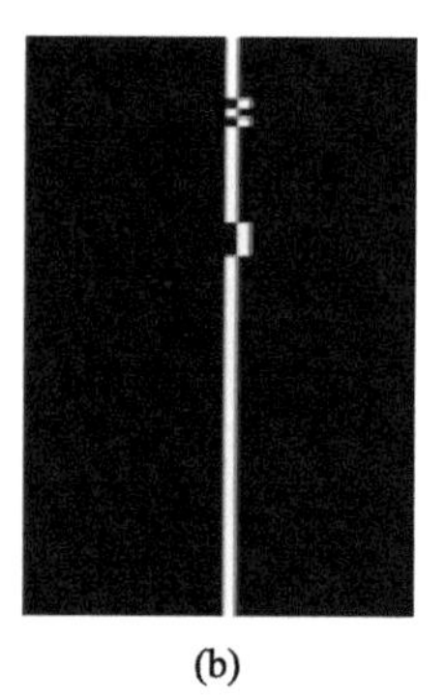
(b)

图 2.35 滤波去噪后的偏振片透光轴方向图(波段 490 nm、665 nm):(a) 边缘检测图;(b) 胶带边缘图

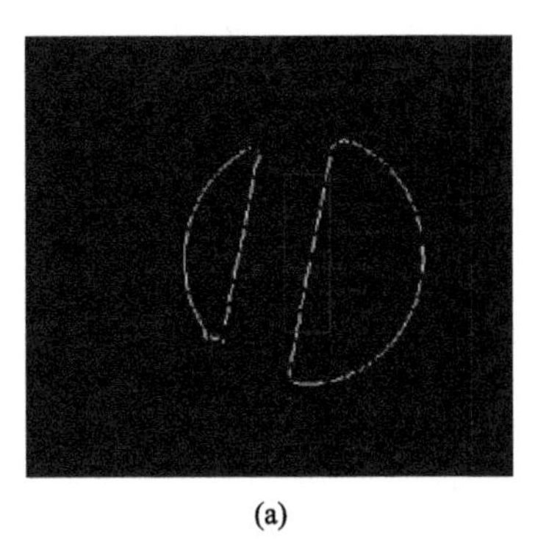
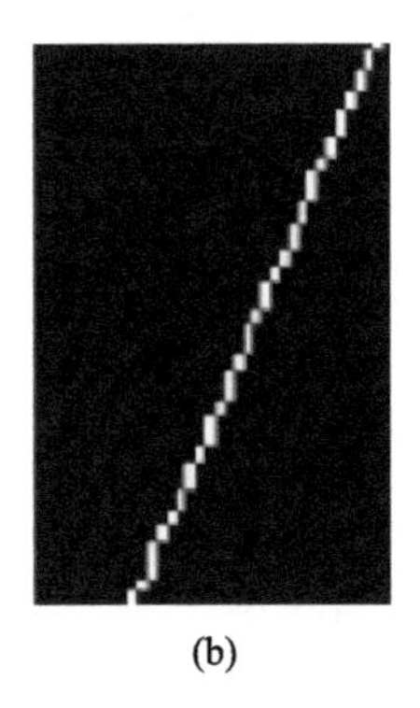

(a) (b)

图 2.36 滤波去噪后的偏振片透光轴方向图(波段 865 nm):(a) 边缘检测图;(b) 胶带边缘图

在边缘检测图中提取胶带的边缘数据,用下面公式对提取的边缘数据作最小二乘法线性拟合:

$$y=\tan\alpha \cdot x+b \tag{2.55}$$

式中,(x,y)为胶带边缘检测点对应的探测器像元坐标号,α 和 b 为拟合系数。

各通道的拟合结果,如表 2.26 和表 2.27 所示。

表 2.26 仪器偏振片的绝对角度(偏振波段 490 nm、665 nm)

通道	$\tan\alpha$	α/(°)	α 平均值/(°)	α 标准差/(°)
1	0.0005097	0.0292037	0.0267	0.0691
2	−0.001869	−0.1071		
3	5.129×10^{-16}	2.9387×10^{-14}		
4	0.0003691	0.0211479		
5	0.002461	0.141005		
6	-6.839×10^{-17}	-3.91846×10^{-15}		
7	-6.835×10^{-17}	-3.91617×10^{-15}		
8	3.419×10^{-17}	1.95894×10^{-15}		
9	-1.71×10^{-16}	-9.79758×10^{-15}		
11	0.002367	0.135619		
12	3.419×10^{-17}	1.95894×10^{-15}		
13	0.001752	0.100382		

表 2.27 仪器偏振片的绝对角度(偏振波段 865 nm)

通道	tanα	α/(°)	α平均值/(°)	α标准差/(°)
1	−0.2012	−11.376	−11.2153	0.0976
2	−0.2001	−11.3154		
3	−0.1977	−11.1832		
4	−0.1979	−11.1942		
5	−0.1981	−11.2052		
6	−0.1986	−11.2328		
7	−0.1986	−11.2328		
8	−0.1995	−11.2824		
9	−0.1952	−11.0452		
11	−0.1999	−11.3044		
12	−0.1958	−11.0784		
13	−0.1968	−11.1335		

6）光学系统的起偏度

对每个偏振波段来说,滤光片偏振片转轮通道和 CCD 探测器构成了完整的测偏系统。当自然光(积分球辐射)入射 DPC 航空样机时,测偏系统的测量数据就反映了光学系统的偏振效应,CCD 探测器像元的 DN 值可以表示为

$$X_{\zeta}^{k}=\frac{1}{2}A^{k}T^{k,a}(I+Q\cos2\zeta+U\sin2\zeta) \tag{2.56}$$

式中,ζ 为仪器偏振片在 CCD 探测器中的夹角,A^{k} 为绝对辐射定标系数,$T^{k,a}$ 为偏振片和滤光片的相对透过率。

每个偏振波段有三个偏振通道($a=1$、2 或 3),可建立线性方程组:

$$\boldsymbol{M}\times\boldsymbol{S}=\boldsymbol{b} \tag{2.57}$$

其中测量矩阵

$$\boldsymbol{M}=\frac{1}{2}A^{k}\begin{bmatrix}T^{1} & T^{1}\cos2\alpha & T^{1}\sin2\alpha\\ T^{2} & T^{2}\cos2\beta & T^{2}\sin2\beta\\ T^{3} & T^{3}\cos2\gamma & T^{3}\sin2\gamma\end{bmatrix};\quad \boldsymbol{S}=(I_{l,p},Q_{l,p},U_{l,p})^{\mathrm{T}};\quad \boldsymbol{b}=\begin{bmatrix}X_{\alpha}^{k}\\ X_{\beta}^{k}\\ X_{\gamma}^{k}\end{bmatrix} \tag{2.58}$$

可得光学系统的偏振参数为

$$\begin{bmatrix}I_{l,p}\\ Q_{l,p}\\ U_{l,p}\end{bmatrix}=\boldsymbol{M}^{-1}\begin{bmatrix}X_{\alpha}^{k}\\ X_{\beta}^{k}\\ X_{\gamma}^{k}\end{bmatrix}\quad 和\quad P_{l,p}=\sqrt{Q_{l,p}^{2}+U_{l,p}^{2}}/I_{l,p} \tag{2.59}$$

由式(2.59)可得偏振波段的光学系统起偏度,如图 2.37 所示。

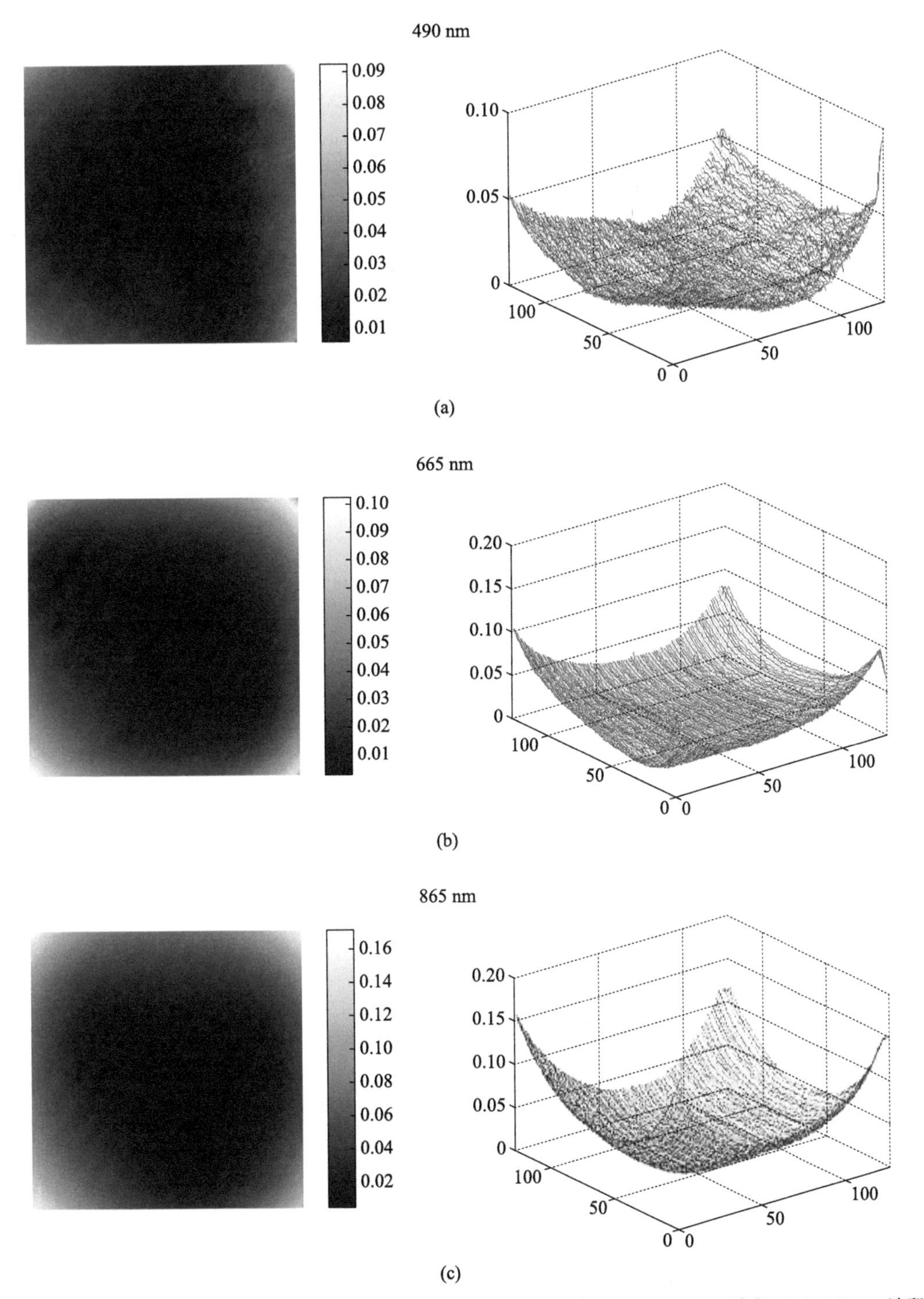

图 2.37　偏振波段光学系统起偏度的两种表示方式:(a) 490 nm 波段;(b) 665 nm 波段;(c) 865 nm 波段

可以看出，红外偏振波段 865 nm 的光学系统起偏度较大，而偏振波段 490 nm 的光学系统起偏度较小，其原因是成像光束在光学系统中的路径差异等。光学系统各波段的起偏度不是理想的圆对称（边缘存在一些突变），主要是由光学元件加工、装调不完美等造成的。

对光学系统各波段的起偏度作多项式拟合，其拟合公式为

$$f(\theta)=p_1\times\theta^5+p_2\times\theta^4+p_3\times\theta^3+p_4\times\theta^2+p_5\times\theta+p_6 \tag{2.60}$$

其中，拟合曲线如图 2.38～图 2.40 所示，多项式拟合系数如表 2.28 所示。

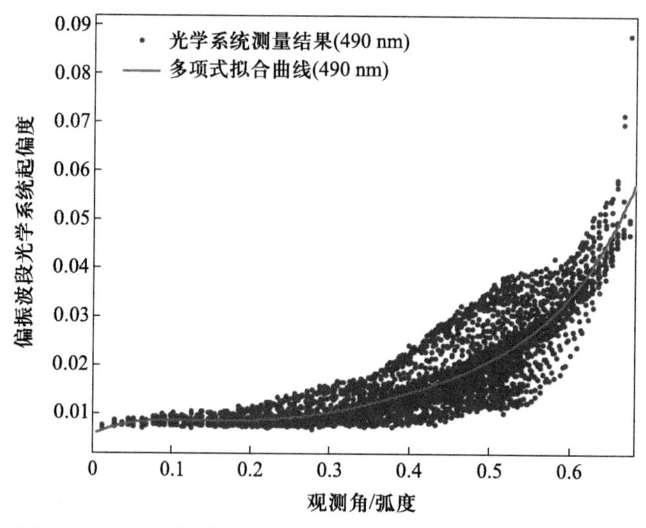

图 2.38 光学系统各视场的起偏度及其多项式拟合(490 nm)

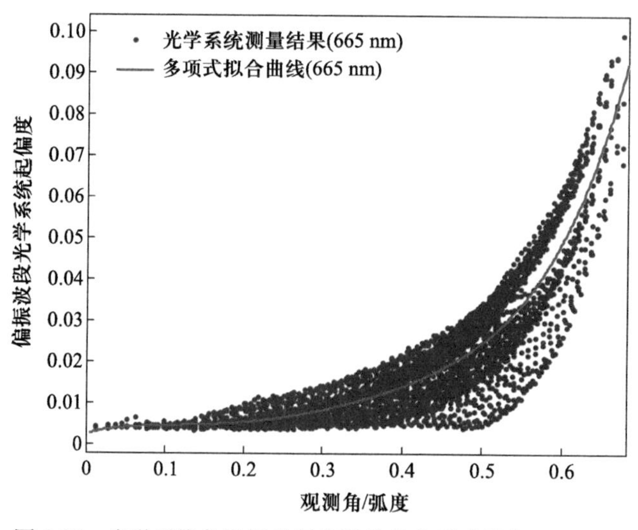

图 2.39 光学系统各视场的起偏度及其多项式拟合(665 nm)

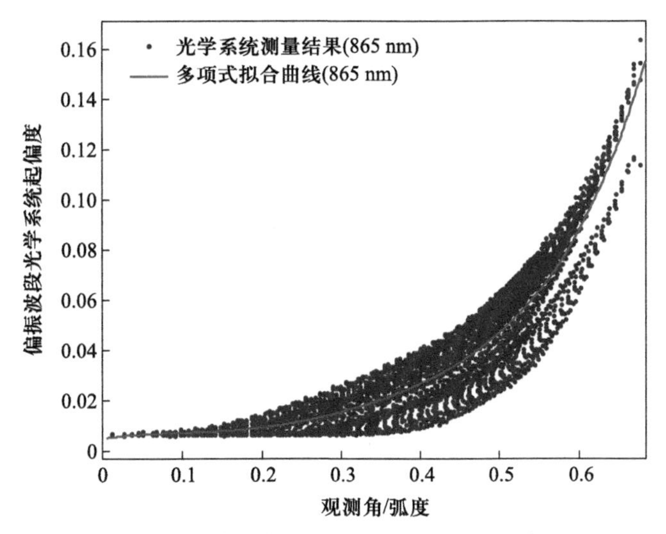

图 2.40 光学系统各视场的起偏度及其多项式拟合(865 nm)

表 2.28 低频透过率的拟合系数

偏振波段/nm	p_1	p_2	p_3	p_4	p_5	p_6	R-square
490	3.124	−4.845	2.931	−0.7462	0.08159	0.005503	0.7804
665	3.799	−5.007	2.639	−0.5683	0.05744	0.002469	0.8343
865	4.567	−5.837	3.083	−0.6035	0.06009	0.004469	0.8859

2.3.5 定标结果实验室验证

1）非偏光源的均匀性验证

DPC 航空样机对积分球辐射源的实测亮度可以表示为

$$I^k = \frac{X_{l,p}^{k,a} - C_{l,p}}{A^k \cdot T^{k,a} \cdot P^k(\theta,\varphi) \cdot P_1^{k,a}(\theta,\varphi) \cdot Z(l)} \tag{2.61}$$

把式(2.54)和式(2.60)的拟合多项式及相关定标系数代入式(2.61)，可以测量积分球的绝对辐射亮度，如图 2.41～图 2.49 所示。

可以看出，DPC 航空样机经过多项式拟合参数的辐射模型校正后，得到了比较理想的效果，表 2.29 给出了校正前后的非均匀性相对标准差，间接验证了我们对各种多项式参数拟合的正确性。

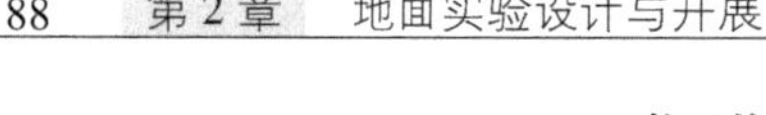

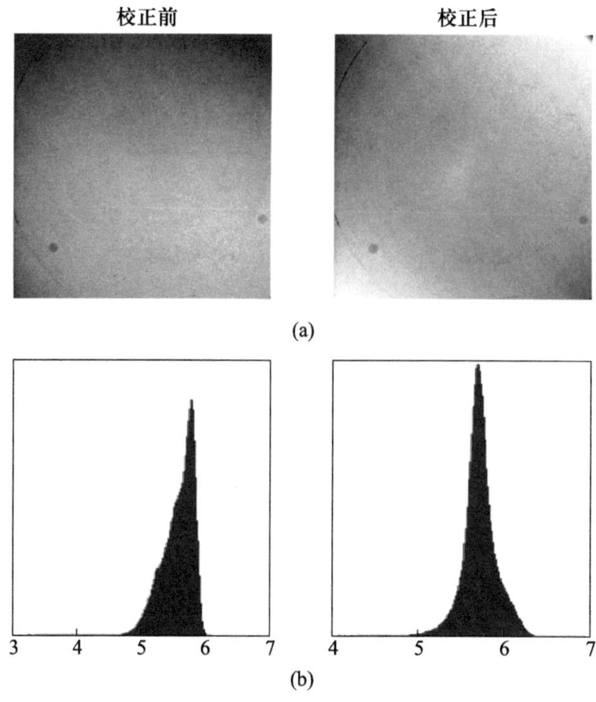

图 2.41 积分球辐射亮度校正前后的对比(积分球绝对辐射亮度 5.7243 $\mu W \cdot cm^{-2} \cdot sr^{-1} \cdot nm^{-1}$):(a) 通道 1 图像对比;(b) 通道 1 直方图对比

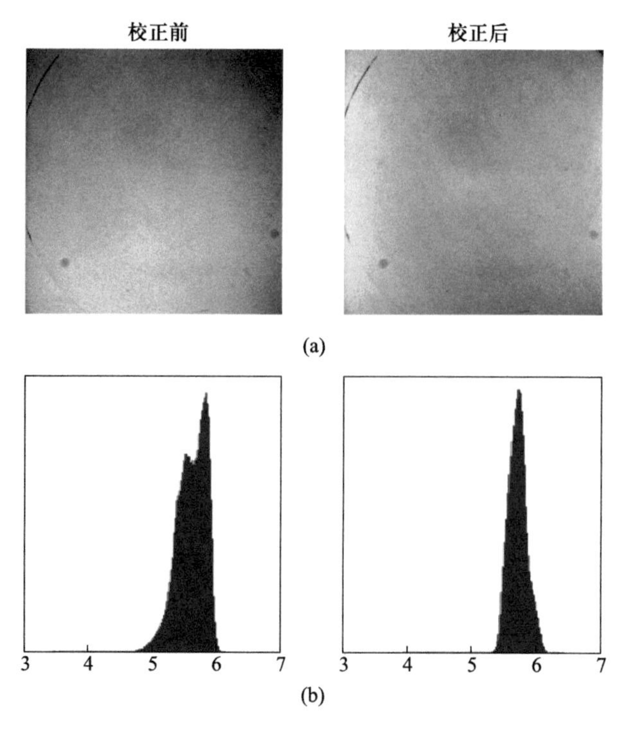

图 2.42 积分球辐射亮度校正前后的对比(积分球绝对辐射亮度 5.7243 $\mu W \cdot cm^{-2} \cdot sr^{-1} \cdot nm^{-1}$):(a) 通道 2 图像对比;(b) 通道 2 直方图对比

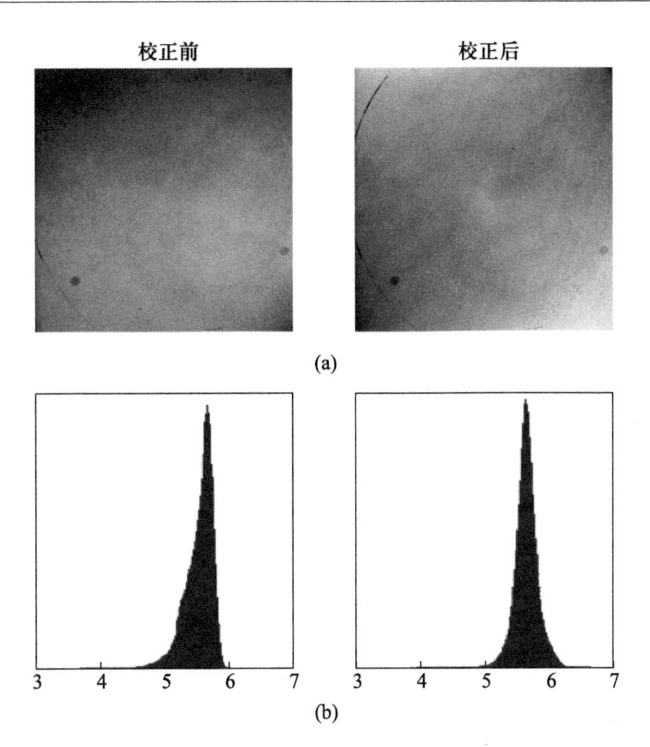

图 2.43　积分球辐射亮度校正前后的对比(积分球绝对辐射亮度 5.6440 $\mu W \cdot cm^{-2} \cdot sr^{-1} \cdot nm^{-1}$)：(a) 通道 3 图像对比；(b) 通道 3 直方图对比

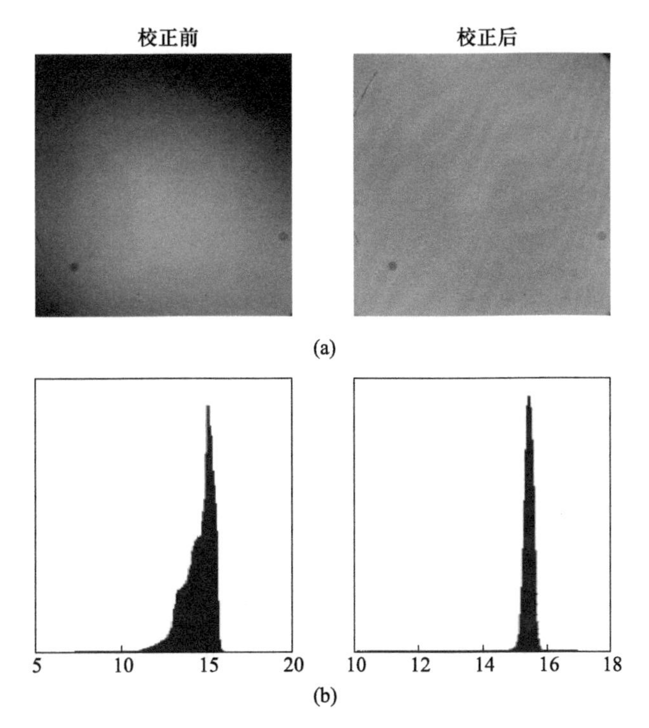

图 2.44　积分球辐射亮度校正前后的对比(积分球绝对辐射亮度 15.4115 $\mu W \cdot cm^{-2} \cdot sr^{-1} \cdot nm^{-1}$)：(a) 通道 4 图像对比；(b) 通道 4 直方图对比

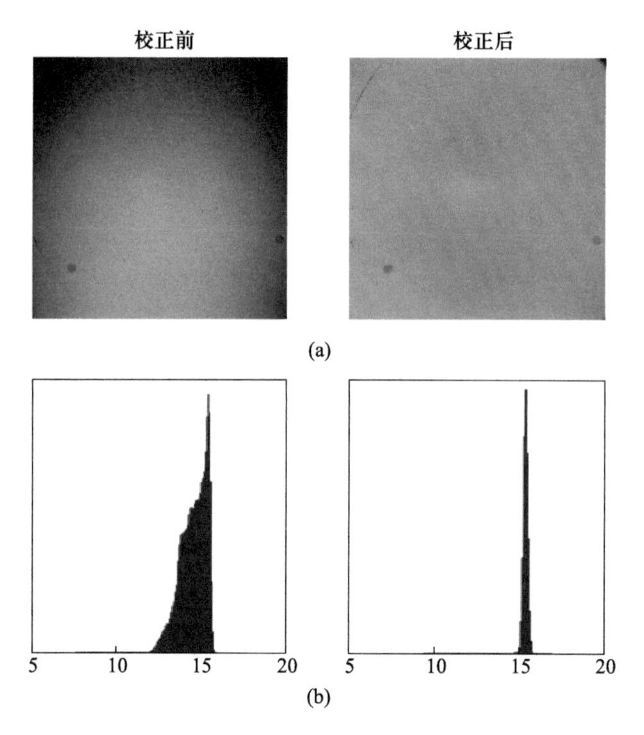

图 2.45　积分球辐射亮度校正前后的对比(积分球绝对辐射亮度 15.4115 $\mu W \cdot cm^{-2} \cdot sr^{-1} \cdot nm^{-1}$):(a) 通道 5 图像对比;(b) 通道 5 直方图对比

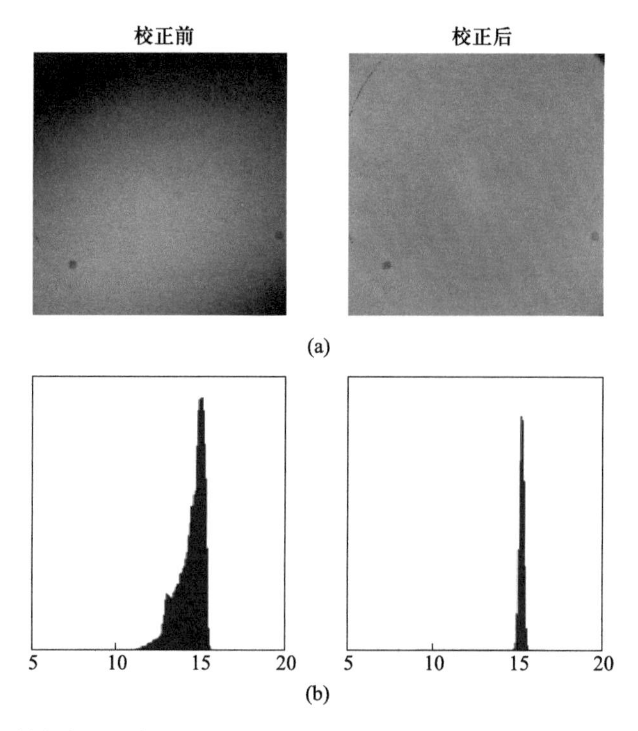

图 2.46　积分球辐射亮度校正前后的对比(积分球绝对辐射亮度 15.2303 $\mu W \cdot cm^{-2} \cdot sr^{-1} \cdot nm^{-1}$):(a) 通道 6 图像对比;(b) 通道 6 直方图对比

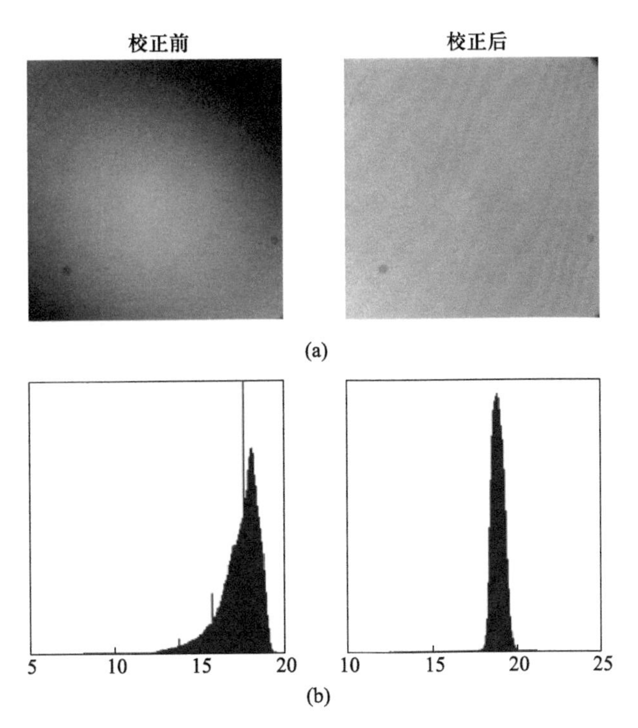

图 2.47 积分球辐射亮度校正前后的对比(积分球绝对辐射亮度 18.9130 $\mu W \cdot cm^{-2} \cdot sr^{-1} \cdot nm^{-1}$):(a) 通道 7 图像对比;(b) 通道 7 直方图对比

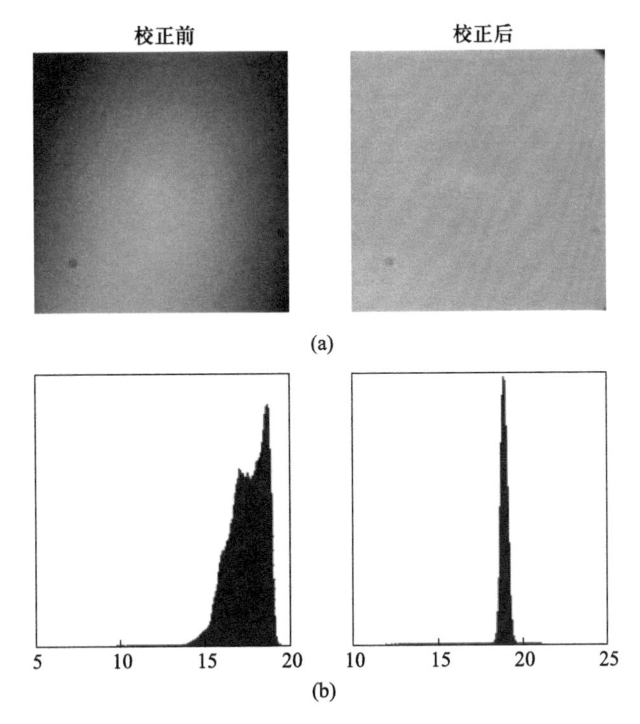

图 2.48 积分球辐射亮度校正前后的对比(积分球绝对辐射亮度 18.9130 $\mu W \cdot cm^{-2} \cdot sr^{-1} \cdot nm^{-1}$):(a) 通道 8 图像对比;(b) 通道 8 直方图对比

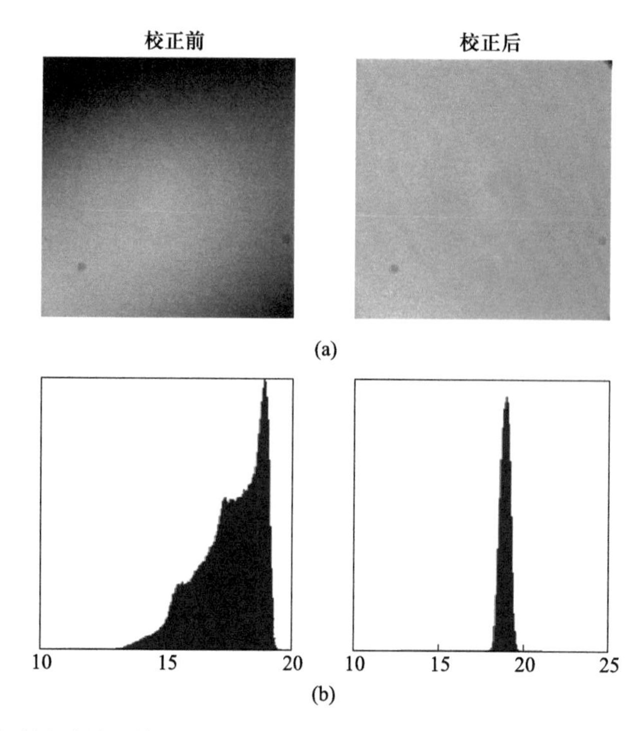

图 2.49 积分球辐射亮度校正前后的对比(积分球绝对辐射亮度 18.9130 $\mu W \cdot cm^{-2} \cdot sr^{-1} \cdot nm^{-1}$):(a) 通道 9 图像对比;(b) 通道 9 直方图对比

表 2.29 各偏振通道校正前后的非均匀性对比

通道	校正前相对标准差/%	校正后相对标准差/%
1	4.30	3.37
2	4.00	2.46
3	3.88	3.03
4	6.02	1.06
5	5.27	1.07
6	5.59	1.07
7	6.80	1.85
8	5.88	1.19
9	7.15	1.49

注:积分球出光口输出面非均匀性为 0.19%。

2）偏振测量精度

利用可调偏振度光源对 DPC 航空样机进行偏振测量精度验证,偏振测量精度测试装置如图 2.50 所示。

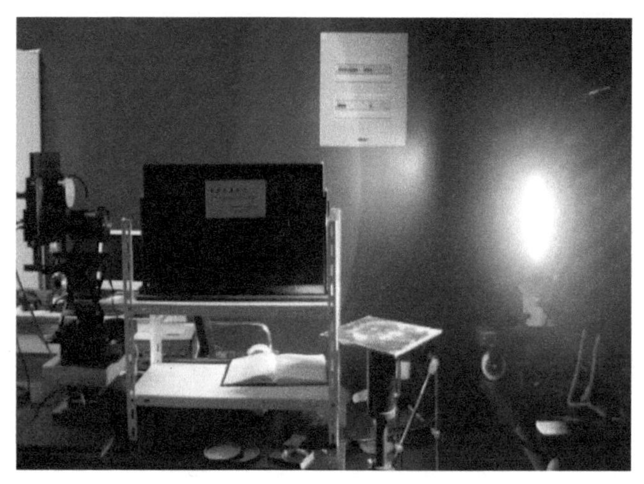

图 2.50 偏振测量精度测试装置

因为可调偏振度光源不能充满全视场,我们选取以下三个不同视场角区域进行偏振测量精度验证:① 0°视场角范围(对应 CCD 行坐标 494~497,列坐标 517~520);② 15°视场角范围(对应 CCD 行坐标 731~734,列坐标 513~516);③ 25°视场角范围(对应 CCD 行坐标 907~910,列坐标 512~515)。测试结果如表 2.30~表 2.32 所示。

表 2.30 偏振波段 490 nm 对不同入射偏振度光束的测试结果 (单位:%)

	实测偏振度											
	0°视场角 4×4 像元				15°视场角 4×4 像元				25°视场角 4×4 像元			
入射光束偏振度理论值 0%	0.5	0.2	0.7	0.4	0.7	0.6	0.3	0.5	2.1	1.3	2.3	0.6
	0.3	0.6	0.5	0.4	0.7	0.4	0.3	0.3	2.4	2.1	2.4	1.7
	1.1	0.3	0.3	0.3	1.3	0.8	0.2	0.9	2.1	2.0	1.5	1.9
	1.2	0.7	0.6	0.6	1.0	0.9	0.6	0.2	0.6	1.8	1.6	0.1
入射光束偏振度理论值 2.88%	3.0	2.2	2.6	3.0	2.8	2.6	2.7	2.9	2.8	1.9	1.8	2.8
	2.7	2.0	2.5	2.3	2.2	1.8	2.8	3.5	2.6	2.9	2.3	1.6
	1.7	2.2	2.4	2.8	1.9	2.1	2.5	2.0	1.9	2.4	2.1	2.3
	2.3	3.1	2.6	1.7	2.4	3.7	3.1	2.5	2.2	3.1	2.4	1.6
入射光束偏振度理论值 13.17%	12.1	12.3	12.1	12.6	12.8	12.1	13.0	12.3	10.9	10.7	11.2	12.0
	11.9	12.2	12.8	12.1	11.8	12.0	11.4	13.2	11.2	10.9	11.6	11.0
	12.2	12.8	12.3	12.9	11.6	11.5	11.7	11.9	10.8	11.1	11.3	11.2
	12.2	12.8	12.1	11.8	11.9	13.2	12.6	12.3	11.6	11.2	11.1	11.9

续表

	实测偏振度											
	0°视场角 4×4 像元				15°视场角 4×4 像元				25°视场角 4×4 像元			
入射光束偏振度理论值 35.33%	33.4	33.1	34.0	33.9	33.1	33.7	33.4	33.3	32.9	32.8	32.2	33.7
	33.3	33.0	33.7	33.7	32.5	32.9	32.9	34.0	32.5	32.6	32.4	31.6
	33.0	33.6	33.7	33.7	32.8	32.2	33.5	33.8	32.4	32.1	32.3	31.8
	33.2	34.5	33.8	33.1	33.4	34.1	34.4	34.2	33.3	31.8	32.4	32.9
入射光束偏振度理论值 42.79%	40.6	40.6	41.2	41.7	41.5	41.7	41.2	41.6	39.6	39.5	39.8	40.9
	40.8	41.1	41.1	41.0	40.3	41.0	41.4	41.6	39.9	40.3	39.9	39.0
	40.8	41.5	40.9	40.8	40.1	40.4	41.5	41.5	39.6	39.5	39.8	40.0
	40.5	41.8	40.9	40.6	41.2	42.3	42.4	41.4	41.5	40.2	40.1	40.4

表 2.31 偏振波段 665 nm 对不同入射偏振度光束的测试结果 （单位:%）

	实测偏振度											
	0°视场角 4×4 像元				15°视场角 4×4 像元				25°视场角 4×4 像元			
入射光束偏振度理论值 0%	1.2	0.9	1.7	1.0	0.5	1.1	1.0	1.1	1.9	0.5	1.0	1.1
	0.9	1.0	0.9	1.1	0.8	0.7	0.9	0.7	1.0	0.5	0.7	0.6
	1.8	1.0	2.1	1.4	0.9	1.0	1.4	0.9	0.8	0.5	0.7	0.8
	1.3	1.6	1.4	1.5	1.1	0.9	1.2	1.2	1.8	1.0	0.9	0.9
入射光束偏振度理论值 2.82%	3.9	3.2	4.0	3.6	3.3	3.6	3.8	2.9	4.2	3.0	3.6	3.4
	2.9	3.6	3.6	3.3	3.2	3.4	3.3	3.3	4.0	3.3	3.6	2.8
	4.2	3.3	3.8	3.3	3.7	3.7	3.4	3.1	3.2	2.3	3.7	3.3
	2.9	4.1	3.2	3.5	3.2	3.0	4.0	3.4	3.4	3.5	3.4	3.0
入射光束偏振度理论值 12.93%	12.7	12.7	13.2	13.2	12.4	12.6	13.2	11.9	13.7	12.3	12.6	13.1
	12.4	12.8	12.6	12.7	11.8	12.7	12.8	12.1	13.1	12.5	12.6	12.6
	13.2	12.7	13.1	12.7	12.4	12.5	13.0	12.4	12.7	12.1	12.1	12.7
	12.1	13.7	12.0	12.7	12.5	12.3	12.7	12.9	12.7	12.7	13.0	12.5
入射光束偏振度理论值 34.81%	33.5	33.3	33.8	33.5	32.8	33.8	34.6	32.7	33.8	33.2	33.7	33.7
	32.4	33.4	33.5	32.6	33.6	33.3	33.1	33.3	33.8	33.2	33.8	33.6
	33.2	33.2	33.1	33.2	33.3	33.3	33.7	33.0	33.3	33.4	33.2	33.3
	32.2	34.0	32.1	32.4	33.5	33.3	33.7	34.0	33.9	34.0	33.6	32.6

续表

	实测偏振度											
	0°视场角 4×4 像元				15°视场角 4×4 像元				25°视场角 4×4 像元			
入射光束偏振度理论值 42.21%	41.2	40.6	41.4	40.9	40.7	41.2	41.4	40.3	41.8	40.9	40.4	40.7
	39.9	40.6	41.1	40.5	40.7	40.5	40.5	41.0	41.1	41.0	41.0	40.4
	40.8	40.2	41.2	40.1	41.1	40.6	41.4	40.5	40.2	40.0	41.0	40.7
	39.6	41.1	40.3	40.4	40.8	40.2	40.9	41.5	41.6	41.5	40.6	40.9

表 2.32 偏振波段 865 nm 对不同入射偏振度光束的测试结果 (单位:%)

	实测偏振度											
	0°视场角 4×4 像元				15°视场角 4×4 像元				25°视场角 4×4 像元			
入射光束偏振度理论值 0%	1.6	0.9	0.4	1.4	0.9	0.6	1.2	1.6	1.7	1.0	1.1	2.2
	0.2	1.3	0.8	0.5	0.9	0.6	1.0	1.2	0.9	1.8	0.9	0.9
	0.8	1.0	1.4	0.7	0.5	1.1	1.4	1.3	0.8	0.6	1.1	0.9
	1.1	1.0	0.5	0.8	1.0	1.0	1.3	1.3	0.8	0.9	0.8	1.2
入射光束偏振度理论值 2.79%	3.9	3.3	3.1	3.7	3.4	2.5	4.0	3.8	3.8	2.5	3.0	3.8
	2.7	3.9	3.0	3.1	3.2	3.6	3.6	3.7	3.8	4.5	3.5	2.9
	3.2	3.2	3.7	2.7	3.0	3.5	4.4	3.9	3.0	3.1	3.6	3.3
	2.4	3.2	2.6	3.6	3.0	3.1	3.8	4.3	3.7	3.0	2.1	3.4
入射光束偏振度理论值 12.80%	13.1	12.6	12.3	12.8	12.8	12.0	12.5	13.4	13.0	11.6	12.7	13.0
	12.0	13.1	12.4	12.5	13.3	12.7	13.0	13.0	13.5	13.1	12.5	12.3
	12.8	12.1	12.7	12.3	12.3	12.7	13.4	13.5	12.3	12.0	12.8	12.5
	11.3	12.7	11.8	12.9	12.9	12.5	12.8	12.8	12.7	12.4	12.0	12.7
入射光束偏振度理论值 34.53%	34.0	33.1	33.0	33.2	34.8	33.7	33.6	34.2	34.2	32.7	33.5	33.7
	33.2	33.8	33.6	33.2	34.2	33.5	33.5	33.8	34.3	34.6	33.6	33.5
	33.3	32.8	33.2	33.4	33.8	34.4	34.4	34.0	33.4	33.4	33.5	33.4
	33.0	34.0	32.6	33.2	33.8	34.1	34.5	33.4	33.9	34.1	33.0	33.3
入射光束偏振度理论值 41.89%	41.9	40.9	41.1	41.1	41.7	40.6	41.4	41.7	41.6	40.5	40.6	41.4
	40.7	41.5	40.6	40.8	41.2	41.2	41.2	41.2	41.7	41.6	40.3	40.7
	40.6	40.6	40.3	40.2	40.6	41.4	41.9	41.3	41.2	40.5	40.3	40.9
	40.4	41.0	40.0	40.6	40.8	40.4	41.1	41.5	40.9	40.5	39.9	40.5

对偏振度测试结果进行分析：

- 相同测试条件下（相同偏振波段、相同入射光束偏振度），视场角0°、15°和25°的偏振度测试结果偏差较小，大部分像元偏振测量精度在1%以内；因为DPC在视场角0°（光轴方向）时仪器自身的偏振效应较低，通常偏振测量具有较高的精度，而视场角15°和25°下的偏振测量精度基本与0°一致。间接证明了定标模型及模型参数定标方法的科学性。
- 各视场的偏振度测试结果与入射光束理论值存在一定偏差，主要是由航空样机与可调偏振度光源相对位置偏差引起的。

根据偏振度测试结果及分析，可以看出偏振测量精度优于2%。

2.4 DPC航空样机合肥车载实验

DPC样机研制完成后，须进行航空校飞实验，获取机载平台的多光谱、多角度大气和地表偏振成像信息。为保证航空样机在机载实验时的可靠性及其与机载电源、定位定姿系统（POS）的电接口关系，验证样机在较恶劣的振动环境下，以及平台连续运作的条件下具有稳定可靠的成像工作能力，考虑进行车载实验和车载图像获取。

2.4.1 实验仪器和设备

1）概述

车载实验平台为依维柯野外实验车，实验仪器与设备主要包括以下几项：

- 多角度偏振成像仪光机头部，包括广角镜头、滤光片偏振片转轮、步进电机、霍尔位置传感器；
- 多角度偏振成像仪主控制器，内含二次电源功能模块、步进电机控制器、PC104主控电脑；
- POS主控制器，型号为POS LV V4；
- 陀螺仪单元；
- POS控制上位机笔记本；
- 蓄电池和逆变器；
- 液晶显示器、键盘鼠标一套。

2）实验设备的连接关系

DPC航空样机合肥车载实验的实验设备连接关系如图2.51所示。

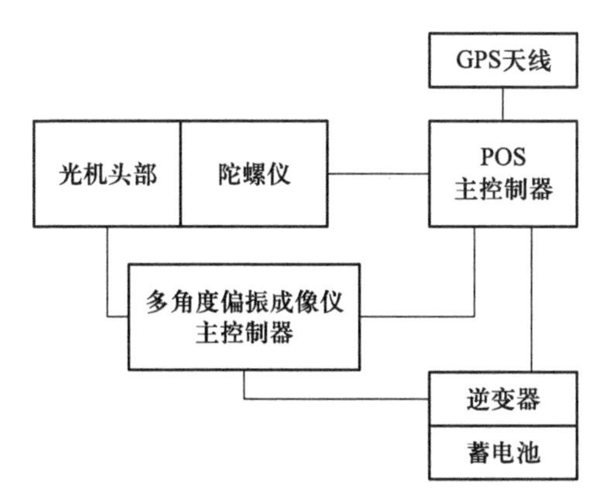

图 2.51 航空样机车载实验连接图

2.4.2 实验实施

实验概况：实验时间为 2008 年 11 月 3 日；实验地点为安徽省合肥市董铺岛至大铺头公路段，普通公路；平台车辆为国家航天局航天遥感论证中心自有依维柯野外实验车；供电设备为车载 24 V 直流电源；车辆时速为 30～40 km·h^{-1}；行驶距离大于 40 km（董铺岛-大铺头三个来回）；连续工作时间不低于 30 分钟。

实验过程：车载实验过程情形如图 2.52 和图 2.53 所示。

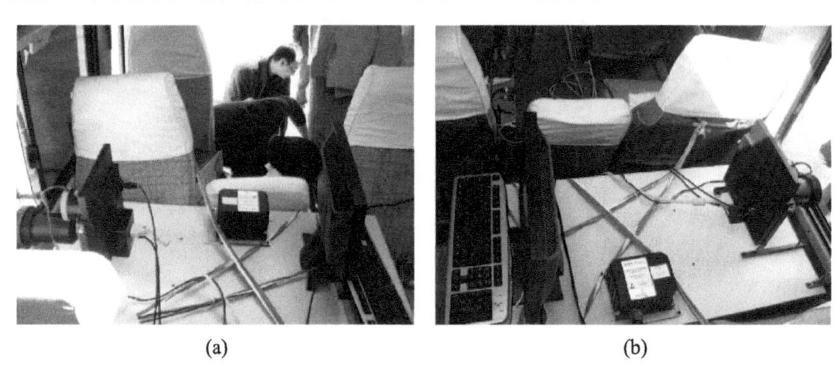

(a) (b)

图 2.52 （a）设备安装完成后车内情景；（b）光机头部与陀螺仪的安装关系

(a) (b)

图 2.53 （a）供电系统；（b）车载设备安装完成后

2.4.3 实验结果

从所获取的图像数据中随机选取一组共13帧不同策略通道的图像数据如图2.54~图2.57所示。

(a) (b) (c)

图2.54 (a) 490 nm,-60°图像;(b) 490 nm, 0°图像;(c) 490 nm,60°图像

(a) (b) (c)

图2.55 (a) 665 nm,-60°图像;(b) 665 nm,0°图像;(c) 665 nm,60°图像

(a) (b) (c)

图2.56 (a) 865 nm,-60°图像;(b) 865 nm, 0°图像;(c) 865 nm,60°图像

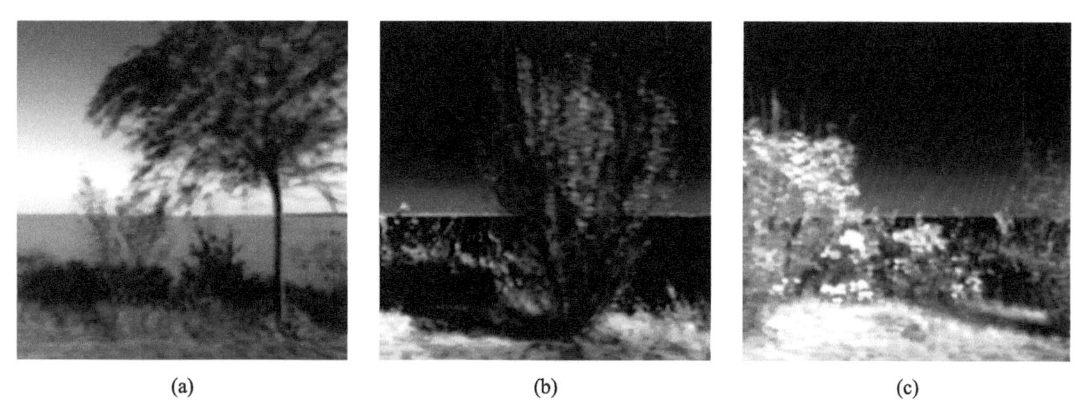

图 2.57 （a）555 nm 非偏图像；（b）780 nm 非偏图像；（c）810 nm 非偏图像

本次车载实验的主要目的并非获取偏振图像，而是验证航空样机是否可以正常工作，测试仪器稳定性、可靠性等，为正式的航空飞行实验做好充分的准备工作。由于跑车实验时相机的测试条件为水平测试，与机载条件下的垂直对地观测有较大差异，因而仪器工作动态范围不满足理想设置，图像获取可能出现限幅、模糊等现象，但这类图像数据不理想的情况并不影响本次实验的肯定性结果。车载实验证明，DPC 航空样机在车载运动条件下具备稳定可靠的连续图像获取能力，其供电及 POS 接口工作正常，已具备进行航空校飞实验的技术条件。

第3章

航空实验设计与开展

DPC 航空样机研制进行了航空校飞实验，借助机载平台获取多光谱、多角度大气和地表偏振成像信息，旨在验证 DPC 的软硬件系统、工作状态、探测功能及应用能力等，进一步论证航天遥感载荷系统的可行性，包括硬件系统、处理算法、反演性能等。

考虑到卫星载荷覆盖地物类型的多样性，航空实验有必要在不同区域针对植被、裸土、水体等不同的测区进行观测。航空实验的设计要充分考虑平台的观测条件和设备，其中包含平台、测姿定位、遥感器及其控制器、数据存储器、稳定平台、供电等。

由于航空飞机平台不同于航天卫星平台，DPC 的硬件和软件系统研制完成后，须经过系统集成才能进行航空实验。主要的工作是根据实验要求把各个分系统通过一定的方式联接，形成一个完整的系统进行飞行实验，以获取有效的地表和大气参数。

航飞实验要求获取平台的位置、姿态等状态参数，主要包括 DPC 的位置参数（经度、纬度和高度）、姿态参数（俯仰、翻滚和偏航）和运动数据。

在航空飞行实验的同时，要在地面上进行同步实验，主要的工作是：布设靶标进行几何（或者利用地面明显的地物进行控制点的测量）和辐射方面的测量，对飞机姿态测量装置安装参数进行校正以及对飞行场地进行辐射定标。同时利用地面设备，对地面上不同地类目标和海上不同类水体进行地表、大气和海洋等参数的测量。

3.1 DPC 航空样机八达岭成像航空飞行实验

3.1.1 实验设计

八达岭航空飞行实验在北京完成了整套航空遥感设备的集成运行，确保硬件系统通过飞行适应性系统测试。初步获取了部分对地观测数据，可以支持部分航天预研任务的开展，完成数据的几何及辐射预处理建模和处理算法研发工作。

DPC 在进行航空飞行前要同惯性测量单元(IMU),全球定位系统(GPS),飞行稳定平台,数据的采集、解码、记录和快视系统以及同步控制单元进行集成。IMU 和 GPS 用于获取与相机系统相关的位置和姿态信息,以便进行图像处理。数据的采集、解码、记录和快视系统主要用于记录图像数据,快速显示获取信息。记录系统拟采用磁盘阵列和高速大容量硬盘。同步控制单元的功能是同步相机的曝光、协调各系统的数据采集,保证所有数据采集在时间上的相关性。

相机系统和 IMU 传感器安装在一个公共底板上,三者的中心轴保持平行,以获得方向的一致性。GPS 天线安装在飞机顶部,保证在天线上方一定范围内不被阻挡。数据的采集、解码、记录和快视系统以及同步控制单元作为电路系统和 GPS、IMU 装置的电路箱安放在机舱合适部位。仪器所有供电均采用机上电源(27VDC)。在机舱内安放显示器,可以实时监测任意通道的图像或其他状态参数。实验集成系统的结构框架如图 3.1 所示。

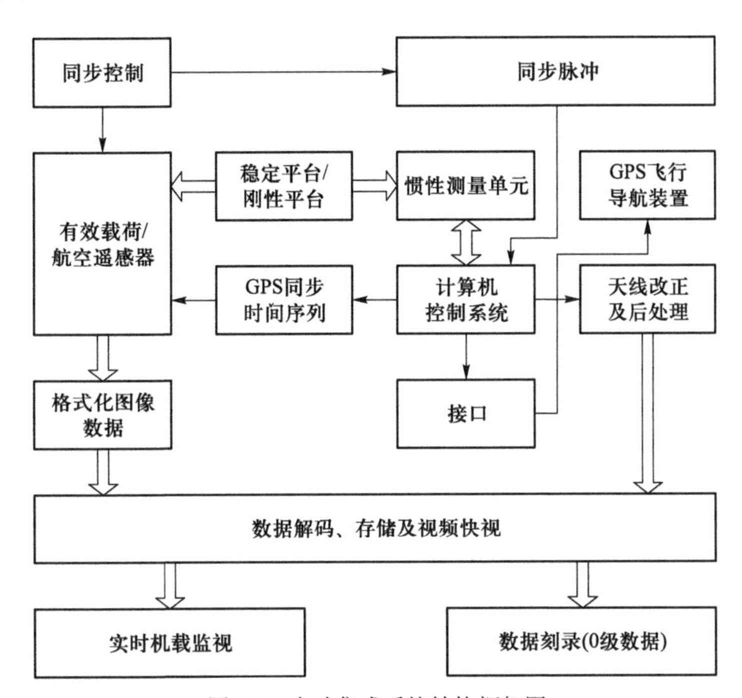

图 3.1 实验集成系统结构框架图

3.1.2 飞行实验

1) 实验设计

任务日期为 2008 年 11 月 17 日和 2008 年 11 月 18 日;飞行总架次为 6 架次,飞行时间共 20 小时;飞机型号为运-5;机场为北京八达岭机场。具体如表 3.1 所示。

表 3.1 实验设计

飞行日期	航空相机名称	飞行时间/h	测区	目的	作业时间	备注
11 月 17 日	DPC	1	八达岭	系统测试	9:30	飞行高度、导航精度等要求不高
11 月 18 日	DPC	2	八达岭	几何校正	10:00	飞行高度 900 m,导航精度要求在 5 m 之内

2）飞行情况

本次实验飞行的范围为北纬 40°23′29.23″,东经 115°50′32.25″至北纬 40°31′6.72″,东经 116°0′8.26″。

3.1.3 航空图像数据采集

DPC 相机配置了一片单片机,采用外部曝光模式给出触发信号。单片机给出的信号同时触发:① DPC 图像采集卡获取数据;② 向 POS 传递信号,并接收 POS 返回的时间数据,用以同步航空图像和 POS 数据记录。

在完成相关硬件工作模式的设定后,按照实验室辐射定标设定的曝光时间和增益设置 DPC 成像配置参数,并开展采集,如图 3.2 所示。同时在飞行过程中,调整曝光时间和增益,获得太阳光照条件下不同的曝光时间和增益组合,指导后期相机响应系数的设置,并重新开展实验室定标。

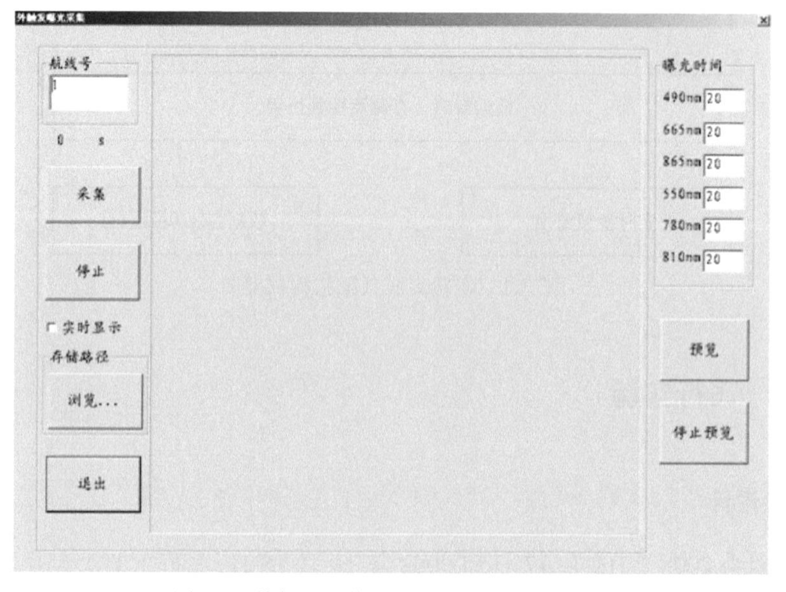

图 3.2 外部曝光模式设置和数据采集软件

设置航线号:最多 99 条航线,当设置的航线号重复时,会弹出提醒窗口。

设置曝光时间:不同的波段可设置不同的曝光时间,输入曝光时间后点击“预览”或“采集”按钮即可按照相应设置执行程序。

设置文件存储路径:单击“存储路径”下的“浏览”即可设置。

采集:依据飞行时的工作状态,单片机控制器开始工作,每 700 ms 发出一个曝光脉冲给成像仪图像采集卡和 POS,POS 返回的时间数据暂存于单片机控制器,图像采集卡检测到曝光脉冲的上升沿时控制相机实现曝光,然后将图像按预定的命名格式进行存储。当一个完全的图像采集周期(13 幅)完成之后,单片机控制器将 13 幅图像的时间数据通过串口送到 PC104,存储到一个 TXT 文件中。每一条航线的图像数据及 POS 时间数据存储于同一个目录,新的航线可选择不同的目录进行存储。采集时可选择实时显示或不显示。

预览:用于在正常采集之前对目标进行观察,辅助曝光时间的设置,与采集的区别是未对数据进行存储。

3.1.4 地面实验

1) 场景布置要求

机场:除非可以找到足够数目的、分布合理的、有明显标志的地面特征点(参考靶标的布设要求),并利用数字相机进行拍摄,有详细的书面描述,否则在 160 m×40 m 的范围内较均匀地布设 30 个左右的靶标,安放的位置应比较明显,适当照顾周边,并保证有 1/3 的靶标和其余靶标有 2 m 以上的高差。

实验区:在重点实验区,保证布置一些地面控制点,控制点可以是靶标,也可以是从图像中容易识别的有明显特征的地面点。要求这些点散布在走廊内。

2) 靶标制作及布设要求

每个靶标都要进行编号,靶标安放的地点要有明显的标记,可以打桩并撒白灰成十字交叉线的形状,靶标插在十字交叉线的交点处,便于重复做实验和测量。

靶标可以由一根杆上面装一块 45 cm 见方的方形或圆形木板构成,木板上涂成黑色和白色两种颜色。黑色的板子上涂两条互相垂直的白线,白色的板子上涂黑色的十字交叉线,线的宽度为 5 cm。

布设时,白色的靶标和黑色的靶标要隔行布置。尽量保证靶标水平,且不会摆动。

3) 地面测量要求

靶标:利用全站仪对所有的靶标进行精密的坐标位置测量,并作带有靶标分布图示的详细书面记录。对部分有代表性的靶标和测量靶标时采用的基准点利用差分 GPS 进行测量,并利用数字相机进行拍摄和开展详细书面记录,包括接收的卫星的情况和信号质量、观测人员及联系方式等。

地面特征点:如果是控制点,需要利用全站仪和差分 GPS 进行三维坐标位置测量。对于一般的点,有条件时也尽量进行差分 GPS 的测量,或利用数字相机拍摄特征点所处位置的情况,并开展书面记录。

相机和 POS 初始坐标系:利用全站仪测量吊舱下端两侧共 4 个点的坐标,推算出相机、POS 相对于机场布置靶标的初始坐标系。

天气状况:飞行开始后,以书面形式详细记录随时间变化的天气状况。

4）地面相应实验

（1）大气气溶胶探测

采用 CE318 同步进行探测,对实验区上空的大气进行气溶胶光学厚度、粒子粒径、复折射指数测量。

（2）地面光谱反射率探测

采用 ASD 光谱仪与飞行实验同步测量地面目标的光谱特性,要求探测角度要与 CCD 相机和辐射计的测量角度基本相同。

（3）植被结构参数探测

选定特定研究区域测量植被的结构参数,如叶面积指数等。

3.2 DPC 航空样机广东中山综合观测实验

中山航空实验的规模较大,实验的主要目的是系统开展遥感器上天前的航飞预研测试,获取较为充分的数据,用以支持几何处理及其精度验证、偏振辐射在轨定标、大气产品反演及其验证等。在 2009 年,珠三角地区及其附近的广东省其他区域是空气污染最受关注的地区之一。该地区被选为大气偏振观测的飞行实验区域。

3.2.1 实验设计

2009 年 11 月 3 日至 12 月 7 日,国家航天局航天遥感论证中心组织、联合了德国莱比锡大学、法国里尔大学、德国莱布尼茨对流层研究所(IFT)、中国科学院安徽光学精密机械研究所(以下简称安光所)、福建师范大学等合作单位,在广东省中山市开展了以多角度偏振航空遥感为主,天空地一体化的综合遥感实验。经过为期 40 天的连续观测,实验获取了天空地不同尺度、多种地物类型、多种观测手段的数据,并成功获取了航空偏振遥感数据,能够满足科研需求。按照实验进展的实际情况,从实验设计、数据获取、数据处理以及分析等方面进行报告。

航飞实验是在硬件已经通过飞行适应性实验的基础上，在实验区域进行飞行实验，本次航飞实验的主要任务目标是：解决航空数据的预处理问题，输出航空飞行预处理数据集；满足多角度偏振成像仪的性能评价对图像的需求，验证 DPC 偏振成像仪功能，为星上系统的研制打下基础；为大气参数的反演算法验证提供数据基础；进行飞行中多角度偏振相机的辐射定标，通过飞行定标实验获得 DPC 相机定标系数，与实验室定标系数对比，提高定标精度。经过多次的前期实地考察与调研，于 2009 年 11—12 月在广东省中山市进行真实的飞行实验。中山地区属于珠江三角洲重度空气污染区域，具有典型的气溶胶特性。为了在不同太阳天顶角条件下观测获取偏振数据，要求作业时间在 8:00—14:00，进行连续飞行。

航飞实验过程中，首先需要进行地面目标选择，根据设计的航飞路线，在测区范围内选择合适的均匀场地。出于满足多角度偏振成像仪的性能评价对图像的需求以及飞行过程中多角度偏振相机的辐射定标需求的考虑，选择有代表性的目标地物。

- 暗目标：场地选择为水体，确保光谱信号贡献绝大部分来自水体。
- 大面积开放水域：可以减少混合像元带来的误差。
- 均一性场地：航运和渔业扰动较少的平静水面，并且整个水表温度分布较均匀，变化不大。
- 不同地表覆盖区域：可以验证大气算法的完善性。
- 大面积同类地表覆盖类型：可以减少混合像元带来的误差。
- 大气条件：考虑不同大气条件状况，包括干洁天气条件、阴霾天气条件和有云天气条件。
- 后勤交通便利：场区附近具有较好的后勤和交通便利条件，便于开展野外实验和降低成本。

3.2.2 实验仪器

实验中具体使用的仪器设备如表 3.2 所示。

表 3.2 实验仪器

类型	名称
机载仪器	DPC、Smart Albedometer、Micropol、POS AV 510、PAV 80、Monitor（显示器）、Power Adapter Box
地面仪器	CE318DP、ASD、二向反射测量架(半圆仪)、气压仪、风速风向测量仪、手持 GPS、罗盘、对讲机、数码相机、摄像机、Lidar、Sun Radiostaion

3.2.3 实验实施

1）实验进度

实验具体进度与安排如表3.3所示。

表3.3 实验进度表

时间	进度
2009年9月1日—2009年9月15日	联系飞机等相关事宜
2009年9月18日—2009年9月21日	飞机窗口测量,与机组商量机械、电气安装方案
2009年9月21日—2009年9月26日	与安光所协调DPC相机的丢帧等问题 与安光所修正并改正偏振定标结果
2009年9月27日—2009年9月28日	与山西通用航空集团有限公司拟定飞行合同
2009年10月11日—2009年10月15日	现场考察地物类型,确定地面实验地点,解决供电问题,考察并预订食宿,考察租车,确定具体的飞行时间
2009年11月2日—2009年11月17日	湛江市地面实验数据获取
2009年11月17日—2009年11月25日	中山市地面实验数据获取
2009年11月30日—2009年11月31日	原广州军区空域协调
2009年12月3日—2009年12月4日	航空飞行
2009年12月6日	飞行操作人员撤回中山市
2009年12月6日—2009年12月7日	参加实验人员撤离中山市

2）空域选择

拟选择茂名地区的原因是申请空域可行性较高,放弃的原因是经过实地考察以及和当地环保局交流,发现该地地物类型以及大气状况不理想,不如将实验地点迁到附近的湛江市。

拟选择湛江市的原因有两个:湛江市有石油化工厂和发电厂,并且有较大可能获取气溶胶数据。放弃的原因是经过多方空域协调后,批准可以飞行的地方位于湛江以西,地物类型缺乏城市结构,工业分布较少,难以满足多角度偏振传感器的地表和大气观测测试需求。

选择中山市的原因是中山地区属于珠江三角洲最典型的重度空气污染区域,可以确保拍到气溶胶光学厚度且有较高概率避开厚云遮蔽;经过空域申请,确认得到飞行许可。

3）设备的调试

所有仪器都在地面调试完毕,严格逼近航空飞行状态的工作环境。

在地面安装调试仪器具有稳妥性、可重复性,不同于在飞机上安装。安装地面仪器遇到的很多问题,比如电源、打孔、选点等,都得到了有效的解决。

在地面调试仪器完毕之后,反复多次拆装,然后让飞行操作人员反复操作,在此过程中训练了很多细节,比如如何与GPS时间同步最快,并设置了机上通话程序和手语。

4）数据获取

(1) 飞行实验(时间:2009年12月3—4日;地点:广东省中山市)

飞机上安装仪器:在地面确认没有任何问题之后,才能去机场安装仪器,机场安装仪器要预先知道飞机上的机械、电力和机械接口等情况,安装方案的设计还需要严格符合仪器的尺寸、质量、视场角、与飞机观测窗口的深度、挡板有无凸点、挡板深度等细节因素,现场还要灵活解决因为空间、承重、螺孔位置等导致的问题。

飞行中实验数据获取:飞行遥感平台通常需要操作员实时操作机上仪器,这是航空遥感实验成败的关键。上飞机操作仪器的人一定要具有较好的身体素质、心理素质和专业素质。在飞机上操作航空遥感仪器,尤其是实验版的样机仪器,经常会遇到各种各样的硬件和软件问题。操作规程一定要贴在操作员的面前,操作员一定要保持冷静,具有灵活应变、果断决策的能力。必要时,可以停止数据获取,命令机长返航。

仪器定标:本次实验中的反照率测量仪(德国莱比锡大学)因为光学系统不是固定在一个封装好的系统之内,而是通过光纤和探头的方式形成仪器的光学部分,因此每次安装方式的不同,都会造成定标系数的不同。该仪器需要至少两天定标一次(安装方式保持不变)。

(2) 地面实验(时间:2009年11月7日—12月5日;地点:广东省湛江市、中山市)

太阳光度计和辐射站:太阳光度计是能够实现无人值守的自动观测仪器,每天只需要测量人员拷贝仪器内存中的数据即可。

激光雷达:本次联合实验的激光雷达由安光所三室提供,共两台,一台是Raman散射激光雷达,另一台是偏振激光雷达。每15分钟为一个观测周期,每个周期有3分钟的观测时间,12分钟待机。激光雷达可以提供大气参数的垂直廓线分布。

偏振辐射航空载荷的地面对比定标实验:为了获取DPC的替代定标参数,与实验室定标结果进行比对,在中山市实验点开展了DPC面阵相机和Micropol偏振辐射计的同步观测实验。

BRDF测量:采用简易BRDF观测架,与福建师范大学联合,光谱仪采用的是ASD。

GPS几何控制点测量:采用实时动态差分方法(RTK)进行GPS测量,GPS点的测量将用于相片几何校正和相机安装的偏心校正。

3.2.4 数据预处理

1）地面仪器获取的数据

地面观测仪器所获取的数据直观可见，数据质量都非常可靠。

从图3.3可以看出，2009年12月4日当天气溶胶状况非常稳定，且气溶胶含量较高（0.5 μm波长的日平均光学厚度为1.05）。

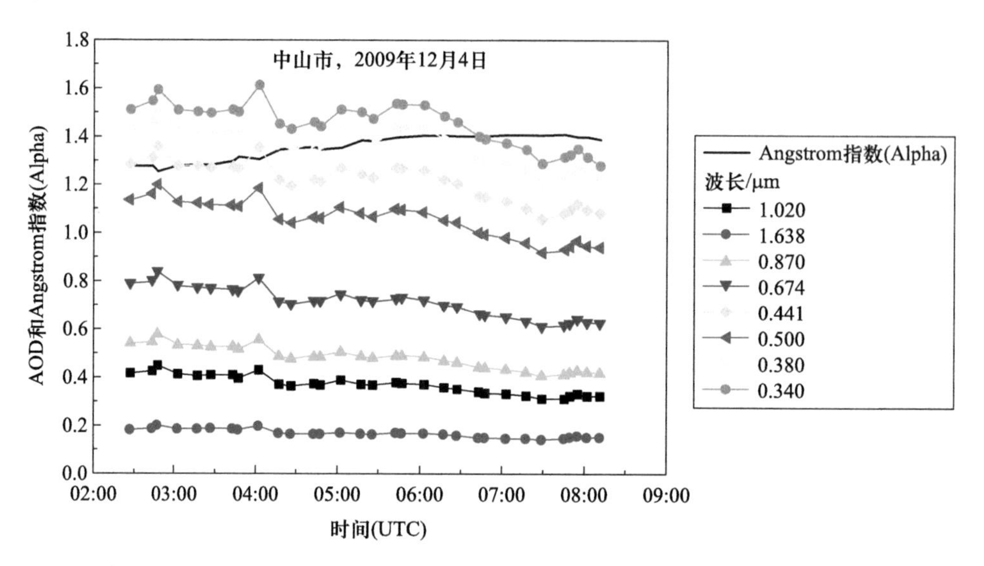

图3.3 2009年12月4日飞行当天地面同步监测的AOD（波长从0.34 μm到1.02 μm）时间序列数据以及计算得到的Angstrom指数（Alpha）

地面激光雷达观测的结果显示，当到达3900 m高度之后，消光系数基本为零，也就是说，3900 m的飞行高度所获取的大气监测结果，可以近似为整个大气层的消光系数。

2）POS数据

POS是用于获取每张航空像片的拍摄姿态和成像中心三维坐标的仪器。数据质量较高，航线也非常规则。但是由于飞行员对翻滚角掌握得不好（30°左右，正常应在22°以内），导致有断线产生。从DPC数据处理的角度来说，有一定的影响，但影响很小（因为航线上的POS数据较好），POS数据获取的飞行航线如图3.4和图3.5所示。

3）DPC数据

DPC数据拍摄的质量较好，清晰度高，丢帧现象发生得很少（仍然有）。DPC数据的地物类型丰富，内容涵盖了城市结构、植被、海洋水体和云等。根据初步处理得到的偏振遥感数据可以看出，偏振图像的地面信号已经变得非常微弱，很难区分地面差异，使得更容易提取大气信息，如图3.6所示。

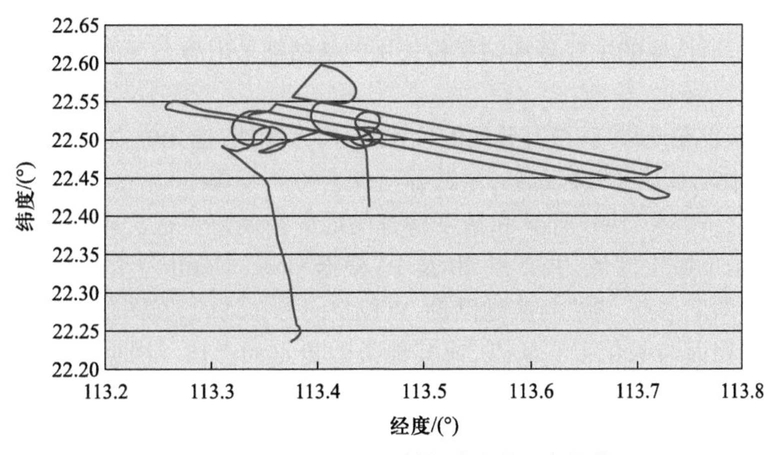

图 3.4 12 月 3 日 POS 数据获取的飞行航线

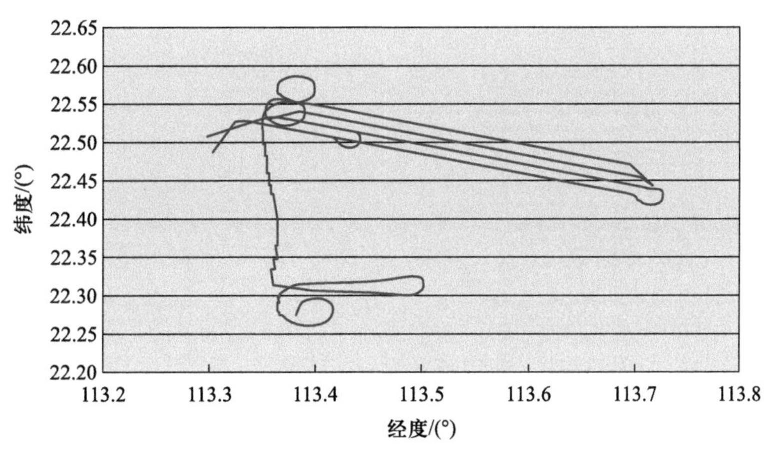

图 3.5 12 月 4 日 POS 数据获取的飞行航线

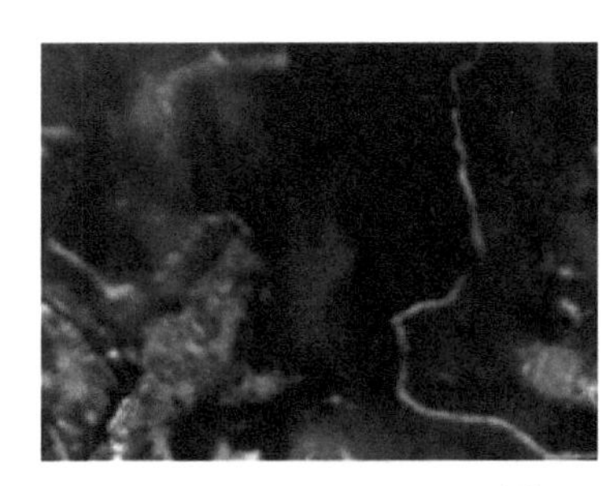
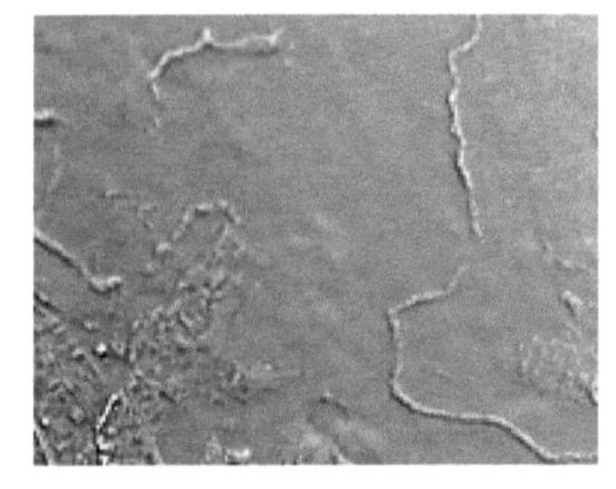
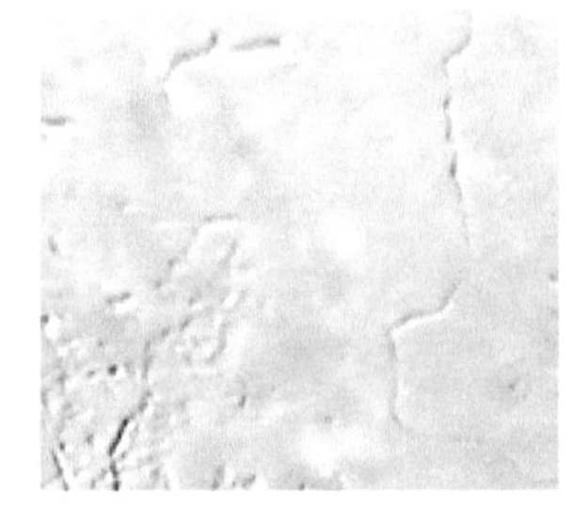

图 3.6 原始数据、偏振 Q 分量、偏振 U 分量

4）地面控制数据

获取用于 GPS 差分处理的地面参考站的 WGS84 大地坐标。它不仅是 POS 事后差分的基准站，也是地面控制测量的起算点。为保证每次使用的是同一个地面点，采用红色油

性笔、红色喷漆并在地面钉钢钉进行标识。架设好 GPS 接收机之后，要拿卷尺测量天线高度，并详细记录，所选取的主要基准站和检核用的基站都采用静态观测方式，观测时长在 3 小时以上。

基站主要布设在地势高、视野开阔的位置，四周无遮挡，也无电力线、移动发射站等干扰 GPS 信号接收的物体，每次观测时星数都至少达到了 13 颗。

测量用于空三解算、检校计算和精度检查的地面控制点。这次布设的控制网主要覆盖测区中的中山市城市区域，共布点 20 余个，根据 Google Earth 上的测区图以及航线设计图，首先进行图上选点，再进行实地踏勘，点位空间分布均匀，在图像和地面上都易于识别，多位于水泥路面与绿化带交叉点，或其他类似角点的点位。根据需要按自定义方式编号。

根据飞行组要求，我们在飞机起飞前至少 30 分钟架设好 GPS 基准站，并开始观测；在飞行结束后，飞机落地半个小时后关闭基站 GPS 接收机。经解算后数据正常。

第4章

DPC 产品体系设计

遥感标准定量产品建立在利用遥感手段在一定时空间下的采样基础,获得观测对象标准参数时考虑地理学尺度与观测学尺度相统筹的时空间范围、精度、尺度特征、规模要求,通过品种、规格、质量、规模和时效性进行描述。

基于遥感标准定量产品体系,针对多角度偏振成像仪(DPC)的多角度多光谱和偏振等观测特征,面向航天遥感多源数据集成与综合应用服务,构建出 DPC 的遥感数据产品模型,将 DPC 遥感数据分为 3 级地理空间信息产品、4 级遥感辐射产品与分类产品、5 级观测对象理化生参数产品和 6 级专题应用产品等,以体现数据处理流程,服务时空定位与展示类应用,目标发现、识别、变化监测与分类应用,目标几何与理化生特性反演类应用,知识综合类专题应用等多种应用。

4.1 遥感标准定量产品体系

4.1.1 产品分级概述

1) 产品分级分类

遥感数据产品通过产品的品种、规格、质量、规模和时效性共同组成产品属性的描述。其中的产品品种泛指产品种类,即根据不同观测对象的应用所需信息,依据航天遥感信息在观测波段、相位、极化、时间、空间、角度等方面的性质或特点而确定的遥感数据产品的门类与级别,如图 4.1 所示。

按照产品分类体系,0~2 级遥感数据产品包括原始的、未经技术手段校正处理的 0 级产品,以及在 0 级产品基础上进一步进行系统级辐射与几何校正的 1 级和 2 级产品。3 级产品是地理空间产品,主要基于 0~2 级产品,对图像进行进一步的几何精校正、正射校正、

级别				
6级产品	专题应用产品			
5级产品	物理、化学、生物学参数产品			
	陆表	植被	大气	水体
	土壤水分	叶面积系数、生物量	气溶胶	水体叶绿素a浓度
4级产品	遥感辐射产品			
	地表反射率 地表偏振反射率	植被指数	大气光学厚度	离水反射率
3级产品	地理空间产品			
0~2级产品	几何校正产品、辐射定标产品、偏振定标产品			

图4.1 遥感数据产品体系总体框架

融合处理、匀色镶嵌、云掩膜等处理,从而生成表达多谱段、多角度信息的遥感图像数据产品,如几何精校正产品等。4级遥感辐射产品是对观测对象的瞬间状态做的实况记录,具有独特性,不能为其他的手段所获得,包括表观辐亮度、地表反射率、地表亮温、大气光程、水色、遥感指数等表观特性、观测对象遥感辐射特性产品,以及基于其上的遥感指数产品。经过4~5级的信息产品提取、反演等处理,形成6级专题信息产品,如大气污染产品、气象产品和海洋污染产品等,为行业、区域提供应用服务。

遥感辐射特性产品是对观测对象的瞬间状态做的实况记录,具有独特性,不能为其他的手段所获得,包括多角度的表观辐亮度、地表反射率、水色、植被指数、气溶胶光学厚度等产品。由于这类产品反映的是电磁波与观测对象介质间的相互作用所具有的特殊性,其时空的延展性受到很大的约束。采样的时间、位置、尺寸大小、角度、谱段、相位、极化方式不同,且不同遥感器具有各自的非理想化特征,相互间的协同与替代也非常困难。

对于这些类型的产品品种,单独应用是当前的主流,不同遥感器采用不同的参数设置与应用方式。若要开展大时空间范围的测量,则多遥感器可以采用接替性观测方式进行拓展,需要通过归一化处理,统一时空间采样特性、多角度采样特性和电磁场采样特性,协调并改善遥感器非理想化带来的独特点。

2)几何、物理、化学、生物学参数产品

几何、物理、化学、生物学参数产品是通过定量反演得到的、源于遥感辐射产品的衍生性产品,包括了统一遥感数据产品模型中的3级和5级产品,体现的是人对观测对象客观特性的关注。5级地球表层圈层参数产品在2级、3级和4级产品基础上,强调对观测对象物理、化学与生物学特性的记录,其本身和观测平台关联性已经较小,如对大气物理量的关注等。

根据DPC的对地观测能力,按照6大圈层的定义,观测对象分为包括云、水汽、气溶胶等在内的大气圈层,以及岩土、植被、水体、人造物等。例如,DPC多角度偏振观测到的3级的云掩膜产品,对应大气圈层,陆表4级的443 nm、490 nm、555 nm和665 nm多角度反射率、BRDF和反照率,大气4级的云量、云光学厚度和气溶胶光学厚度产品,以及植被4级的植被指数等。基于这些数据可以进一步获得物理、化学、生物学参数产品,如大气5级的柱水汽含量、云相态和气溶胶粗细粒子等产品,水体5级的表层水叶绿素a浓度和总悬浮物浓度等产品,以及植被5级的叶面积指数等产品。

这种类型产品反映的观测对象状态与变化是对观测对象参数场的某种时空间条件下的记录,不同时空间条件下的参数数值会发生变化,如观测对象的叶面积指数和水体水质等会随着时间与位置的不同不断发生改变。

这种类型的产品根据观测对象的地理学尺度要求往往需要拓展时空间范围,即将多个遥感器观测在长时间序列上进行分析,这就要借助数据同化与融合方法,确保参数在大事件跨度、大区域范围具有一致性。

3)标准定量产品

遥感辐射产品为了得到某些方面的时空间拓展,需要通过归一化使之具有一致性。例如,不同DPC载荷,获得的波段宽度、中心位置、光谱响应特性、采样角度都不一样,采样时间、位置、大小也不一样。这就需要设定标准指标,进行光谱统一、大小尺度统一、角度统一、时间统一以实现多源数据的有效融合。

(1)遥感时间等效性

数据的时间分辨率决定了卫星可以监测到地表不同时间的变化特征。目前各卫星数据观测的起始时间以及时间间隔均有一定差异,协同多颗卫星能够大大增加观测的频次,然而其时间间隔并不统一,给时序分析增加了难度。在统一的时间分辨率基准下,比如以小时平均、日均和月均为单位,综合各时间段范围内多星、多天数据,研究通过数据质量加权、时间加权的方式,形成能够代表该时间段的最优输出。检验方法为选取多天数据,形成时间段中间时间最优输出。将形成的数据与真实图像比较,通过相关性以及差异,分析算法的能力。

相比常规的时间平均而言,遥感观测时刻也需要规格化处理,以便将不同卫星数据放在相同标准下进行对比和检验。不同卫星在不同当地时观测的数据会随着太阳角度发生显著变化,成为卫星遥感反演的特征。根据不同时刻的辐射传输模拟结果,结合静止卫星、高分辨率卫星的观测需求,设置上午8时、11时和下午14时、17时4个时刻的当地时作为标准观测。多颗DPC组网数据也可以通过当天的时间序列模型将观测信号进行转化,从而提前为未来遥感卫星星座的急剧增加提供观测依据。

(2)空间分辨率一致性

根据观测区域的位置,按照气象、测绘等卫星的格网和分幅等设置,以0.01°、0.1°、1°

作为空间均值,将所在网格内的所有数据进行平均处理。对于多源数据,不同区域的数据覆盖频率可能存在较大差异,利用规格化的空间均值反映该区域的特性。相应地,各类卫星数据之间可以合理地进行比较。

不同源卫星数据空间分辨率存在差异,空间分辨率的差异直接影响数据的可表达的信息量和数据之间的可比性等。空间分辨率一致性所需技术包括多源数据几何位置自动匹配技术、不同空间分辨率尺度转换技术等。通过将不同空间分辨率数据进行标准化处理,可以有效对应测绘比例尺,针对应用需求有的放矢,从而大幅降低卫星冗余。建议按照“五层十五级”的设置,如 0.5 m、1 m、2 m、5 m、10 m、20 m、50 m 等将图像就近重采样到标准化的空间分辨率,为客户提供数据。目前,高分五号卫星和陆地生态系统碳监测卫星的 DPC 载荷多为千米级数据,如商业卫星东海一号优于 50 m,不同空间分辨率的标准化非常有意义。

(3) 遥感角度特性等效性

因过境时间、传感器幅宽等因素的差异,不同源卫星数据观测几何存在差异,即太阳天顶角、方位角以及卫星观测天顶角、方位角不同。而自然界中物体基本上均具有二向反射的性质,因此观测几何的差异会造成数据的差异,忽略这种差异可能造成反演参数的不准确。例如,POLDER 最高能够从 15 个观测角度分别对地物进行多角度观测,可以获得地物在不同观测角度的观测数据。由于这种多角度观测载荷本身角度会发生一定变化,转化为散射角后波段间隔会在一定的区间内发生较大变化,导致参数反演增加查找表插值等步骤,从而影响反演精度。此外,不同载荷角度变化设置不同,相互联合反演难度较大。因此,在角度规格化过程中,可以以 1°、2°、5°、10°为间隔。所有不同的观测角度将通过角度序列模型进行标准化处理,将遥感观测信号进行转化,从而获得所有观测对象和遥感器相一致的多角度观测特性。

对于固定观测角度,通常规格化为星下点垂直角度,以获得用户需要的正射图像。在高分辨率遥感图像中,由于主流遥感器采用了当地时 10~12 时的拍摄计划,所以图像正射相对简单。但是对于气象中的晨昏轨道,拍摄早 8 时和晚 17 时的卫星图像,转化为星下点垂直角度等固定观测角度的过程难度相对较大。如果后续遥感卫星不断发展,如何选择合理的固定观测角度,较为容易地转化为正射图像,值得进一步研究。否则,在轨道空间有限的情况下,占据良好的拍摄时空条件将会越来越难。

(4) 遥感波谱特征等效性

遥感波谱特征等效性有两层含义。对于单星特定遥感器,遥感器在某个指定波段范围内的平均光谱辐亮度是遥感器的光谱辐射在该波段范围内的积分与光谱响应函数的乘积;同时由于遥感器件在使用过程中不可避免会因发生器件老化、成像平台外部环境影响等造成波谱数据失真,需要对遥感器进行定标。因此,对于同一遥感器在不同成像时间下获取的遥感数据,应基于光谱响应函数和最接近成像时间的定标系数对数据进行校正,保证同一遥感器在不同成像时间获取数据的真实性和一致性。

对于不同卫星数据,多遥感器间往往具有相似的波段,如红光波段、蓝光波段、近红外波段等,但是相似波段光谱响应函数有一定差异,如高分一号卫星多光谱相机的红光波段为630~690 nm,Landsat 8 OLI的红光波段为640~670 nm。这种差异在参数反演过程中需要对反演算法和模型进行调整,影响反演算法和模型的通用性。

光谱标准化基于连续光谱数据,如高光谱卫星或波谱库的反射率数据,确保数据包含不同地物类型。利用不同卫星的光谱响应函数,拟合不同卫星的波段反射率,在此基础上建立不同卫星相似波段之间的转换系数。通过转换系数,进行光谱标准化处理。光谱标准化的检验方法为选取同天多源数据,将转换后的数据与真实图像比较,通过相关性以及差异,分析算法的能力。统计结果表明现有载荷使用的绿光波段的范围集中在490~610 nm,中心波长位于550 nm,当有多颗卫星的不同载荷进行光谱转换时,可用其作为等效波长。此外,早期发展的AVHRR等卫星载荷采用550 nm等多个光谱,数十年以来积累了大量遥感观测数据,已经成为主流波段标配。因此,在气溶胶光学厚度等参数反演中,通常采用550 nm这个中心波长作为基准。

(5) 遥感观测模式规格化处理

对于多角度偏振,获得的遥感数据包括非偏振和偏振的Stokes矩阵$[I, Q, U, V]$,其中偏振主要由圆偏振、椭圆偏振、线偏振等组成,不同的偏振特性可以作为有效特征用于大气和地表的识别与量化;同时,根据目标确定,微波遥感通常采用不同的极化方式,如HH、HV、VH、VV等,可以用于不同典型地物的识别与分类。

为突出观测对象遥感辐射特性,有一类遥感辐射产品是通过数学方法形成的,称为指数产品,如水指数产品、植被指数产品、陆表指数产品、大气指数产品等。数据归一化处理指同源卫星数据归一化(normalization)处理。归一化作为一种对数据进行无量纲数学处理的手段,是简化计算、缩小量值的有效方法,在遥感数据处理方面应用广泛。从统计学角度理解,归一化能够归纳统一样本的统计分布性,归一化后的数值在0~1,符合统计学进行概率分布分析的要求;而在-1~1则能够理解为符合统计学中坐标分布的分析需要。

归一化作为一种线性变换,进行归一化操作前后数据性质不会失效或改变排序,且能凸显数据的某些特征,丰富数据分析手段。遥感数据处理中常见归一化应用即是各种遥感指数,如归一化植被指数(NDVI)、归一化水体指数(NDWI)等,通过归一化和波段间运算,突出目标对象在特定光谱区间上的吸收谷、反射峰特征,在地物分类、目标识别提取、时间序列和大尺度空间分析等领域应用广泛。

4.1.2 DPC产品描述与命名

1) 产品分类描述

多角度偏振成像仪是多角度偏振光学遥感仪器,利用国内外先进的科学算法,为气候研究、全球环境监测、遥感定量化以及地球科学研究提供能直接使用的信息源和技术支持。

如表4.1所示，多角度偏振成像仪产品主要包括云识别产品、包含云相态和云顶压强的云理化参数产品、陆地和海洋上空的细粒子和总气溶胶光学厚度产品、柱水汽含量产品、地表反射率和地表偏振反射率，以及不同波段计算获得的各类植被指数产品等。多角度偏振成像仪产品是在4级产品5 km标准景的多角度地表反射率、多角度地表偏振反射率的基础上处理数据所生成的产品。该处理的主要输入数据分为三部分：① 多角度偏振成像仪及多角度偏振扫描仪的预处理过的4级产品数据；② 软件运行所需的辅助数据，必须在业务运行前已经准备好，如辐射传输查找表数据；③ 其他卫星同期数据，如MODIS的气溶胶光学厚度。具体的输入文件列表如表4.2所示。

表4.1 DPC分级产品表

级别	产品名称	描述	备注
0	原始图像数据	原始图像数据指卫星地面站直接接收到的、未经处理的、包含全部数据信息在内的原始图像数据	
1	整轨数据	在0级数据基础上，根据DPC载荷特点，对整轨观测数据进行异常像元处理、辐射校正、辐射条带去除、去噪等，并进行分景，按景提取观测及处理所需的辅助数据，同时对多个遥感器数据进行视场拼接、波段配准	
2	系统级校正数据	分景、分条带数据。在1级产品的基础之上，经系统几何校正处理，并根据辅助数据，计算数据相对辐射定标系数（在轨）、各波段中心波长（在轨），并对数据进行辐射校正	如3.3 km景数据
3	地理空间信息产品	经过地形辐射校正、几何精校正和正射校正的数据产品，主要用于产品反演	如3.3 km景数据及5 km标准景的几何精校正产品、云掩膜等产品
4	遥感辐射产品	经过辐射校正的各种遥感辐射产品	如5 km标准景的多角度地表反射率、植被指数、BRDF、吸收和后向散射系数、云量、云光学厚度、气溶胶光学厚度等产品

续表

级别	产品名称	描述	备注
5	地球表层圈层参数产品	大气、陆表、植被和水体等参量反演产品	如 5 km 等级标准景的叶面积指数、云相态、柱水汽含量、气溶胶粗细粒子比、表层水叶绿素 a 浓度、总悬浮物浓度等产品
6	专题应用产品	面向行业应用的专题产品	如大气污染分布、气象预报和海洋污染分析等专题产品

表 4.2　多角度偏振成像仪产品生成系统输入文件列表

数据类型	输入文件	文件说明	数据来源
一级产品数据	DcL1TBGAtttttv	偏振成像仪 4 级产品数据文件	预处理后
辅助数据	TOSpePro.hdf	典型地物反射波谱文件	
	IGBP.hdf	全球 IGBP 分类数据文件	IGBP
	AeroModel.hdf	气溶胶模式参数数据文件	
	meteo.hdf	海面风速与压强数据文件	
	AeroFmy.hdf	气溶胶族特性参数数据文件	
	LandCoverClassify.hdf	地表覆盖分类产品	
	VIs-LAI.hdf	不同植被类型的 VIs－LAI 关系	
	VegeCoef.hdf	植被参数文件	
	AER-SKY-LUT.hdf	气溶胶光学厚度/太阳漫射光比率查找表	预先计算
其他卫星同期数据	OZ_DAILY.hdf	臭氧数据文件	TOMS
	StratoAero_Daily.hdf	平流层气溶胶数据文件	SAGEIII

以星载 DPC 多角度地表反射率数据为输入,生成各级产品的流程如图 4.2 所示。

2）产品命名

星载 DPC 偏振相机的产品文件遵循相应的命名规则,一般形式如下:

- DcLxTyGztttttv（0~5 级产品）;
- DcLxTyGzaammddv（6 级产品）。

其中,Dc 表示偏振成像仪;x 表示产品等级(0~6 级产品);y 表示产品主题内容(B 表示一级产品);z 表示产品类型编码(暂无定义,固定为 A);ttttt 为成像时间和轨道编号;aammdd 是临时合成时间的参考日期(年-月-日);v 表示再处理号(从 A 到 Z);头文件在最后加 L,数据文件在最后加 D。

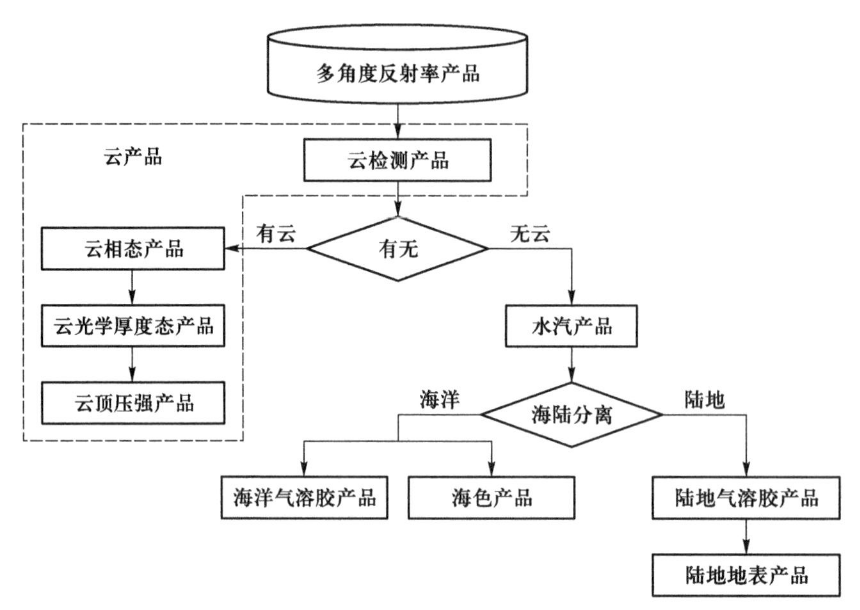

图4.2 产品生成流程图

日志文件文件名与上述命名规则相同,但增加了扩展名"log"。

4.2 DPC产品定义

4.2.1 大气产品

1) 陆地气溶胶产品

(1) 产品定义

对流层气溶胶是地球-大气-陆地系统的重要组成部分。它主要通过三个基本机制对气候产生影响。气溶胶散射和吸收导致直接辐射强迫;气溶胶粒子浓度的增加改变了云的特性,引起间接辐射强迫;气溶胶粒子对各种化学反应还有间接影响,这又会通过改变气候要素(如温室气体)的含量影响气候。DPC的陆地气溶胶产品包括865 nm波段的气溶胶光学厚度(AOD_{865})、气溶胶复折射指数和气溶胶Angstrom指数。气溶胶复折射指数是描述气溶胶粒子对光的吸收和散射作用的参数,为复数形式。实部表示对光的散射作用,为气溶胶粒子的折射指数,虚部表示对光的吸收作用,为气溶胶粒子的吸收系数。Angstrom指数是气溶胶物理性质参数之一,与气溶胶粒子的粒径有一定关系,小粒径气溶胶具有较大的Angstrom指数值;反之,大粒径气溶胶具有较小的Angstrom指数值,具体定义如下：

$$\alpha=-\ln(\delta_{\lambda}/\delta_{\lambda'})/\ln(\lambda/\lambda') \tag{4.1}$$

$$AI=\alpha\times AOD_{865} \tag{4.2}$$

式中，α 为 Angstrom 指数值，δ_{λ}、$\delta_{\lambda'}$ 为波长 λ、λ' 处的气溶胶光学厚度值，AI 为气溶胶指数，是 Angstrom 指数值和 865 nm 波段气溶胶光学厚度的乘积。

DPC 的陆地气溶胶产品包括理化参数轨道产品和日产品。此外，还将生成陆地气溶胶旬、月产品。该产品的参数无量纲，产品编号为 DcT，产品范围为全球陆地，产品时次为轨、日、旬、月，产品精度为 0.1（光学厚度）。

（2）产品列表

陆地气溶胶产品如表 4.3 所示。

表 4.3　陆地气溶胶产品列表

序号	产品名称	产品代码	业务/实验
1	陆地气溶胶理化参数轨道产品	DcL5TTGAtttttv	实验产品
2	陆地气溶胶日产品	DcL6TTGAaammddv	实验产品
3	陆地气溶胶旬产品	DcL6TTGAaammddv	实验产品
4	陆地气溶胶月产品	DcL6TTGAaammddv	实验产品

2）海洋气溶胶产品

（1）产品定义

作为地球大气中最重要的变化成分之一，大气气溶胶粒子通过对电磁波的吸收和散射作用，在从紫外、可见光到红外很宽的波段内对辐射传输产生影响，这种辐射效应在气候模拟、大气传输、遥感应用、环境监测等众多领域作用重大。对流层海洋气溶胶作为气溶胶重要的组成部分，其在空间大范围的分布及性质研究对全面掌握大气中气溶胶状况极为重要。DPC 的海洋气溶胶产品包括 865 nm 波段的气溶胶光学厚度、气溶胶复折射指数、气溶胶 Angstrom 指数和气溶胶指数。

DPC 的海洋气溶胶产品包括理化参数轨道产品和日产品。此外，海洋气溶胶还能生成海洋气溶胶旬、月产品。该产品的参数无量纲，产品编号为 DcA，产品范围为全球海洋，产品时次为轨、日、旬、月，产品精度为 0.1（光学厚度）。

（2）产品列表

海洋气溶胶产品如表 4.4 所示。

表 4.4 海洋气溶胶产品列表

序号	产品名称	产品代码	业务/实验
1	海洋气溶胶理化参数轨道产品	DcL5TAGAtttttv	实验产品
2	海洋气溶胶日产品	DcL6TAGAaammddv	实验产品
3	海洋气溶胶旬产品	DcL6TAGAaammddv	实验产品
4	海洋气溶胶月产品	DcL6TAGAaammddv	实验产品

3）云产品

云对地球与大气间的能量平衡具有强烈的调节作用。云的性质及其在不同空间和时间尺度上的变化对全球气候变化和各种尺度的天气系统有重要影响。而遥感技术利用其特有的优势，已经被广泛地应用到云探测中。产品编号 DcL，包括云检测、云相态、云光学厚度和云顶压强四种产品。

（1）云检测产品

云检测产品将像元指定为有云像元、无云像元和不确定三类，并附加可信度信息。产品包含晴空或云像素标志、晴空像素可信度标志以及质量因子等信息。云检测产品如表 4.5 所示。

表 4.5 云检测产品列表

序号	产品名称	产品代码	业务/实验
1	局地单轨云检测产品	DcL5TCGAtttttv	实验产品
2	全球单轨云检测产品	DcL6TCGAaammddv	实验产品

（2）云相态产品

云热力学相态的识别是云特征研究的重要组成部分。处于较低高度的中低云由液态云滴组成；而温度较低的高云、卷云等则由冰晶或冰晶和水滴的混合相组成。冰晶粒子的物理过程及光学特性不同于水滴粒子。云相态产品如表 4.6 所示。

表 4.6 云相态产品列表

序号	产品名称	产品代码	业务/实验
1	全球日云相态产品	DcL6TCGAaammddv	实验产品
2	中国日云相态产品	DcL6TCGAaammddv	实验产品

4）水汽产品

（1）产品定义

大气中的水汽对全球气候有着极其重要的影响。它是成云降雨的决定因素，也是海-气系统、地-气系统中物质、能量传输的纽带，有助于保持全球能量平衡，并能加剧大气的温室效应。同时水汽对电磁波在大气中的辐射传输具有重要影响，很大程度上决定着大气的物理、光学特性，是环境遥感和大气遥感关注的研究内容。由于水汽在大气中的分布具有很大的时空变化特性，所以及时准确获取大气水汽含量（atmospheric total column water vapor amount）具有非常重要的意义。

DPC 大气水汽含量产品为利用近红外通道（910 nm 和 865 nm）反演的大气柱水汽含量。包括晴空条件下的陆地，以及陆地和海洋上空云层以上的大气水汽含量；而对于晴空海洋区域，水汽含量计算只能在太阳耀斑区进行。产品种类包括单次飞行大气水汽含量以及区域的日、旬、月平均大气水汽含量。

（2）产品列表

DPC 大气水汽含量产品如表 4.7 所示。

表 4.7　DPC 大气水汽含量产品列表

序号	产品名称	产品代码	业务/实验
1	单次飞行大气水汽含量	DcL5TWGAdttttttv	实验产品
2	区域日平均大气水汽含量	DcL6TWGAaammddv	实验产品
3	区域旬平均大气水汽含量	DcL6TWGAaammddv	实验产品
4	区域月平均大气水汽含量	DcL6TWGAaammddv	实验产品

4.2.2　陆表与水体产品

1）植被指数产品

遥感图像上的植被信息，主要通过绿色植物叶子和植被冠层的光谱特性及其差异、变化反映。不同光谱通道所获得的植被信息与植被的不同要素或某种特征状态有各种不同的相关性。对于复杂的植被遥感，仅用个别波段或多个单波段数据分析对比来提取植被信息是相当局限的，因而往往选用多光谱遥感数据经分析运算（加、减、乘、除等线性或非线性组合方式），产生对植被长势、生物量等有一定指示意义的数值——即植被指数。

在植被指数中，通常选用对绿色植物强吸收的可见光红光波段和对绿色植物高反射和高透射的近红外波段。这两个波段不仅是植被光谱、光合作用中最重要的波段，而且它们对于同一生物物理现象的光谱响应截然相反，形成明显的反差，并且这种反差随着冠层结构、植被覆盖度的变化而变化，因此可以对它们用比值、差分、线性组合等多种形式来增强或揭示隐含的植物信息。

由于植被光谱受到植被本身、环境条件、大气状况等多种因素的影响，因此植被指数往往具有明显的地域性和时效性。植被指数模型大致分为以下几类。

（1）比值植被指数（RVI）

由于可见光红光波段（R）和近红外波段（NIR）对绿色植物的光谱响应十分不同，RVI被定义为两个波段间的地表反射率的数值比。

$$\mathrm{RVI}=\frac{\rho_{\mathrm{NIR}}}{\rho_{\mathrm{R}}} \tag{4.3}$$

式中，ρ_{R} 为可见光红光波段反射率，ρ_{NIR} 为近红外波段反射率。由于绿色植物叶绿素引起的红光吸收和叶肉组织引起的近红外强反射，植被覆盖区 RVI 值较高。而对于无植被的地面，RVI 值较低。RVI 能突出植被与土壤之间的辐射差异。土壤一般有近于 1 的比值，植被则会表现出高于 2 的比值。RVI 是绿色植物的一个灵敏的指示参数，它与叶面积指数、叶干生物量、叶绿素含量相关性高，被广泛用于估算和检测绿色植物生物量。

在植被高密度覆盖情况下，RVI 对植被十分敏感，与生物量的相关性最好。但当植被覆盖度小于 50%时，它的分辨能力显著下降。此外，RVI 对大气状况很敏感，大气效应大大地降低了它对植被检测的灵敏度，尤其是当 RVI 值高时。因此，最好运用大气校正后的数据，或者将波段的 DN 值转换为反射率后计算，以消除大气对两波段不同非线性衰减值的影响。

（2）归一化植被指数（NDVI）

对于浓密植被，红光反射率很小，其 RVI 值将无限增大，因此经非线性归一化处理得到归一化植被指数，其值限定在[-1,1]范围内。

$$\mathrm{NDVI}=\frac{\rho_{\mathrm{NIR}}-\rho_{\mathrm{R}}}{\rho_{\mathrm{NIR}}+\rho_{\mathrm{R}}} \tag{4.4}$$

在植被遥感中，NDVI 应用最为广泛，原因在于：① NDVI 是植被生长状态及植被覆盖度的最佳指示因子。② NDVI 经过比值处理，可以部分消除与太阳高度角、卫星观测角、地形、云/阴影和大气条件有关的辐照度条件（大气程辐射）等的影响。③ 对于陆地表面的主要覆盖而言，云、水、雪在可见光波段比近红外波段有更高的反射作用，因而其 NDVI 值为负值（<0）；岩石、裸土在两波段有相似的反射作用，因而其 NDVI 值近于 0；而在有植被覆盖的情况下，NDVI 为正值（>0），且随植被覆盖度的增大而增大。几种典型的地面覆盖在大尺度 NDVI 图像上区分鲜明，植被得到有效突出。因此，NDVI 特别适用于全球或各大陆等大尺度的植被动态监测。

NDVI 也具有明显的局限性。NDVI 增强了近红外和红光通道的反射率的对比度，它是近红外和红外比值的非线性拉伸，其结果是增强了低值部分，抑制了高值部分，导致对高植被区较低的敏感性。

(3) 差值植被指数(DVI)

差值植被指数被定义为近红外波段和可见光红光波段数值之差，即

$$\mathrm{DVI}=\rho_{\mathrm{NIR}}-\rho_{\mathrm{R}} \tag{4.5}$$

差值植被指数的应用远不如 NDVI 和 PVI。它对土壤背景的变化极为敏感，有利于对植被生态环境的检测。另外，当植被覆盖浓密时，它对植被的灵敏度下降，适用于植被发育早-中期，或中-低覆盖度的植被检测。

上述的 NDVI、DVI 等植被指数均受土壤背景的影响较大，且这种影响是相当复杂的。

(4) 消除土壤影响因子的植被指数

为了解释背景的光学特征变化并修正 NDVI 对土壤背景的敏感程度，提出了可适当描述土壤-植被系统的简单模型，即土壤调节植被指数(SAVI)。

$$\mathrm{SAVI}=\left(\frac{\rho_{\mathrm{NIR}}-\rho_{\mathrm{R}}}{\rho_{\mathrm{NIR}}+\rho_{\mathrm{R}}+L}\right)(1+L) \tag{4.6}$$

式中，L 是一个土壤调节系数，随植被密度而变化，用来减小植被指数对不同土壤反射变化的敏感性。对于中等植被覆盖区，L 一般接近于 0.5。乘法因子 $1+L$ 主要用来保证最后的 SAVI 值与 NDVI 值一样介于-1 到 1。

SAVI 降低了土壤背景的影响，改善了植被指数与叶面积的线性关系，但可能丢失部分植被信号，使植被指数偏低。最佳调节系数 L 随植被覆盖度的不同而变化，与 LAI 线性相关。

一般来说，SAVI 只适用于一定的土壤线。植被指数应该依照特殊的土壤线特征来校正，以避免其在低 LAI 值出现错误，因此提出转换型土壤调节植被指数(TSAVI)。

$$\mathrm{TSAVI}=\frac{a(-a\rho_{\mathrm{R}}-b)}{a\rho_{\mathrm{NIR}}+\rho_{\mathrm{R}}-ab} \tag{4.7}$$

式中，a、b 分别为土壤背景线的斜率和截距。SAVI 和 TSAVI 在描述植被覆盖和土壤背景方面有较大的优势。由于考虑了土壤背景的有关参数，TSAVI 比 NDVI 对低植被覆盖度有更好的指示意义，适用于半干旱地区的土地利用制图。

对 TSAVI 校正的植被指数——ATSAVI，表示为

$$\mathrm{ATSAVI}=\frac{a(\rho_{\mathrm{NIR}}-a\rho_{\mathrm{R}}-b)}{a\rho_{\mathrm{NIR}}+\rho_{\mathrm{R}}-ab+X(1+a^2)} \tag{4.8}$$

式中，X 为用于最大限度降低土壤噪声的调整因子。

为了减少SAVI中裸土的影响，发展了修正型土壤调节植被指数(MSAVI)，表示为

$$\mathrm{MSAVI}=\frac{1}{2}\left[(2\rho_{\mathrm{NIR}}+1)-\sqrt{(2\rho_{\mathrm{NIR}}+1)^2-8(\rho_{\mathrm{NIR}}-\rho_{\mathrm{R}})}\right] \tag{4.9}$$

由于冠层近红外反射可以表示为红光反射的线性函数，给出SAVI的第二种表示形式：

$$\mathrm{SAVI}_2=\frac{\rho_{\mathrm{NIR}}}{\rho_{\mathrm{R}}+b/a} \tag{4.10}$$

(5) 垂直植被指数(PVI)

垂直植被指数是在植被指数基础上借助土壤线的概念发展起来的，将与土壤线之间的垂直距离作为植物生长状况的一个指标，即垂直植被指数被定义为植被像元到土壤线之间的垂直距离：

$$\mathrm{PVI}=\frac{\rho_{\mathrm{NIR}}-a\rho_{\mathrm{R}}-b}{\sqrt{1+a^2}} \tag{4.11}$$

式中，a、b 分别为土壤背景线的斜率和截距。

PVI表征着在土壤背景下存在的植被的生物量，植被像元到土壤线之间的垂直距离越大，生物量越大。它的显著特点是较好地滤除了土壤背景的影响，且对大气效应的敏感程度也小于其他植被指数，所以被广泛用于大面积作物估产。

(6) 消除大气影响的抗大气植被指数(ARVI)

针对大气对红光通道的影响比近红外通道大得多的特点，在定义NDVI时用通过蓝光和红光通道的辐射差别修正红光通道的辐射值。

$$\rho_{\mathrm{RB}}=\rho_{\mathrm{R}}+\gamma(\rho_{\mathrm{blue}}-\rho_{\mathrm{R}}) \tag{4.12}$$

$$\mathrm{ARVI}=\frac{\rho_{\mathrm{NIR}}-\rho_{\mathrm{RB}}}{\rho_{\mathrm{NIR}}+\rho_{\mathrm{RB}}} \tag{4.13}$$

式中，ρ_{RB} 为修正后的红光波段反射率；ρ_{blue} 为蓝光波段反射率；γ 为对大气调节程度的参数，取决于气溶胶类型，其值为0.64～1.21。ARVI对大气的敏感性约为NDVI对大气敏感性的1/4。

(7) 消除综合影响因子的增强型植被指数(EVI)

基于土壤和大气的影响，同时对两者进行修正，利用土壤调节系数和大气修正参数同

时减小土壤和大气的作用。

$$EVI = 2 \cdot \frac{\rho_{NIR} - \rho_R}{L + \rho_{NIR} + C_1\rho_R + C_2\rho_{blue}} \tag{4.14}$$

式中，L 为土壤调节系数，C_1、C_2 为拟合系数，用来描述蓝光波段对红光波段大气气溶胶散射的校正。

EVI 可以提高植被指数对高生物量区的敏感度，通过削弱叶冠背景信号和降低大气的影响来改善对植被的监测。EVI 在大气校正和角度校正方面都做了改进，避免了比值植被指数的饱和问题；并引入了蓝光波段，耦合了抗大气植被指数和土壤调节植被指数，进一步降低了大气和土壤背景的影响，优化了植被信号，使其能更好地反映作物的生长状况。

（8）重归一化植被指数 RDVI

$$RDVI = \sqrt{NDVI \times DVI} \tag{4.15}$$

RDVI 取 NDVI 和 DVI 两者之长，可用于不同植被覆盖度的情况。

2）叶面积指数

叶面积指数（LAI）是描述植被生物物理变化和冠层结构的重要参量，直接影响到植被的蒸腾作用效率、光合作用和能量平衡状态。叶面积指数是陆地生态系统的一个十分重要的参数，它和蒸散、冠层光截获、地表净第一性生产力、能量交换等密切相关，直接影响植被的光合作用效率、蒸腾作用效率和能量平衡状态。几乎所有生态系统过程模型在模拟碳和水循环时都需要将 LAI 作为一个关键输入参数。如何通过遥感手段获取冠层叶面积指数信息对于全球变化及其区域相应研究具有重要意义。

3）地表反照率

地表反照率是上行辐射通量与下行辐射通量的比值。地表反照率是监测地表能量交换的重要参数，也是气候模型的一个基本参数。不同分辨率的全球地表反照率产品对于全球和区域气候模型研究是非常有价值的。在实际应用中有些场合需要大范围的地表反照率数据，而遥感数据具有提供区域和全球分布的优势，因此，利用不同分辨率的多角度遥感数据反演反照率成为最有效的方法。

DPC 地表反照率产品提供：① 描述通道每个像元 BRDF 特性的核驱动模型的参数；② 根据各个通道 BRDF 推算的光谱反照率及三个宽通道（0.4～0.7，0.7～2.5，0.4～2.5）的反照率。

目前，DPC 的陆地地表产品由植被指数、叶面积指数、BRDF 及反照率产品组成，包括轨道产品和日产品。此外，陆地地表产品还能生成旬、月产品。该产品的参数为无量纲，产品编号为 DcL，产品范围为全球陆地，产品时次为轨、日、旬、月。陆地地表产品如表 4.8 所示。

表 4.8 陆地地表产品列表

序号	产品名称	产品代码	业务/实验
1	陆地地表轨道产品	DcL5TLGAttttttv	实验产品
2	陆地地表日产品	DcL6TLGAaammddv	实验产品
3	陆地地表旬产品	DcL6TLGAaammddv	实验产品
4	陆地地表月产品	DcL6TLGAaammddv	实验产品

4）水色产品

海洋的颜色是通过入射光线与海中各种悬浮物质的相互作用来决定的。除了纯净的海水，海洋中在光学上最显著的物质是能自由漂移的光合有机体(浮游植物)、碎石、溶解物质和无机颗粒物。自从第一个海色传感器(CZCS)的成功研发，用浮游植物的色素(叶绿素)浓度来解释海色已经得到了广泛认可。由CZCS(1978—1986年)和后来的OCTS/POLDER(1996—2008年/1997—2006年)以及后来的SeaWiFS(1997年9月至今)收集到的叶绿素浓度数据，已经在很多研究领域得到了应用。例如，全球生物地球化学圈研究、动力过程(dynamical process)研究以及渔业。这些广泛应用要归功于从太空观测海色能概要、可重复地覆盖一个宽面积的海表面。

目前，DPC-1海洋水色产品由对应的DPC多角度地表反射率产品经过大气校正、地球物理参数反演得到。其中方向性产品包括443 nm、490 nm、555 nm和665 nm的方向海洋反射率；非方向性产品(OC2B)则包括443 nm、490 nm、555 nm和665 nm的海洋反射率、表层水叶绿素a浓度、总悬浮物浓度、生物光学参数(吸收和后向散射系数等)。大气校正算法的副产品(包括气溶胶光学厚度和Angstrom指数)也能从这两种产品中得到。海色产品如表4.9所示。

表 4.9 海色产品列表

序号	产品名称	产品代码	业务/实验
1	海色轨道产品	DcL5TOGAttttttv	实验产品
2	海色日产品	DcL6TOGAaammddv	实验产品
3	海色旬产品	DcL6TOGAaammddv	实验产品
4	海色月产品	DcL6TOGAaammddv	实验产品

第 5 章

DPC 0~2 级数据处理方法

遥感器获得的数据中既包括观测对象的信号信息，也包括各种非理想因素导致的干扰噪声。按照 UPM 对 0~2 级产品的要求对原始数据做标验处理，可以明确遥感器采样的辐射量与数值关系，校正由于遥感器非理想化引入的噪声，形成“理想遥感器”的辐射采样值与数据值间的稳定关系，并能经过检验，具有一定的精度与稳定性。

按照定标内容的划分，遥感器的定标可以分为光谱、几何、辐射三个方面，偏振定标即对传感器系统中各部分影响矢量辐射传输的物理参数进行定标，所以偏振定标和强度定标共同构成辐射定标，偏振定标的精度决定了偏振遥感信息反演的精度，其理论要比强度定标复杂得多，实现起来也更困难。

5.1 DPC 实验室几何定标

实验室几何定标通常作为实验室定标的第一步，不仅是对仪器几何性能如视场角、主点位置等的检验，同时也为后期的在轨几何定标提供参考值及初始迭代值。

DPC 实验室几何定标首先需要建立 DPC 的成像几何模型，确定需要获取的内方位元素，然后设计合理可行的测试和数据处理方法，最后评估几何定标精度。

5.1.1 DPC 成像几何模型

DPC 成像几何模型的定义为三维场景空间中的一个物点与成像在探测器像元矩阵上的像点坐标之间的数学关系。根据 DPC 的光学成像原理建立其几何模型，如图 5.1 所示。

$O_p-X_pY_p$ 为像元坐标系，其原点位于光电探测器像元矩阵的左上角。两坐标轴 X_p 轴与 Y_p 轴分别沿像元的行、列方向。

$O_i-X_iY_i$ 为图像坐标系，其原点 O_i 为 DPC 的光轴与像元矩阵的交点，称为畸变中心，对应谱段 k 的畸变中心又记作 S_k。图像坐标系的 X_i 轴与 Y_i 轴分别和像元坐标系的 X_p 轴

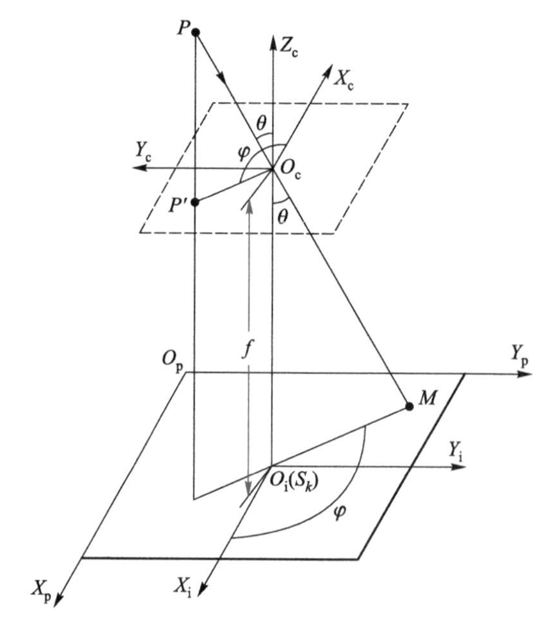

图 5.1　DPC 成像几何模型示意图

与 Y_p 轴平行。

$O_c-X_cY_cZ_c$ 为仪器坐标系，其原点 O_c 为 DPC 的投影中心，也称作入瞳。仪器坐标系的 X_c 轴与 Y_c 轴分别和图像坐标系的 X_i 轴与 Y_i 轴反向平行。Z_c 轴即为 DPC 的光轴，理想情况下与 O_iO_c 重合。

图 5.1 中的点 P 为场景空间中的一个物点，通过物镜成像在 $O_p-X_pY_p$ 平面的点 M 处。P' 是点 P 在 $O_c-X_cY_c$ 平面上的垂直投影。θ 表示点 P 对应的视场角，φ 表示点 P 对应的方位角。f 为 DPC 的焦距，其值等于 O_iO_c 的长度。畸变中心 S_k 与像点 M 及像元坐标系原点 O_p 的几何关系如下：

$$\boldsymbol{O_pM}=\boldsymbol{O_pS_k}+\boldsymbol{S_kM} \tag{5.1}$$

因此，在像元坐标系下像点 M 的坐标(M_x,M_y)可以被表示为

$$\begin{cases} M_x=S_{kx}+S_kM\cdot\cos\varphi \\ M_y=S_{ky}+S_kM\cdot\sin\varphi \end{cases} \tag{5.2}$$

式中，S_{kx}和 S_{ky}为畸变中心 S_k 在 $O_p-X_pY_p$ 坐标系下的横坐标和纵坐标；S_kM 为 M 与 S_k 的距离，理想情况下满足 $S_kM=f\cdot\tan\theta$。

然而，实际情况下 DPC 的广角成像物镜会产生径向畸变。考虑到 $\tan\theta$ 是一个奇函数，S_kM 可以用泰勒公式表示为

$$S_kM=f_{1k}\cdot\tan\theta+f_{3k}\cdot\tan^3\theta+\cdots+f_{(2n-1)k}\cdot\tan^{(2n-1)}\theta \tag{5.3}$$

式中，$f_{1k},f_{3k},\cdots,f_{(2n-1)k}$为畸变系数，$n$ 表示分解的阶次。

方程的阶次太低则无法充分体现畸变的总体趋势,方程的阶次过高则会导致求解过程中出现病态问题,经过综合考虑,选择 $n=3$。

5.1.2 几何定标测试方法

对于 DPC 的谱段 k,几何定标测试的目的是获取五个内方位元素:畸变中心坐标 S_{kx}、S_{ky},畸变系数 f_{1k}、f_{3k}和 f_{5k}。

DPC 几何定标测试的原理是利用场景空间中入射准直光的方向信息和相应像点在像元坐标系中的坐标信息,代入几何模型,构造目标函数,从而求解 DPC 的内方位元素。

针对 DPC 大视场、空间分辨率相对较低的特点,选择平行光管的准直光束作为标定物,准直光的方向信息则由分离式二维转台提供。将 DPC 安装在立式转台上并随立式转台转动,卧式转台的摆臂上安装平行光管,提供准直光。卧式转台和立式转台分别旋转以控制入射光的视场角及方位角。改变入射光的视场角及方位角,分别在图像坐标系的 X_i 轴、Y_i 轴和两条对角线上依次形成四行光斑。记录每个光斑对应的视场角和方位角,并将所有光斑图像合并为一幅图像,如图 5.2 所示。

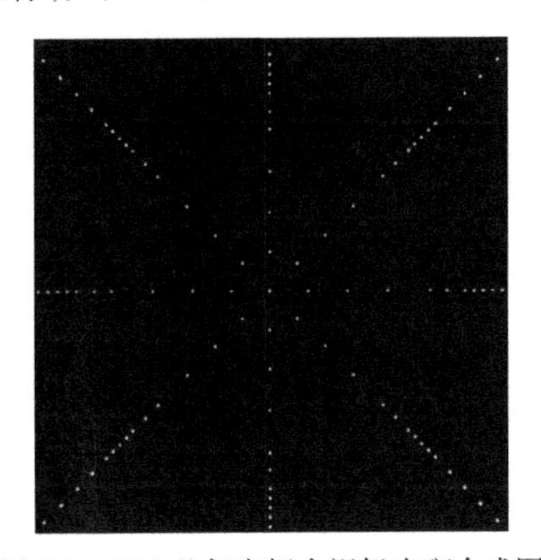

图 5.2 DPC 几何定标全视场光斑合成图

像元坐标系下各光斑的质心坐标(x_c, y_c)的计算公式为

$$\begin{cases} x_c = \dfrac{\sum\limits_{i=1}^{n} \mathrm{DN}_i \cdot x_i}{\sum\limits_{i=1}^{n} \mathrm{DN}_i} \\[2ex] y_c = \dfrac{\sum\limits_{i=1}^{n} \mathrm{DN}_i \cdot y_i}{\sum\limits_{i=1}^{n} \mathrm{DN}_i} \end{cases} \tag{5.4}$$

式中,DN_i 为光斑中像元 i 的响应 DN 值;(x_i, y_i)为像元坐标系下光斑中像元 i 的坐标。

将每个光斑对应的入射准直光在仪器坐标系下的视场角和方位角代入 DPC 的几何模

型表达式(5.2)和(5.3),利用极大似然估计理论建立目标方程(5.5),通过优化目标方程获得DPC 的内方位元素。

$$E = \sum_{i=1}^{n} \| m_i - \widehat{m}_i(S_{kx}, S_{ky}, f_{1k}, f_{3k}, f_{5k}) \|^2 \tag{5.5}$$

式中,n 为成像在不同位置的光斑的个数;m_i 为采集的第 i 个光斑的质心坐标;$\widehat{m}_i$ 为由DPC 几何模型和第 i 束入射光的角度信息获得的光斑质心坐标。

得到内方位元素之后,还要计算光斑质心坐标的拟合残差来评估几何定标精度。

5.2 实验室偏振辐射定标

实验室偏振辐射定标的一般过程如下:首先需要根据仪器的测量原理,将仪器的实际物理因素抽象为数学参数,建立科学合理的数理模型,具体的建模原则是对多变量的复杂系统提取、归纳出相互独立的参数关系;然后分析每项参数的实际物理特点,制定只对该单一参数敏感性较强的定标测试方案,一般还需要对各项参数的定标结果进行检验、评估(黄禅, 2021;Huang et al., 2020a, 2020b, 2020c)。

5.2.1 DPC 偏振辐射测量模型

建立偏振辐射测量模型的意义在于完整地描述 DPC 的物理特性,以表征光电探测器各像元对特定谱段、特定偏振态入射光的响应。这些物理特性与组成 DPC 光学系统的3个单元(成像物镜、检偏滤光单元和光电探测器)的抽象建模密切相关。

在地物遥感探测领域,由于偏振光的圆偏振分量很小,通常假定圆偏振分量 $V=0$,仅研究线偏振信息。因此可将四维参数的 Stokes - Mueller 描述方法降维成只含线偏振信息的三维 Stokes - Mueller 方法。此时,偏振光可以用 1×3 的 Stokes 矢量 $[I,Q,U]^{\mathrm{T}}$ 表示,仪器和各器件均可用 3×3 的 Mueller 矩阵表示。

在像面上建立以探测器中心像元为原点 O_0,像元的行方向为 X_0 轴的像面坐标系 $O_0-X_0Y_0$,以及以入射光成像的像元为原点 O,P 光分量的光矢量振动方向为 X 轴的像元局部坐标系 $O-XY$,如图 5.3 所示。

以(i,j)表示光电探测器上某像元的像面坐标系位置,该像元对应的视场角为 θ,方位角为 ϕ。

假设成像物镜对成像在(i,j)点上的入射偏振光的 P 光分量、S 光分量的透过率分别为 T_1 和 T_2,且忽略成像物镜对入射光的偏振态影响很小的退偏效应。成像物镜的起偏度 ε(也称线性双向衰减)定义为两项透过率的相对差异,即

$$\varepsilon = \frac{T_1 - T_2}{T_1 + T_2} \tag{5.6}$$

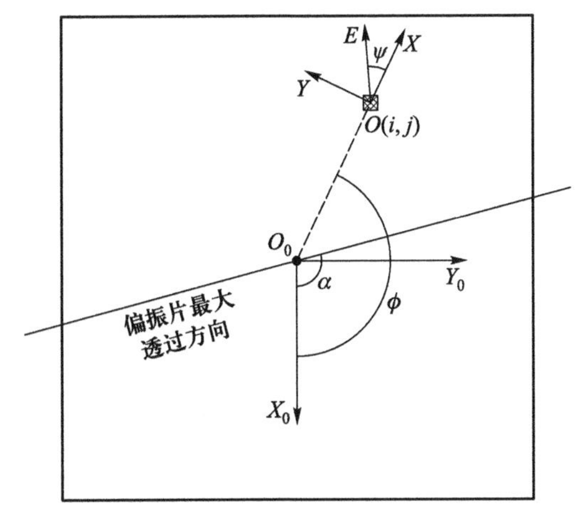

图 5.3 DPC 像面坐标系和像元局部坐标系

此时成像物镜的 Mueller 矩阵 $\boldsymbol{M}_{\text{Lens}}$ 可以表示为

$$\boldsymbol{M}_{\text{Lens}}=\frac{T_1+T_2}{2}\begin{bmatrix}1 & \varepsilon & 0\\ \varepsilon & 1 & 0\\ 0 & 0 & \sqrt{1-\varepsilon^2}\end{bmatrix} \tag{5.7}$$

式中,ε 为成像物镜的起偏度。

对于 DPC 偏振通道,定义检偏滤光单元中偏振片最大透过方向与像面坐标系 X_0 轴的夹角为偏振方位角 α,那么其与方位角为 ϕ 的像元(i,j)的夹角为$(\alpha-\phi)$。因此,DPC 偏振通道的 Mueller 矩阵 $\boldsymbol{M}_{\text{DPCp}}$ 可以表示为

$$\begin{aligned}\boldsymbol{M}_{\text{DPCp}}&=\boldsymbol{M}_{\text{LPol}(\alpha-\phi)}\cdot\boldsymbol{M}_{\text{Lens}}=\boldsymbol{R}_{-(\alpha-\phi)}\cdot\boldsymbol{M}_{\text{LPol0}}\times\boldsymbol{R}_{(\alpha-\phi)}\cdot\boldsymbol{M}_{\text{Lens}}\\&=\frac{T_1+T_2}{2}\cdot\begin{bmatrix}1+\varepsilon\cos[2(\alpha-\phi)] & \varepsilon+\cos[2(\alpha-\phi)] & \sqrt{1-\varepsilon^2}\sin[2(\alpha-\phi)]\\ \Lambda_1 & \Lambda_2 & \Lambda_3\\ \Lambda_4 & \Lambda_5 & \Lambda_6\end{bmatrix}\end{aligned} \tag{5.8}$$

式中,$\boldsymbol{M}_{\text{LPol}(\alpha-\phi)}$ 为偏振化方向与像元的方位角的夹角为$(\alpha-\phi)$的偏振片的 Mueller 矩阵;$\boldsymbol{M}_{\text{LPol0}}$ 为偏振化方向与像面坐标系 X_0 轴夹角为 0°的理想偏振片的 Mueller 矩阵;$\boldsymbol{R}_{(\alpha-\phi)}$ 为方位旋转$(\alpha-\phi)$角的旋光器的 Mueller 矩阵;Λ_1 到 Λ_6 为 Mueller 矩阵中的 6 项不影响探测器的响应,故未给出其表达式。

由辐射测量原理可知,到达探测器的光强 I_{CCD} 可以表示为

$$\begin{aligned}I_{\text{CCD}}&=[1\quad 0\quad 0]\cdot\boldsymbol{M}_{\text{DPCp}}\cdot[I\quad Q\quad U]^{\text{T}}\\&=\frac{T_1+T_2}{2}\cdot\{\{1+\varepsilon\cos[2(\alpha-\phi)]\}I+\{\varepsilon+\cos[2(\alpha-\phi)]\}Q+\{\sqrt{1-\varepsilon^2}\sin[2(\alpha-\phi)]\}U\}\end{aligned} \tag{5.9}$$

为推导任何一个单像元的响应,还应考虑全视场的相对响应系数及3个偏振通道间的相对透过率。在光电探测器响应线性区范围内,偏振通道像元(i,j)输出的DN值可以表示为

$$\mathrm{DN}_{i,j}^{m,s,k,a}=G^{m}\cdot t^{s}\cdot A^{k}\cdot T^{k,a}\cdot P_{i,j}^{k}\cdot(P_{\mathrm{r1}}{}_{i,j}^{k,a}I_{i,j}^{k}+P_{\mathrm{r2}}{}_{i,j}^{k,a}Q_{i,j}^{k}+P_{\mathrm{r3}}{}_{i,j}^{k,a}U_{i,j}^{k})+C_{i,j}^{m,s} \tag{5.10}$$

式中,P_{r1}、P_{r2}及P_{r3}代表DPC光学系统的偏振效应,其表达式为

$$\begin{cases}P_{\mathrm{r1}}{}_{i,j}^{k,a}=1+\varepsilon_{i,j}^{k}\cos[2(\alpha^{k,a}-\phi)]\\P_{\mathrm{r2}}{}_{i,j}^{k,a}=\varepsilon_{i,j}^{k}+\cos[2(\alpha^{k,a}-\phi)]\\P_{\mathrm{r3}}{}_{i,j}^{k,a}=\sqrt{1-\varepsilon_{i,j}^{k\;2}}\sin[2(\alpha^{k,a}-\phi)]\end{cases} \tag{5.11}$$

式中,m为光电探测器增益档位;s为光电探测器积分时间档位;k为DPC谱段编号,$k=1,2,\cdots,8$;a为某一谱段的偏振通道编号,$a=1,2,3$;G^{m}为光电探测器增益;t^{s}为光电探测器积分时间;A^{k}为谱段k的绝对辐射定标系数;$T^{k,a}$为谱段k、通道a的相对透过率;$P_{i,j}^{k}$为谱段k、像元(i,j)的相对响应系数,源自全视场透过率或响应率的非均匀性;$C_{i,j}^{m,s}$为光电探测器像元(i,j)在给定条件下的本底。

对于DPC非偏振通道,去除线偏振片的Mueller矩阵及通道间相对透过率,在光电探测器响应线性区范围内,非偏振通道像元(i,j)输出的DN值可以表示为

$$\mathrm{DN}_{i,j}^{m,s,k}=G^{m}\cdot t^{s}\cdot A^{k}\cdot P_{i,j}^{k}\cdot(P_{\mathrm{r1}}{}_{i,j}^{k}I_{i,j}^{k}+P_{\mathrm{r2}}{}_{i,j}^{k}Q_{i,j}^{k}+P_{\mathrm{r3}}{}_{i,j}^{k}U_{i,j}^{k})+C_{i,j}^{m,s} \tag{5.12}$$

式中,

$$\begin{cases}P_{\mathrm{r1}}{}_{i,j}^{k}=1\\P_{\mathrm{r2}}{}_{i,j}^{k}=\varepsilon_{i,j}^{k}\\P_{\mathrm{r3}}{}_{i,j}^{k}=0\end{cases} \tag{5.13}$$

5.2.2 偏振辐射定标测试方法

实验室偏振辐射定标测试就是在实验室环境下,通过一系列的方法测量矩阵中的各项仪器参数,具体包括绝对辐射定标系数A^{k}、同一谱段3个偏振通道之间的相对透过率$T^{k,a}$、全视场相对响应系数$P_{i,j}^{k}$、偏振片的绝对方位角$\alpha^{k,a}$、成像物镜的起偏度$\varepsilon_{i,j}^{k}$。

(1) 绝对辐射定标系数A^{k}

A^{k}表征DPC各谱段测量的DN值与真实辐亮度的转换关系。

绝对辐射定标只需要确定DPC中心视场区域像元对应的A^{k}。

绝对辐射定标通过积分球辐射源和光谱辐亮度计进行标准传递。光谱辐亮度计的标准量值溯源于基于标准灯-参考板的辐射定标系统。积分球辐射源内置卤钨灯,作为绝对

辐射定标光源。在要求的辐亮度档位下，DPC 与光谱辐亮度计同时对准积分球口中心位置并采集数据。

绝对辐射定标的不确定度包括两方面：实验室辐射定标系统的不确定度；DPC 响应的非线性及非稳定性。

(2) 同一谱段 3 个偏振通道之间的相对透过率 $T^{k,a}$

$T^{k,a}$表征 DPC 同一谱段的 3 个偏振通道对入射的非偏振光的透过率的相对差异。一般以 3 个偏振通道中的第二通道的透过率作为参考基准，即 $T^{k,2}=1$。选择中心视场区域像元进行该项定标测试。使用积分球辐射源作为光源，在同一辐亮度下测试 3 个通道中心视场区域像元的响应值。

(3) 全视场相对响应系数 $P_{i,j}^{k}$

绝对辐射定标系数表征中心视场区域像元测量的 DN 值与真实辐亮度的转换关系，而其余视场的转换关系，则需要借助全视场相对响应系数来获取。

$P_{i,j}^{k}$表征 DPC 全视场对于相同辐亮度的、非偏振入射光的响应差异性，根据其来源和表现可以划分为低频分量和高频分量。低频分量源自像面照度与视场的关系、成像物镜和检偏滤光单元的空间非均匀性等；高频分量源自光电探测器像元间的响应差异。

采用面均匀性和角度均匀性均优于 98%的积分球辐射源作为测试光源。由于 DPC 的视场角非常大，积分球辐射源出光口径难以一次覆盖其全视场，因此设计了分视场测试方式。将 DPC 像面划分为若干区域，使用二维转台带动 DPC 转动，使积分球辐射源出光口中心区域依次成像在像面的各分区，然后拼接所有分区的响应获得 DPC 的全视场响应。

(4) 偏振片的绝对方位角 $\alpha^{k,a}$

$\alpha^{k,a}$表征 DPC 各偏振通道中的偏振片最大透过方向投影到成像坐标系的方位角度。其定标测试过程可分解为两项：第一项为测试同一谱段 3 个偏振片之间的相对方位角，第二项为测试 3 个偏振通道中的某一基准通道的绝对方位角。

相对方位角测试使用积分球辐射源及装备有起偏器的精密转台。转台带动起偏器以一定的角度间隔旋转 360°，并用 DPC 各偏振通道的中心视场区域像元记录响应值；由 Marius 公式分别拟合每一偏振通道的响应值；进而获得 3 个偏振通道的相对方位角。绝对方位角测试原理与相对方位角相似，但需要建立起偏器最大透过方向与成像坐标系的关系，可以利用偏振棱镜的直刃边结构直接投影至像面，也可以利用自准直经纬仪构建偏振棱镜与 DPC 基准棱镜的关系，进而实现角度传递。

(5) 成像物镜的起偏度 $\varepsilon_{i,j}^{k}$

$\varepsilon_{i,j}^{k}$表征由于成像物镜对入射光的 P 光分量及 S 光分量的透过率的差异所导致的出射光的偏振态的变化。其中，P 光为在入射面内振动的入射光分量，S 光为垂直于入射面振动的入射光分量。

起偏度测试光源使用积分球辐射源的平行光管及装备有起偏器的精密转台。转台带动起偏器以一定的角度间隔旋转 360°,以获取不同偏振方位角的线偏振入射光。同时在成像物镜的焦平面上使用光电探测器测量响应值。起偏度测试需要对全视场进行,与全视场相对响应测试相似,利用二维转台实现分视场测试。

结合非偏振通道的偏振辐射测量模型(5.12),可推导得到像元(i,j)的响应为

$$\mathrm{DN}_{i,j}^{m,s,k}=G^{m}\cdot t^{s}\cdot A^{k}\cdot P_{i,j}^{k}\cdot I_{i,j}^{k}\cdot\{1+\varepsilon_{i,j}^{k}\cos[\pi\cdot(\chi-\chi_{0})/90]\}+C_{i,j}^{m,s} \tag{5.14}$$

式中,χ 为入射光的偏振方位角;χ_0 为入射光的初始偏振方位角。

利用式(5.14)拟合测试获得的一系列 $\mathrm{DN}_{i,j}^{m,s,k}$ 和χ,即可获得像元(i,j)对应的成像物镜的 $\varepsilon_{i,j}^{k}$。

由于 DPC 成像物镜的起偏度为低频缓变量,且满足圆对称分布,因此可以对测试方法进行适当简化。首先利用上述方法定标得出同一方位角下多个不同视场角所对应的 $\varepsilon_{i,j}^{k}$;再通过优化算法拟合获得同一方位角下的成像物镜线性双向衰减曲线;最后由几何定标结果计算全视场各像元对应的视场角,由插值获得 $\varepsilon_{i,j}^{k}$在全视场各个像元上的分布。

5.2.3 偏振测量精度验证

偏振测量精度为 DPC 经过偏振辐射定标后,其偏振度测量值相对于被测目标参考值的偏离程度。通过比对可调偏振度光源出射光的理论偏振度与 DPC 的实测偏振度,来判断 DPC 的偏振测量精度。

偏振测量精度的测试使用可调偏振度光源产生一个已知偏振度的偏振光,使用 DPC 测试该偏振光的偏振度,并与入射光的偏振度参考值进行比较。可调偏振度光源的理论参考值通过其内部的平板玻璃的透过率和转动角度计算获得。可调偏振度光源的偏振度输出精度优于 0.005,可满足 DPC 偏振测量精度优于 0.02 的验证需求。

通过式(5.15)解算出谱段 k 入射光的 Stokes 矢量 I^k、Q^k、U^k。进一步计算偏振度测量值 P_{M}^{k}:

$$P_{\mathrm{M}}^{k}=\frac{\sqrt{(Q^{k})^{2}+(U^{k})^{2}}}{I^{k}} \tag{5.15}$$

计算 DPC 偏振度测量值与参考值的绝对偏差,以评估 DPC 偏振度测量精度:

$$\Delta P^{k}=|P_{\mathrm{M}}^{k}-P_{\mathrm{C}}^{k}| \tag{5.16}$$

式中,P_{C}^{k} 为可调偏振度光源在谱段 k 出射光的理论偏振度;ΔP^{k} 为 DPC 在谱段 k 的偏振度测量精度。

5.3 DPC外场偏振定标

偏振定标需要较为复杂的定标系统,一般难以在飞行平台上实现,只能使用场景替代定标的方法。戈壁、沙漠等场景具有范围大、地势平坦、地表均一、方向性好等特点,在无云并且空气干洁的天气可以获得绝对辐射定标系数 A, 同理也可以获得光学系统的低频相对透过率 p。绝对定标依赖于海洋纯分子大气场景和海面耀斑场景的获取;偏振定标需要获得云场景和海面耀斑。

5.3.1 云场景定标

偏振反射率是反射率与偏振度的乘积,是卫星(航空) 偏振仪遥感数据的一种产品,偏振反射率为0的前提下,$Q = U = 0$, $I_{pol} = 0$,偏振度 $P = 0$。

使用云场景定标主要是利用它在特定观测条件下的非偏振特性。水云等目标散射光在特定观测条件下具有非偏振的特点,通过模拟可以得到水云的粒子偏振反射率。在散射角为100°时,会发生偏振反射率为0的现象。但是零偏振的形成需要严格的观测条件:选择海洋上空的云层以减少地表干扰;选择大面积的厚云可以使云覆盖整幅遥感图像。

5.3.2 海表太阳耀光定标

理想的水面可视为一个镜面,根据反射定律,逆着反射光线的方向观测,可以观测到太阳耀光。而真实的海洋表面,具有大范围的波浪坡度分布,更容易产生太阳耀光,在航空遥感、卫星遥感中通常视为噪声。当光线以布儒斯特角入射时,反射光线是偏振度为1的完全线偏振光,振动方向与入射面垂直。海洋耀光可以作为偏振定标的强偏振替代光源。偏振定标需要确定大气层顶(TOA) 的向上辐亮度和偏振度。大量文献研究了海气耦合系统的辐射传输模型。本节使用Cox和Munk的模型描述海表场景,使用逐次散射法模型6SV计算大气矢量辐射传输。Cox和Munk建立了仅使用风速风向描述的海浪斜坡分布的统计模型,是50多年以来海洋辐射传输研究广泛使用的海表场景模型,使用Snell - Fresnel 定律计算反射系数,下式可以得到方向反射率:

$$\rho_{gl}(\theta_s,\theta_v,\varphi_s,\varphi_v)=\frac{\pi P(Z_x',Z_y')R(n,\theta_s,\theta_v,\varphi_s,\varphi_v)}{4\cos(\theta_s)\cos(\theta_v)\cos^4(\beta)} \tag{5.17}$$

式中,θ_s、θ_v、φ_s、φ_v分别代表太阳天顶角、观测天顶角、太阳方位角和观测方位角;$R(n,\theta_s,\theta_v,\varphi_s,\varphi_v)$是Fresnel反射系数,$n$是海水的复折射指数,$n = n_r - n_i \mathrm{i}$。$P(Z_x', Z_y')$ 是用于描述海浪斜坡分布的Gram-Charlier展开式。

选用6SV(second simulation of a satellite signal in the solar spectrum-vector)矢量辐射传

输模型计算白色泡沫、离水辐亮度、太阳耀光及水面上界的大气辐射传输,6SV 可以计算表观反射率、表观偏振反射率以及 TOA 处的偏振度,其模型可以近似描述如下:

$$\begin{aligned} \rho &\approx (\rho_g+\rho_w+\rho_f)e^{-M\delta}+\rho_m+\rho_a \\ \rho^{pol} &\approx \rho_g^{pol}e^{-M\delta}+\rho_m^{pol}+\rho_a^{pol} \\ P &= \rho^{pol}/\rho \end{aligned} \tag{5.18}$$

式中,P 为 TOA 处的偏振度;ρ 和 ρ^{pol} 分别为表观反射率和表观偏振反射率;ρ_m 和 ρ_m^{pol} 对应分子散射;ρ_a 和 ρ_a^{pol} 对应气溶胶散射;ρ_g,ρ_w,ρ_f 分别为太阳耀光、离水辐亮度和白色泡沫的反射率;M 为空气质量因子;δ 为大气总光学厚度。如果风速不大于 $10\ m\cdot s^{-1}$,白色泡沫的贡献可忽略;同样,与太阳耀光相比较,离水辐亮度在可见-近红外波段可忽略,故表观偏振度可以简化为

$$P\approx\frac{\rho_gP_ge^{-M\delta}+\rho_mP_m+\rho_aP_a}{\rho_ge^{-M\delta}+\rho_m+\rho_a} \tag{5.19}$$

式中,P_g、P_m、P_a 代表相应的偏振度。利用矢量辐射传输模型精确计算大气辐射传输,需要输入最接近真实情况的气溶胶微物理参数,即使用自定义气溶胶模式。气溶胶模式包括复折射指数 m 和粒子数谱分布函数 dN/dr,其中 N 为大气气溶胶粒子的数量,r 为大气气溶胶粒子的半径。使用偏振太阳光度计 CE-318DP 进行观测,可以反演得到以上参数,6SV 支持用户输入粒子体积谱 $dV/d(\ln r)$ 的观测值序列,最多可以输入 50 组数据。粒子数谱和体积谱是不同的,但是具有固定的转换关系:

$$\frac{dV}{d(\ln r)}=\frac{4}{3}\pi r^4\frac{dN}{dr} \tag{5.20}$$

结合海表的 Cox 和 Munk 场景模型,通过 Snell-Fresnel 公式进行计算,再耦合大气辐射传输模型 6SV,可以精确计算太阳耀光的偏振反射率和偏振度,用于偏振观测结果的质量控制。

5.3.3 误差分析和可行性

关于云场景,需要仔细选择地面辐射贡献极小的厚水云;辐射方面,地面辐射等因素造成的辐射噪声(暗电流已经被去除掉)在求算 ε(光学镜头起偏度,描述光学镜头在不同视场角下对光线的起偏量)、T_a(滤光片-偏振片组合的平均相对透过率,其中 a 表示 DPC 每一个偏振波段有不同偏振片安装角度的 3 个通道,$a=1,2,3$)的值并取平均值的过程中会被平滑掉,这个影响可以忽略;几何方面,因为 DPC 相对于摄影测量相机来说空间分辨率较低,几何配准的相对误差更小,对于大面积均一的厚云来说,同样可以在计算多个像元取平均值的过程中消掉。另外,云层以上的分子吸收和瑞利散射也

会对偏振信息产生影响,需要消除。例如,在 865 nm 波段,分子吸收计算会引入 0.02% 的误差,瑞利散射计算会引入 10^{-4}的误差。实际选取零偏振像元时,如果只是根据水云的偏振辐射特性仿真的结果去寻找散射角为 100°左右的多数像元,将其视为偏振度为零,有可能会引入系统误差。

云场景对于 T_a 的计算较为简单,引入的误差较小,但是对于 ε 的计算需要精确的零偏振条件,需要考虑瑞利散射和气体吸收的影响。

海洋耀光偏振度通常用来检验偏振仪所观测到的偏振度产品的质量。强偏振光可以对偏振片的透过率 η 进行定标,但是 η 的实验室定标精度非常高(0.1%),并且该参数可以保持长期的稳定性,通过海表的 Cox 和 Munk 模型耦合大气辐射传输模型计算得到的海洋耀光偏振度(精度最高能达到0.5%)不满足 η 定标的精度要求,通常用来检验偏振度产品的正确性。偏振度的计算包含了多个定标参数, 这个检验的过程可以称为全局质量控制。

5.4 DPC 在轨定标及其真实性检验

为了验证 DPC 相机的几何预处理、定标和气溶胶反演算法, 在广东中山沿海地区开展了航空遥感实验。使用上述的定标方法实现在轨偏振定标,与实验室定标进行了对比。

DPC 传感器的偏振通道内有偏振片和滤光片组合模块。因为同一个波段的三个通道的模块存在一定的差异,透过率不能视为相同,因此定义了各个通道的相对透过率。相对透过率不是透过率,而是一个比值,以第二个通道为基准,所以 $T^{k,2}=1$。计算公式如下:

$$\begin{cases} T^{k,1}=\mathrm{DN}_{l,p}^{k,1}/\mathrm{DN}_{l,p}^{k,2} \\ T^{k,2}=\mathrm{DN}_{l,p}^{k,2}/\mathrm{DN}_{l,p}^{k,2} \\ T^{k,3}=\mathrm{DN}_{l,p}^{k,3}/\mathrm{DN}_{l,p}^{k,2} \end{cases} \tag{5.21}$$

式中,k 是波段号,代号 1、2、3 表示同一个波段的三个通道。

实际工作中使用实验室定标结果,对航空遥感实验中 DPC 相机作为一个偏振辐射计测量得到的原始数据进行辐射预处理。经过暗电流去除之后,使用 DPC 相机的偏振辐射模型和每个波段三个通道的 DN 值数据,可以获得地面某一点的由 I、Q、U 描述的偏振辐射状态。根据这三个参量可以求得偏振度。

在获得了测量的辐亮度之后,可以求算地物的反射率,反射率采用如下的定义:

$$\rho^{*}=\frac{\pi L}{\mu_{\mathrm{s}}E_{\mathrm{s}}} \tag{5.22}$$

式中,ρ^{*} 为地物的反射率,L 为测量的辐亮度, E_{s} 为大气层顶的太阳辐射通量,$\mu_{\mathrm{s}}=\cos\theta_{\mathrm{s}}$,$\theta_{\mathrm{s}}$ 为太阳天顶角。由此可以根据辐亮度 L 和太阳几何计算得到反射率,偏振反射率定义为反射率与偏振度的乘积。图 5.4 和图 5.5 是 DPC 相机经过辐射处理后的产品。

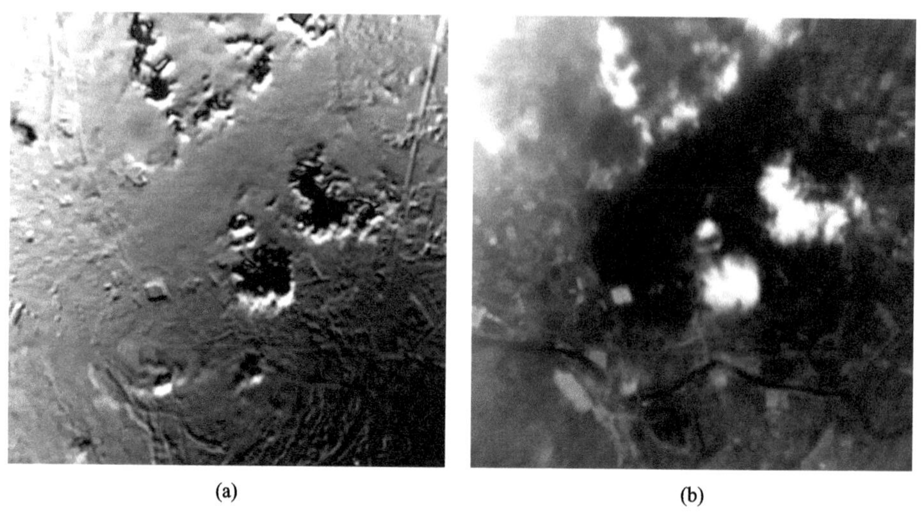

图5.4 偏振反射率图(a) 和 Stokes 分量 I 产品图(b)

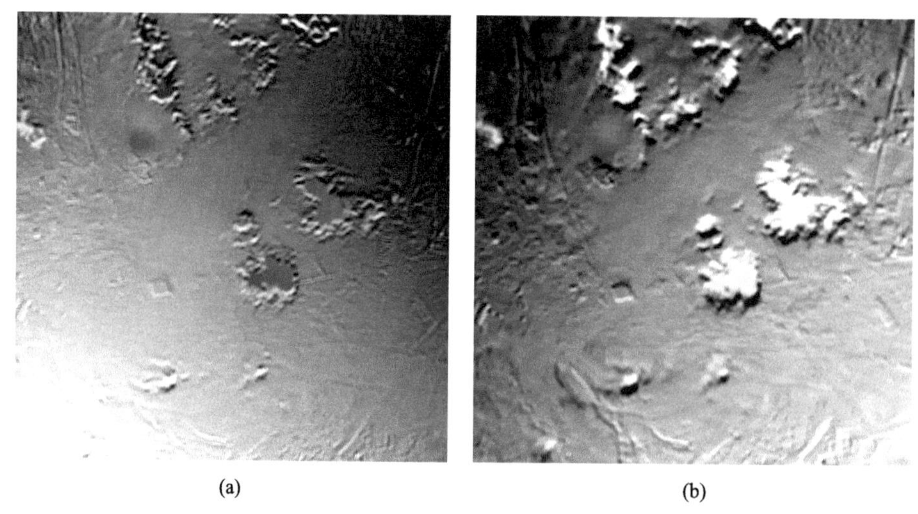

图5.5 Stokes 分量 Q 产品图(a)和 Stokes 分量 U 产品图(b)

关于云定标,遥感图像中的被识别为云的像元须满足以下条件:① 反射率大于0.2;② 大范围均一,要求辐亮度相对标准差(标准差除以平均值)小于0.1;③ 散射角在90°至100°区间之内。从333幅有云的图像中挑选出符合条件的39幅,得到的在轨定标结果与实验室结果比较如表5.1所示。

表5.1 490 nm 波段相对透过率 T_a

相对透过率	实验室定标	云定标	误差/%
T_1	0.8621	0.8713	1
T_3	0.9175	0.9221	0.5

相对透过率的计算达到了较高的精度，因为实验获取的云图像无法精确地得知云层厚度，云的辐射信息受到地面干扰所引入的误差无法定量给出，所以没有做光学系统起偏度的定标。如果实验获取的云图像严格符合上述三个条件，定标的精度还可以提高。TOA处的海洋耀光偏振度基于6SV辐射传输模型计算。为了严格计算气溶胶对表观辐亮度、表观偏振辐亮度的影响，使用偏振太阳光度计观测的光学厚度（太阳光度计波段设置不包括 550 nm，通过等效计算得到光学厚度）、粒子谱分布和复折射指数参与计算。

每个像素的太阳几何包括太阳的天顶角和方位角，通过时间和经纬度可以精确计算；传感器观测几何包括高精度的 POS（position and orientation system）测量的外方位元素以及相机本身的内方位元素和视场角。选择热带冬季的大气模式，将模拟得到的偏振度和 DPC 观测的偏振度（通过实验室定标结果计算得到）进行比较（表 5.2）。

表 5.2　495 nm 偏振度 P 的质量控制

观测天顶角/(°)	观测方位角/(°)	DPC 观测(P_x)	6SV 模拟(P)	相对误差/%
36	356.9	0.283	0.294	3.8
29.6	355.9	0.268	0.284	5.7
33.4	359.6	0.281	0.282	0.7
33.2	356.5	0.277	0.291	4.9
33.2	350.6	0.298	0.315	5.5
			平均误差:	4.1

注：太阳天顶角和方位角分别是 47.9°、157°，观测方位角的定义是从目标到传感器的矢量方向的方位角；DPC 观测的偏振度 P_x 是 3×3 区域的平均值，选取了太阳耀光强度较大的 3 个区域。

通过大量的观测求平均，偏振度的反演精度能够达到1%，表 5.2 的平均误差为 4.1%，其中有 Cox 和 Munk 模型引入的误差，也有地面实验如风速的测量（表 5.2 数据基于最近的海岸实测风速风向，实验条件有限，不是使用船只实地测量，当时的气溶胶光学厚度 τ = 0.7，光学厚度较大）引入的误差。为了检验 DPC 相机的气溶胶观测能力，选择珠江三角洲这一气溶胶光学厚度通常较大的地方开展实验。在轨偏振定标精度受到影响，专门的以偏振定标为目的的航空实验有助于提高定标的精度。

第 6 章

DPC 3~5 级观测对象产品生产方法

按照 UPM 对 3~5 级产品的要求对 0~2 级数据做处理,获得观测对象几何、物理、化学与生物学参数数值,用于对观测对象进行定位、发现、识别、分类和理解。

6.1 DPC 图像几何配准

为了获得多角度反射率数据来研究地表的二向性反射特性并进行大气参数的反演,就必须对 DPC 获取的数据进行预处理。针对 DPC 的设计以及航空飞行的特点,预处理包括的基本步骤为图像配准和采样变换、辐射定标、几何信息计算。图像配准和采样变换的目的是将不同偏振通道的图像进行对齐,为辐射定标提供输入数据;辐射定标将图像的 DN 值转换为反射率;几何信息计算指太阳天顶角、观测天顶角和相对方位角的计算,将从不同方向观测得到的反射率数据转换为具有物理意义的二向反射率。

6.1.1 图像配准方法

DPC 相机在每个波段可以获得三个不同偏振通道的图像数据,DPC 没有加装飞行补偿装置,每张像片拍摄时的投影中心都不一样,导致了相同地物在不同图像中的位置不同。根据偏振测量的原理可知,为了准确地计算 Stokes 参量,必须获得同一个地物在三个不同偏振滤光片的成像值。由于 DPC 是面阵成像,这就需要对不同图像进行配准,并基于配准结果来对图像进行采样变换,建立不同偏振滤光片成像图像之间重叠区域内每个像素之间的对应关系。

SIFT(scale invariant feature transform)是由 Lowe(2004)提出的一种特征点提取及配准算法,该算法不但能处理不同尺度的图像,而且对图像的亮度变化鲁棒,是目前公认的性能最优的特征点提取和配准算法。SIFT 特征点提取的核心是在高斯差分尺度空间中搜寻极值点,然后统计极值点邻域内的梯度方向的主方向以及直方图。由于利用梯度方向分布来描述点的特征,因此对图像的尺度变化以及明暗变化鲁棒。SIFT 特征点不仅可以从图像中提取特征点,还为每个特征点提供了特征描述,因此可以直接用于图像配准,甚至在图像识别中也得到了广泛应用。SIFT 运算比较耗时,但是基于 GPU 的 SIFT 加速算法可以极大地提高特征点的提取速度。

SIFT 算法涉及尺度空间的概念。尺度属于图像信息,其大小是指对同一景物分别进行近景(图像的细节特征)和远景(图像的概貌特征)的拍摄,对应的就是该景物的大尺度和小尺度。尺度空间理论最早出现于计算机视觉领域,其目的是模拟图像数据的多尺度特征。根据 Lindeberg(1994)等人的研究成果,可以证明实现尺度变换的唯一线性核是高斯卷积核。一幅二维图像的尺度空间定义为

$$L(x,y,\sigma)=G(x,y,\sigma)\cdot I(x,y) \tag{6.1}$$

式中,$G(x,y,\sigma)$为尺度可变的二维高斯函数:

$$G(x,y,\sigma)=\frac{1}{2\pi\sigma^2}e^{-(x^2+y^2)/2\sigma^2} \tag{6.2}$$

式中,(x,y)为图像的像素坐标,σ 为尺度空间因子(其值大小与该图像被平滑的程度成正比)。高斯差分尺度空间(Difference-of-Gaussian,DoG)可利用不同尺度的高斯差分核与图像卷积生成。DoG 算子是两个不同尺度的高斯核的差分,其计算简单,是归一化 LoG(Laplacian-of-Gausssian)算子的近似。

$$D(x,y,\sigma)=[G(x,y,k\sigma)-G(x,y,\sigma)]\cdot I(x,y)=L(x,y,k\sigma)-L(x,y,\sigma) \tag{6.3}$$

一幅图像 SIFT 特征向量的生成算法总共包括以下 5 步:① 在尺度空间中初步检测关键点;② 精确确定关键点;③ 为关键点分配方向;④ 生成 SIFT 特征向量;⑤ 特征点匹配。

根据 SIFT 算法检测特征点的过程,可以看出其具有以下特点:① 稳定性强,对很多因素的变化都保持不变,如尺度放大与缩小、图像旋转、光照强弱变化、视角切换、仿射等;② 信息量大,适用于在海量特征数据库中进行快速、准确的匹配;③ 特征向量多,只要有明显的物体就能产生大量 SIFT 特征向量;④ 提取特征向量速度快,经优化后可实现实时匹配。

6.1.2 图像配准结果

1) 光谱通道内偏振图像配准误差

偏振图像配准误差评估方法为使用 DPC 在轨的零级数据,先运用 SIFT 对图像进行特征点提取,再进行特征点自动匹配,最后对匹配到的特征点进行亚像素偏移量估计。以 P2 通道为标准,统计 P1、P3 与 P2 通道的像素误差。SIFT 算法精度为 0.02 像元,采用多样本

统计结果进行评估。

分别选取 DPC 490 nm、670 nm、865 nm 波段 P1、P2、P3 通道的图像进行计算。为了避免云的影响，选择无云部分进行计算，如图 6.1 所示。图 6.2 为 DPC 偏振波段特征点匹配示意图，图 6.3 为 DPC 偏振波段特征点偏移量指向示意图。运行程序统计多个特征点的行列像素偏移量，并对偏移量做样本数统计。最后分别求 X 方向和 Y 方向像素偏移量的平均值，最终合成（平方和开根号）得到总的像素偏移量，结果如表 6.1 所示。

根据计算结果可知，偏振通道 P1、P2 和 P3 之间像素偏移量均小于 0.1 像元，满足 0.1 像元精度的指标要求。

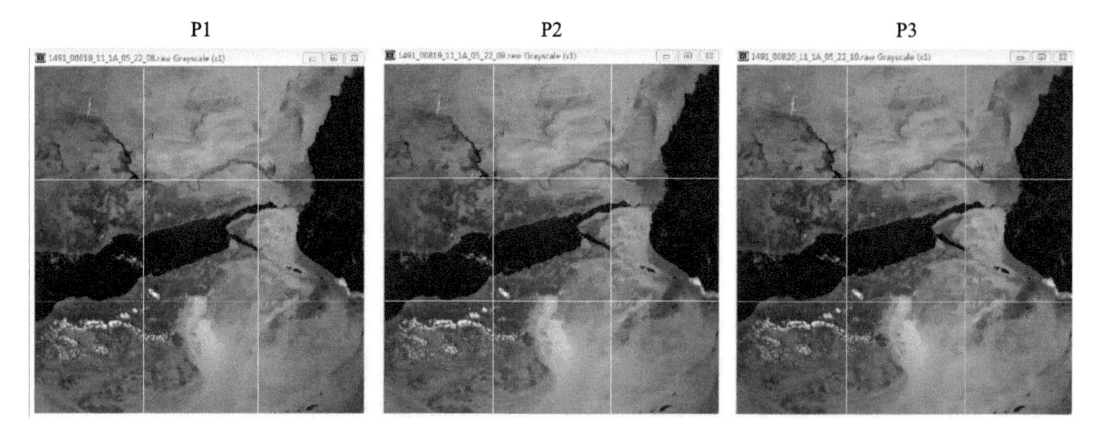

图 6.1 DPC 865 nm 通道在轨零级数据

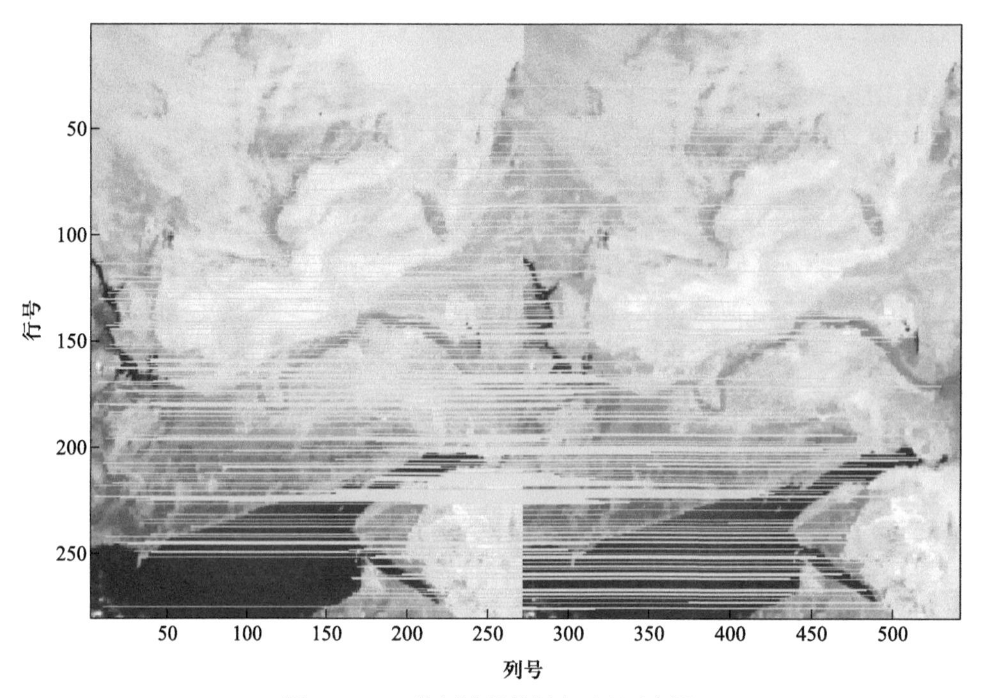

图 6.2 DPC 偏振波段特征点匹配示意图

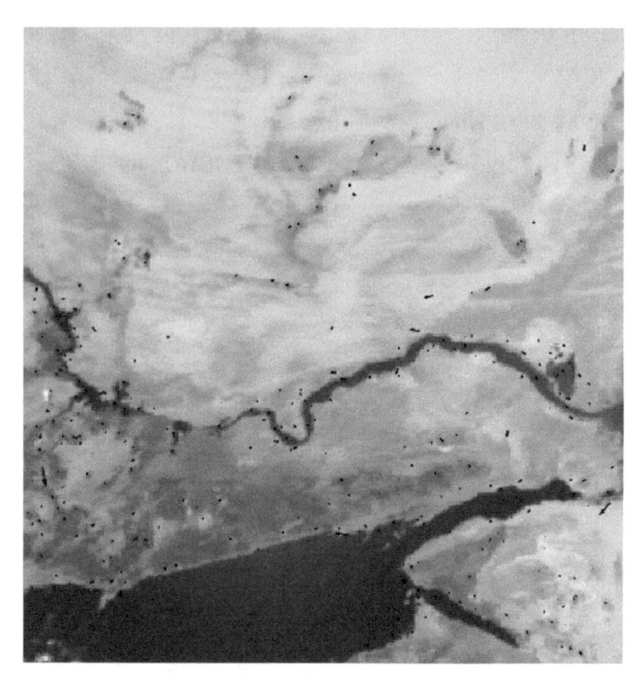

图 6.3 DPC 偏振波段特征点偏移量指向示意图

表 6.1 偏振通道图像配准误差测试结果

波段/nm	P1－P2 平均值			P3－P2 平均值		
	X	Y	$\sqrt{X^2+Y^2}$	X	Y	$\sqrt{X^2+Y^2}$
490	−0.0145	−0.0711	0.0725	−0.0058	−0.0227	0.0235
670	0.0138	−0.0179	0.0226	0.0170	−0.0219	0.0277
865	−0.0462	−0.0020	0.0463	−0.0823	0.0563	0.0997

2）光谱通道间图像配准误差

多光谱图像配准误差是指光谱通道间图像配准误差。DPC 有 8 个光谱通道：443 nm、490 nm、565 nm、670 nm、763 nm、765 nm、865 nm、910 nm。多光谱图像配准误差评估方法为使用经图像配准软件预处理后的 DPC 一级数据，先运用 SIFT 对图像进行特征点提取，再进行特征点自动匹配，最后对匹配到的特征点进行亚像素偏移量估计。像素偏移量采用 X、Y 方向分开计算，然后求单个方向的平均值，最后再将两个单方向偏移量合成得到总的配准误差。以 670 nm 通道为标准，统计其他光谱通道与 670 nm 通道的像素误差。

DPC 一级数据总共有 9 个角度，分别选择第 1、3、5、7、9 个观测角度的数据，利用 SIFT 特征点匹配算法计算了 8 个光谱通道间图像数据的配准误差。图 6.4 为多光谱特征点匹配示意图。

由图6.5和表6.2可知,除第9个角度外,其余角度八波段平均误差小于0.1像元。除第9个角度443 nm和第1个角度763 nm偏差稍大于0.2像元,其他波段合成偏差都在0.15像元以内。由于443 nm谱段的特征点数据量较少,计算误差未收敛导致结果偏差稍大。总体来说,光谱通道间配准结果基本满足0.15像元精度的要求。

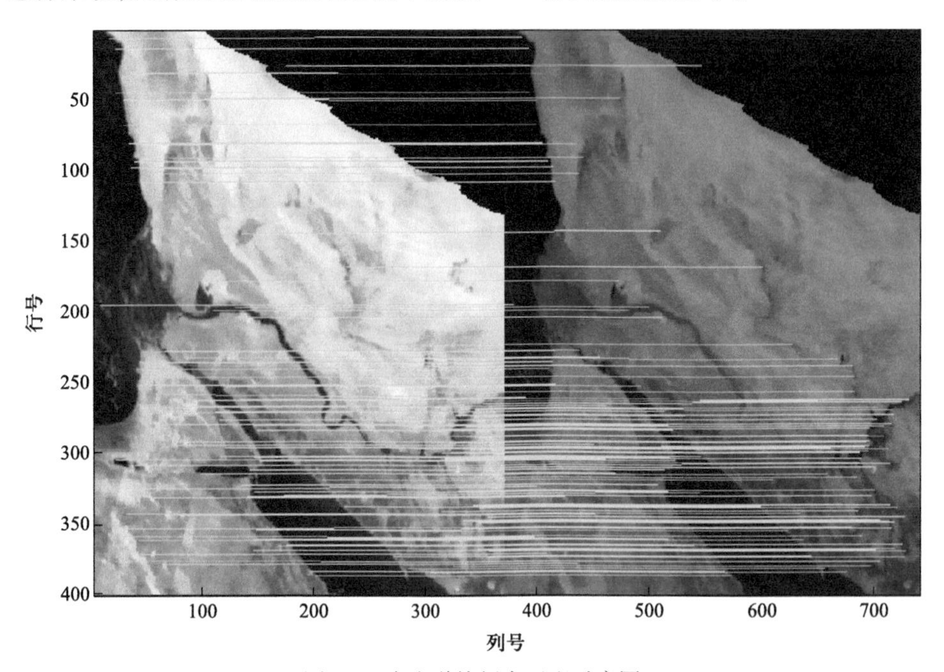

图6.4 多光谱特征点匹配示意图

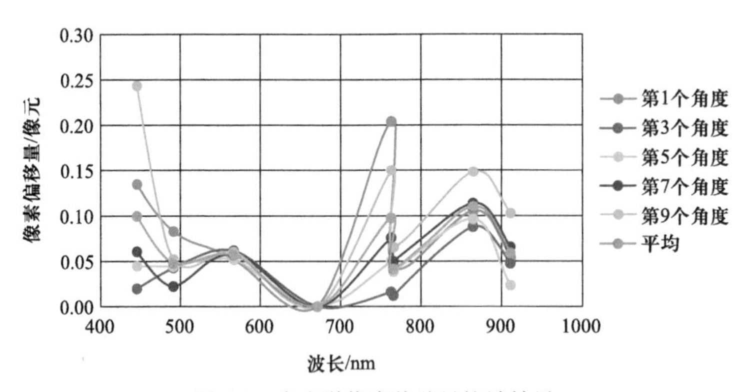

图6.5 多光谱像素偏移量统计结果

表6.2 多光谱图像配准误差测试结果

波段/nm	观测角度					平均
	第1个角度	第3个角度	第5个角度	第7个角度	第9个角度	
443	0.1343	0.0200	0.0444	0.0605	0.2432	0.1005
490	0.0818	0.0410	0.0445	0.0230	0.0522	0.0485
565	0.0530	0.0607	0.0505	0.0587	0.0590	0.0564

续表

波段/nm	观测角度					平均
	第 1 个角度	第 3 个角度	第 5 个角度	第 7 个角度	第 9 个角度	
670	0.0000	0.0000	0.0000	0.0000	0.0000	0.0000
763	0.2049	0.0144	0.0483	0.0744	0.1486	0.0981
765	0.0425	0.0130	0.0394	0.0501	0.0657	0.0421
865	0.1055	0.0863	0.0959	0.1129	0.1483	0.1098
910	0.0564	0.0480	0.0233	0.0669	0.1034	0.0596
平均误差	0.0848	0.0354	0.0433	0.0558	0.1025	0.0644

3）多角度图像配准误差

多角度图像配准误差是指不同观测角度图像配准误差。多角度图像配准误差的评估方法为使用经图像配准软件预处理后的 DPC 一级数据，先运用 SIFT 对图像进行特征点提取，再进行特征点自动匹配，最后对匹配到的特征点进行亚像素偏移量估计。像素偏移量采用 X、Y 方向分开计算，然后求单个方向的平均值，最后再将两个单方向偏移量合成得到总的配准误差。DPC 在轨有效观测角度有 9 个，这里以第 5 个角度为标准，统计第 1~9 个角度与第 5 个角度的像素误差。

如图 6.6 所示，选取了一轨数据中红海附近无云的配准后图像，两个角度特征点偏移

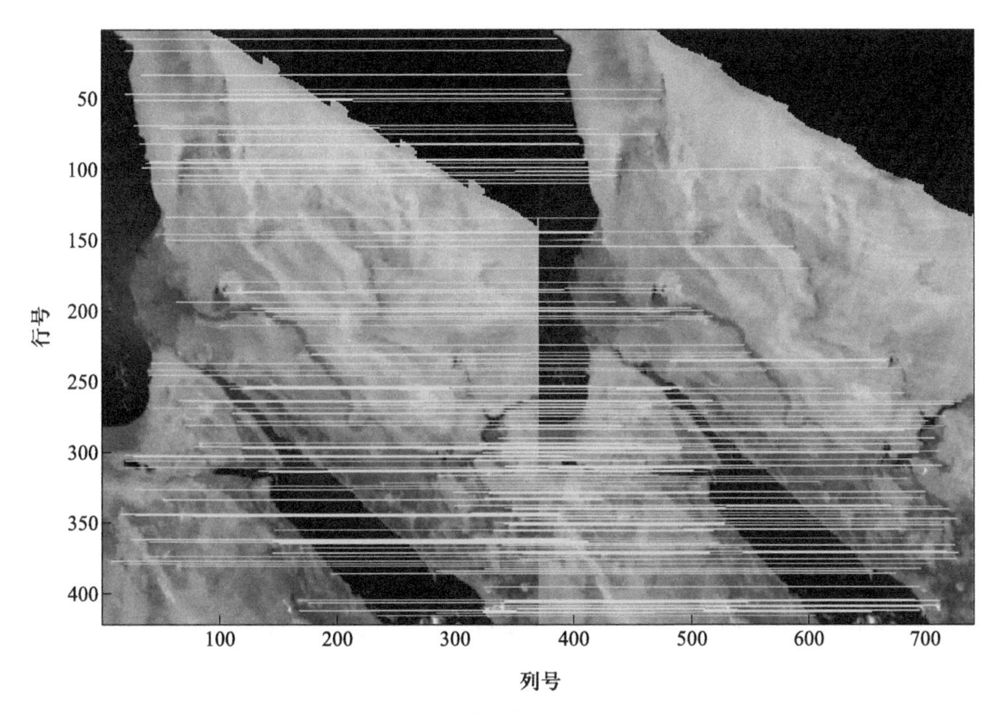

图 6.6　多角度特征点匹配示意图

量指向示意图如图6.7所示，分别计算了443 nm、490 nm、565 nm、670 nm、763 nm、765 nm、865 nm、910 nm多角度配准误差，结果如图6.8和表6.3所示。

图6.7 两个角度特征点偏移量指向示意图

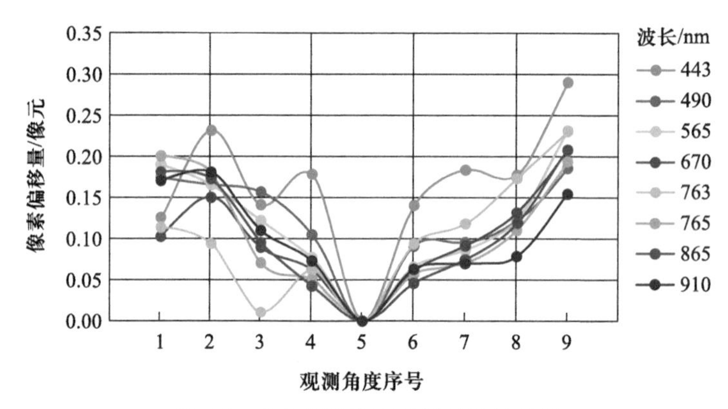

图6.8 多角度图像配准误差统计结果

表6.3 多角度图像配准误差测试结果

观测角度序号	波段/nm							
	443	490	565	670	763	765	865	910
1	0.1229	0.1751	0.1895	0.1033	0.1148	0.2018	0.1822	0.1703
2	0.2309	0.1649	0.1644	0.1509	0.0937	0.1801	0.1725	0.1801
3	0.1401	0.1570	0.1209	0.0880	0.0108	0.0696	0.0944	0.1087
4	0.1770	0.1045	0.0750	0.0623	0.0615	0.0491	0.0418	0.0727
5	0.0000	0.0000	0.0000	0.0000	0.0000	0.0000	0.0000	0.0000
6	0.1406	0.0927	0.0656	0.0612	0.0940	0.0562	0.0455	0.0629
7	0.1830	0.0949	0.0850	0.0913	0.1178	0.0700	0.0745	0.0702
8	0.1774	0.1204	0.1237	0.1313	0.1733	0.1090	0.1182	0.0783
9	0.2891	0.1852	0.2302	0.2077	0.2297	0.1940	0.2087	0.1545

如图 6.8 和表 6.3 所示,各波段多角度图像配准误差均小于 0.3 像元,满足多角度配准精度指标要求。误差来源为卫星姿态、配准参数误差及插值重采样误差等。

6.2 云 产 品

大气对太阳光的散射辐射具有明显的偏振特性。在大气探测和气溶胶反演方面,偏振遥感的研究近年来得到了很高的重视。偏振信息载有介质的属性特征,通过测量散射光的偏振信息,可以得到介质的物理和光学参数。地面上空云的分布、种类以及高度,云和大气气溶胶粒子尺寸分布等均能影响大气辐射收支,从而对大气和气象产生很大的影响。已有多种遥感器对它们进行探测,但都是从辐射强度方面提取信息,因而对探测云内的物理状态(譬如粒子尺寸分布)难以奏效,而偏振遥感能很好地克服这些困难。云的偏振特性及其变化与云的光学和微观物理特性密切相关,使得偏振遥感技术可以应用于云相态识别的探测。

6.2.1 云识别

利用多角度偏振遥感技术,可以很好地进行云识别。利用高分五号卫星数据,可以对地气系统反射的太阳辐射的方向和偏振度进行全球观测,可以把大气散射的辐射与地表反射的辐射区分开,可以提供云的相关反演结果。与 PARASOL 卫星相似,高分五号卫星 DPC 数据对太阳光谱的可见光及近红外波段进行偏振反射率观测;在卫星飞行时,对同一地面目标,仪器在沿轨道方向可实现多角度的观测。当某一目标位于两次摄像的重叠区之内时,则可得到该目标不同观测角度的数据。单个轨道期间,能够在 10 余个不同的视角下观测同一目标。

高分五号卫星 DPC 云检测算法是基于一系列单个的像元检验,主要的检验步骤包括:① “表观压强”阈值检验;② 反射率检验;③ 基于 490 nm 波段的偏振反射率检验;④ 基于 865 nm 波段的偏振反射率检验;⑤ 近红外/可见光反射率的比值检验;⑥ 多方向和空间检测。首先考虑每一个观测方向,利用步骤①~④来识别云,用步骤⑤~⑥来识别无云像元。经过一系列检测后,每一个像元在特定观测方向被标定为无云或有云。然后利用多角度和空间信息对未分类的像元进行重新检测。本书主要根据大气污染不同波段的云、地表、雾霾等像元的光谱特性,对各种检测阈值进行确定。

我们将云识别结果与同期的 MODIS 云识别结果进行对比。从表 6.4 的定量分析结果可以看出,共比较了全球范围内 2018 年和 2019 年中的 8 天结果,有效样本数为 702359 组,其中漏检率(MODIS 识别为有云,DPC 算法识别为无云)和错误预报率(MODIS 识别为无云,DPC 算法识别为有云)的平均结果分别为 5.43%和 5.52%,识别精度平均值为 89.05%(100%减去漏检率和错误预报率)。

表 6.4 基于 GF-5 DPC 反演的云识别结果及与 MODIS 标准产品对比的漏检率、错误预报率与识别精度

日期(年-月-日)	对比像元个数	漏检率/%	错误预报率/%	识别精度/%
2018-10-01	88536	7.43	6.31	86.26
2018-10-10	81180	5.46	4.65	89.89
2018-10-20	95536	2.52	5.68	91.80
2018-10-28	91180	3.24	3.85	92.91
2019-03-10	87828	6.84	8.41	84.75
2019-03-22	90405	8.12	6.33	85.55
2019-04-01	87840	4.47	5.38	90.15
2019-04-07	79854	5.39	3.57	91.04
总计	702359	5.43	5.52	89.05

6.2.2 云相态

云相态是指云所处的热力学状态,即液态或固态,水云或冰云。水云主要由球形水滴组成,根据地面站点的观测,液相云滴粒子半径的范围为 0.5~50 μm。冰云由比球形粒子复杂的冰晶粒子组成,冰晶的形状和大小随环境温度和湿度的变化而变化。根据地基雷达观测及国外大型卷云观测实验,将冰晶粒子近似表示为如下形状:板状(plate)、实心柱体(solid column)、空心柱体(hollow column)、子弹玫瑰型(bullet rosettes)、团状(aggregate)和过冷水滴(droxtals)等,其冰晶粒子大小在 2~9500 μm。

云的辐射特征由云粒子的几何形状和单次散射特性决定。云粒子的单次散射特性与云粒子的复折射指数、大小和粒子的谱分布有关。复折射指数是反映云粒子对辐射的散射和吸收能力的基本参数。对于水云粒子,可用 Mie 散射理论得到半径为 r 的球形粒子对波长 A 的辐射的散射问题的精确解。而非球形冰晶粒子散射特性的计算在国际上是一个非常活跃的研究课题,近些年发展和改进了很多种研究非球形粒子散射特性的方法。其中依据严格理论的数值解法有有限时域法(FDTD)、离散偶极子近似法(DDA)、T 矩阵(T Matrix)等;依据近似理论的数值解法有几何光学法(GOM)、逐线积分法(RBRI)等。各种计算方法有各自的优缺点和适用范围。由于冰云模型的复杂性,其散射特性问题还没有统一的理论可以解决。利用遥感卫星信息反演云顶粒子相态分布,一直是卫星气象学和大气物理学的研究热点之一。现阶段,国际上利用卫星数据进行云相态识别工作一般是基于热红外波段的探测信息。

水云通常覆盖地球大气 20%~30%,是地气系统辐射收支的主要调节者。水云的辐射性质对全球气候变化和各种尺度天气系统的影响不可忽视。水云的辐射特性取决于多种因素,它不仅依赖于云量及其分布,还依赖于水云的高度、光学厚度及水云滴谱分布等微观物理量。偏振遥感数据由于其自身的优越性已被应用于水云特性的探测中。但传统的遥感仪器多以单一观测方向获得的水云的反射辐射或水云自身的辐射强度来推断水云的辐射特性和微观物理量。随着空间遥感科学的发展,学者们发现传统的单一观测方向的遥感只能得到水云单一方向的投影,缺乏足够的信息来精确反演各种水云参数。与单一观测方向遥感相比,多角度对地观测通过对水云多个方向的观测,使得水云的观测信息得以丰富,为定量反演各种水云参数提供了新的途径。水云的散射辐射具有明显的偏振特性,其变化与水云的光学和微观物理特性密切相关,使得偏振遥感技术可以应用于水云的光学、微观物理特性参数探测。利用多角度偏振遥感信息反演水云参数,需要掌握多角度偏振遥感探测水云各种微物理特性的可行性,研究卫星多角度接收的辐照度与偏振辐照度对水云各种微物理特性和地表反照率的敏感性。

对于水云的微物理特性,可以采用 Mie 散射理论求解水云模型的单次散射特性,利用矢量辐射传输方程模拟分析水云各种光学特征(有效半径、光学厚度)、地表反照率的辐射强度和偏振辐射强度的敏感性。DPC 的相应波长处辐射强度信息对水云有效半径的变化不敏感,对水云光学厚度和地表反射率的变化敏感,因此,DPC 的相应波长处辐射强度信息包含了水云光学厚度的变化信息,可以用来进行水云光学厚度的反演,但在反演过程中需要考虑地表信息的贡献。DPC 的相应波长处偏振辐射强度信息由于可以忽略地表的贡献,有利于水云粒子谱有效尺度、云顶粒子信息的反演,但对水云的光学厚度反演只适用于光学厚度<3.5 的薄云。利用多角度遥感信息进行水云参数反演的最佳观测角度为水云的虹效应方向,即 140°散射角附近。

DPC 云相态的识别流程如图 6.9 所示。首先通过矢量辐射传输模型,针对水云和冰云,模拟 865 nm 波段偏振辐射强度随散射角的变化特征,并研究地表反照率、气溶胶以及角度等因素对该波段偏振辐射强度随散射角变化的敏感性。从模拟结果构建水云和冰云相态识别模型。水云的典型特征是:① 在 140°散射角附近有典型的偏振辐亮度的峰值,即水云的虹效应;② 在 135°散射角之前,水云 865 nm 波段的偏振辐射强度(Lp865)随着散射角的增大而增大;③ 当散射角小于 100°时,865 nm 波段的偏振辐射强度为负值。冰云的典型特征为:① 在 140°散射角附近无虹效应现象;② 865 nm 波段的偏振辐亮度随着散射角的增大而减小。在此基础上,利用卫星数据对云的相态进行检验。

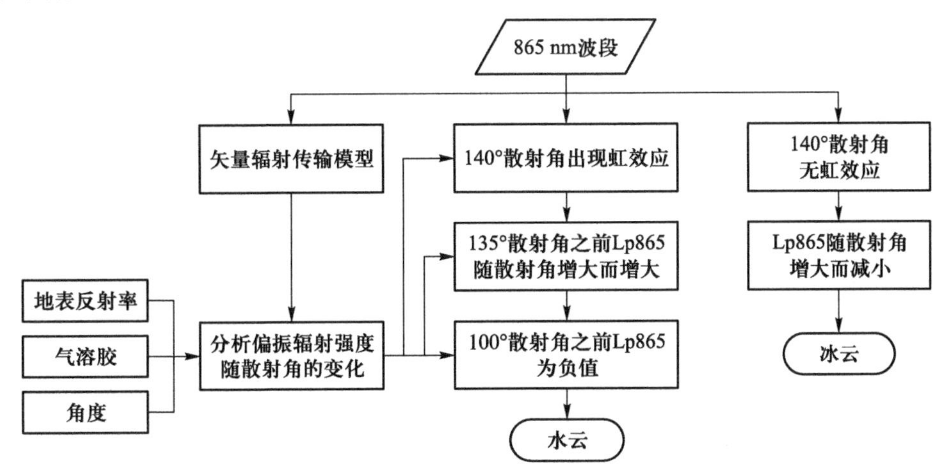

图 6.9 云相态检测算法流程图

6.2.3 云顶压强

云顶压强反演流程如图6.10所示，首先分析不同观测天顶角、太阳天顶角情况下，490 nm和865 nm波段的偏振信号与分子层的光学厚度的相关关系。865 nm波段偏振辐射强度的引入，可以有效去除分子层光学厚度估算过程中分子散射的影响。利用统计回归的方法，建立490 nm波段分子层光学厚度与观测角度、大气质量数和该波段偏振辐射强度的多项式关系，从而准确估算490 nm处的分子层光学厚度。然后，统计分子层光学厚度和云顶压强的相关关系，拟合得到云顶压强与分子层光学厚度的经验换算参数，从而构建由490 nm偏振散射反演云顶压强的方法。

云顶压强验证采用与同期的MODIS产品进行对比。图6.11以散点图的形式给出了反演的GF-5 DPC云顶压强与MODIS的标准产品的对比情况。我们共采用了449456个有效样本量，总的来说，我们的反演结果与MODIS标准产品具有较好的一致性，拟合的斜

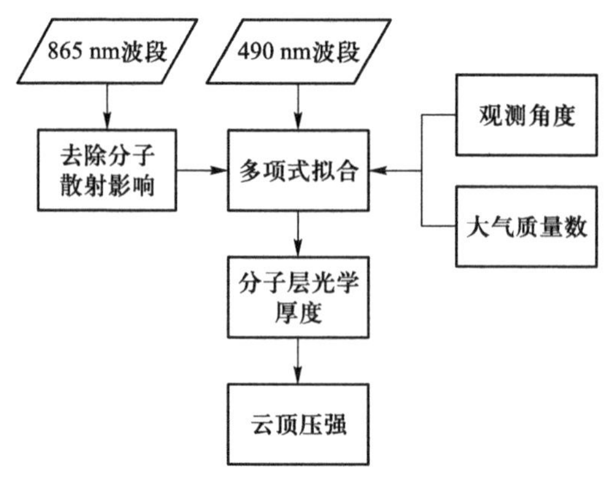

图6.10 云顶压强反演流程

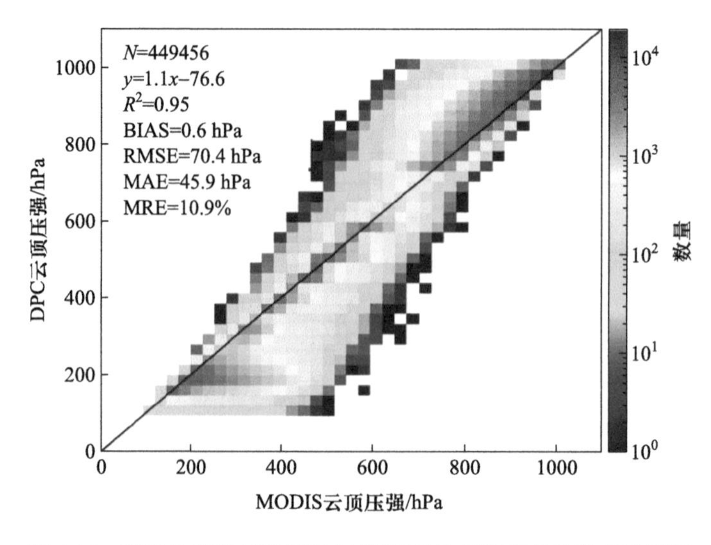

图6.11 DPC反演的云顶压强与MODIS的标准产品的散点验证图

率接近 1（$y=1.1x-76.6$），两者的相关系数（R^2）为 0.95，偏差（BIAS）为 0.6 hPa，均方根误差（标准误差，RMSE）为 70.4 hPa，平均绝对误差（MAE）为 45.9 hPa，平均相对误差（MRE）为 10.9%。

6.3 水汽含量产品

水汽是大气中重要的气象参数，其含量随时间和空间变化很大。水汽体积混合比的变化范围一般在 0.1%～3%，是大气温度变化范围内唯一可以发生相变的成分。水汽的分布、传输和季节变化对于研究水循环、全球气候变化、天气预报、遥感大气校正等具有重要意义。缺乏精确、稳定、长期的水汽数据记录是阻碍深入研究气候系统中水汽影响的主要原因。全球气球探空观测数据是离散的水汽数据，需进行空间插值扩展后才能应用到气候模式中。而"以点代面"会使模式模拟结果产生较大误差。卫星遥感反演的面状分布特点使得利用卫星资料估计大气总水汽含量的分布受到了广泛的重视。

水汽的提取公式主要取决于近红外在云与非云时的太阳辐射反射率，水汽吸收主要发生在 0.905 μm、0.935 μm、0.940 μm 波段，同时大气吸收发生在 0.86～1.24 μm 波段，这些波段处的太阳辐射与大气水分吸收、气溶胶散射和表面反射有关，因而可分为有云与无云情况。无云情况下地表反射与地物类型有关，可分为裸土、岩石、植被和冰雪等。在 0.86～1.24 μm 波段处的地物辐射是没有吸收的，在 0.935 μm、0.940 μm、0.905 μm 处是水汽吸收波段，最强吸收在 0.935 μm 处，尤其适用于干燥地区；0.905 μm 处吸收较弱，适用于潮湿、低太阳高度角处。有云区域又可分为水云与冰云。利用太阳辐射的透过率来提取水汽含量主要考虑无云区域水汽含量反演。

DPC 柱水汽含量的反演流程如图 6.12 所示。首先通过辐射传输模型模拟分析近红外水汽吸收通道对柱水汽含量的敏感特性，并模拟分析不同气溶胶模型和地物类型及大气廓线模型下近红外水汽通道与窗区通道表观反射率比值的变化。在此基础上，建立不同太阳观测几何、柱水汽含量、大气廓线模型等参数的双通道比值查找表，实现柱水汽含量反演。反演柱水汽含量并与 MODIS 水汽含量产品或地基太阳辐射计、微波辐射计柱水汽含量反演结果进行比较，验证柱水汽含量反演结果。水汽吸收的校正方法如下：

$$\rho_{\mathrm{toa}}(\lambda)=T_{\mathrm{H_2O}}\left[\rho_{\mathrm{path}}(\lambda)+\frac{\rho_{\mathrm{s}}(\lambda)}{1-S\rho_{\mathrm{s}}(\lambda)}T(\theta_{\mathrm{s}},\theta_{\mathrm{v}})\right] \tag{6.4}$$

式中，$\rho_{\mathrm{toa}}(\lambda)$ 为大气层顶观测值，$\rho_{\mathrm{path}}(\lambda)$ 为大气程辐射，S 为半球反射率，$T(\theta_{\mathrm{s}},\theta_{\mathrm{v}})$ 为大气总透射率，$\rho_{\mathrm{s}}(\lambda)$ 为地表反射率，$T_{\mathrm{H_2O}}$ 为水汽吸收透射率。利用式（6.4），可以实现各个非水汽通道的水汽吸收校正。

我们将柱水汽含量的反演验证与同期 MODIS 产品进行对比。图 6.13 以散点图的形式给出了反演的 GF－5 DPC 水汽含量与 MODIS 的标准产品的对比情况。我们共对比了

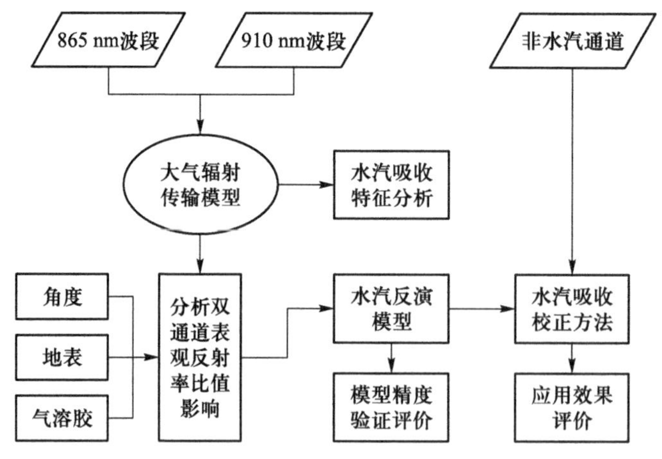

图 6.12　水汽含量反演流程

340436 组有效样本,总的来说,反演的 DPC 水汽含量与 MODIS 水汽含量产品的一致性非常高,拟合的斜率为 1($y=x-0.001$),两者的相关系数(R^2)约等于 1(0.998),偏差(BIAS)为 0.0 $g \cdot cm^{-2}$,均方根误差(标准误差,RMSE)为 0.1 $g \cdot cm^{-2}$,平均相对误差(MRE)为 3.0%。以 MODIS 为真值参照,可认为我们的水汽反演精度为 97.0%。

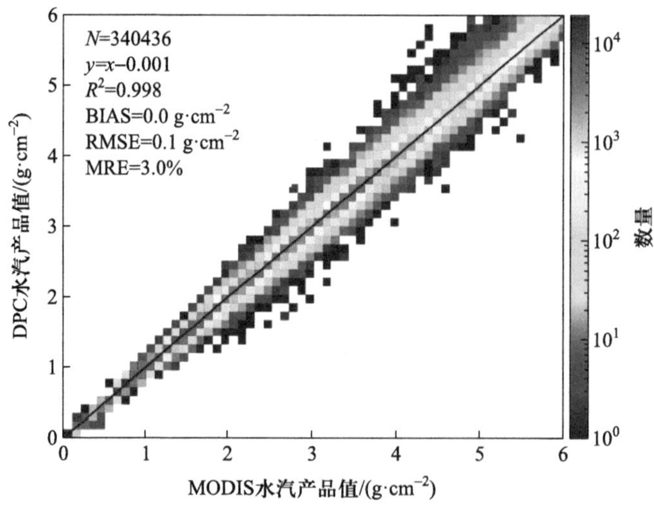

图 6.13　DPC 与 MODIS 柱水汽含量对比结果

6.4　地表反射率产品

利用卫星拍摄的地表遥感图像可以制作地表反射率产品,根据反射率类型可以分为非偏振反射率产品与偏振反射率产品。与 POLDER 和 PARASOL 偏振观测原理类似,高分五号搭载的 DPC 相机采用面阵方式获取更高分辨率(3 km 左右)的地表多波段偏振和非偏振反射率数据,利用面阵图像之间的重叠观测来进行多角度观测,因此不但可以用来生产单个角度的地表反射率产品,也可以用来生产 BRDF 和 BPDF 反射率产品。

(1) BRDF 地表反射率产品生产

由于 DPC 能够在同一轨的观测中获取多角度数据,相比 MODIS 数据能够更方便地获取多个角度数据。对非偏振数据(即 Stokes 分量中的 I 分量)进行去云、大气校正处理得到地表反射率数据。为了减少气溶胶对地表反射率的影响,尽可能地选择晴朗天气,即气溶胶光学厚度较低的数据。由于 BRDF 模型要反映不同太阳入射角度、不同观测角度的反射率特性,因此在反演 BRDF 模型时多角度的数据量越多,模型反演越精确。MODIS 的 BRDF 模型主要采用 Ross - Li 模型,DPC 的地表反射率产品也采用这个模型。核驱动 BRDF 的通用数学模型为

$$R_1(\lambda,\theta_v,\theta_0,\varphi)=f_{iso}(\lambda)+k_1(\lambda)f_{geom}(\theta_v,\theta_0,\varphi)+k_2(\lambda)f_{vol}(\theta_v,\theta_0,\varphi) \tag{6.5}$$

式中,R_1 为地表方向反射率;k_1、k_2 为系数;f_{iso}为各向同性散射核;f_{geom}为几何光学散射核;f_{vol}为体散射核。Ross - Li 模型只有三个未知数,因此可以采用最小二乘的方式来进行优化解算。

以 DPC 数据为例,首先利用大气校正来对每个像元的多角度数据进行处理,去除大气的影响,获取干净地表的反射率数据。

表 6.5 为多角度反射率数据,BRDF 模型的几何散射核和体散射核都需要输入准确的角度信息,包括太阳天顶角、观测天顶角和相对方位角。DPC 的 1 级数据中提供了这些重要的几何角度信息。

表 6.5 多角度反射率数据

太阳天顶角/(°)	观测天顶角/(°)	相对方位角/(°)	散射角/(°)	地表反射率
29.930000	56.350000	89.110001	119.121941	0.303819
29.900000	53.300000	85.769997	123.199753	0.287231
29.870000	50.030000	81.720001	127.735481	0.281725
29.840000	46.520000	76.540001	132.914978	0.285099
29.820000	43.040000	69.930000	138.640045	0.280777
29.800000	39.760000	61.720001	144.852158	0.291669
29.760000	36.990000	51.759998	151.431915	0.303878
29.730000	35.130000	39.820000	158.337509	0.311963
29.700000	34.630000	26.830000	165.014389	0.330750
29.680000	35.580000	14.050000	170.430298	0.352553
29.660000	37.780000	2.580000	171.756287	0.371126
29.630000	40.780000	6.820000	168.192154	0.369060

续表

太阳天顶角/(°)	观测天顶角/(°)	相对方位角/(°)	散射角/(°)	地表反射率
29.600000	44.180000	14.490000	163.106674	0.365155
29.580000	47.750000	20.670000	157.913055	0.370142
29.550000	51.170000	25.459999	153.168427	0.368307
29.520000	54.400000	29.360001	148.840668	0.372680
29.490000	57.400000	32.560001	144.935165	0.375556

对于线性方程，最小二乘可以采用矩阵方式来解算，线性方程可以写为

$$\boldsymbol{A}\boldsymbol{x}=\boldsymbol{b} \tag{6.6}$$

式中，$\boldsymbol{x}$ 为待解算的参数，$\boldsymbol{b}$ 为观测值，$\boldsymbol{A}$ 为模型值。对于 Ross-Li 模型，$\boldsymbol{x}$ 为 3 个未知参数：k_0, k_1, k_2。$\boldsymbol{b}$ 为地表反射率值，$\boldsymbol{A}$ 矩阵对应了 Ross-Li 模型中的核驱动模型，其形式为

$$\boldsymbol{A}=\begin{bmatrix} 1 & f_{\text{geom}}(\theta_{v0},\theta_{o0},\varphi_0) & f_{\text{vol}}(\theta_{v0},\theta_{o0},\varphi_0) \\ \cdots & \cdots & \cdots \\ 1 & f_{\text{geom}}(\theta_{vk},\theta_{ok},\varphi_k) & f_{\text{vol}}(\theta_{vk},\theta_{ok},\varphi_k) \end{bmatrix} \tag{6.7}$$

最小二乘最优解的矩阵形式为

$$\boldsymbol{x}=(\boldsymbol{A}^{\mathrm{T}}\boldsymbol{A})^{-1}\boldsymbol{A}^{\mathrm{T}}\boldsymbol{b} \tag{6.8}$$

根据表 6.5 中的数据，进行最小二乘之后的三个未知数 k_0, k_1, k_2 的解为 0.261、0.016、1.206。使用计算得到的参数可以通过模型来计算反射率，结果如图 6.14 所示。

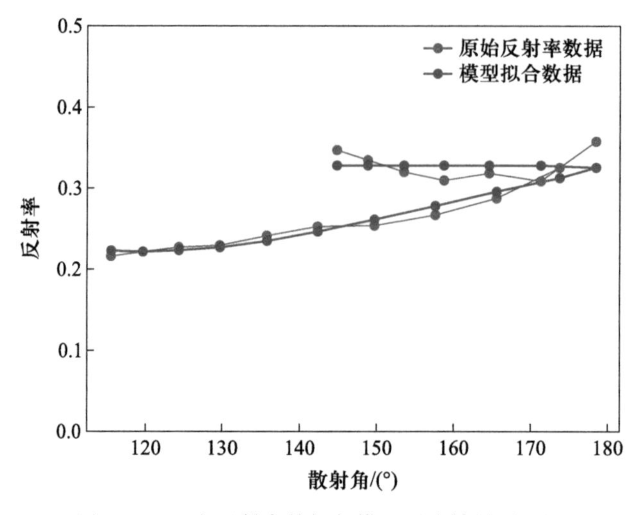

图 6.14　地表反射率数据与模型反演结果对比图

(2) BPDF 地表偏振反射率产品生产

BPDF 地表偏振反射率产品的生产首先需要搜索同一个地面目标的多角度观测数据，为了提高模型反演的精度，应该尽可能搜索不同太阳天顶角和观测天顶角的数据，因此可以将一段时间内（比如一周、半个月，或者一个月甚至一年）的观测数据统一进行大气校正，然后进行模型反演得到不同时间周期的模型产品。由于 BPDF 模型一般都是非线性模型，比如在 POLDER 气溶胶反演算法中采用的 Nadal 模型，其数学公式为

$$R_{\mathrm{p}}^{\mathrm{surf}}(\theta_{\mathrm{s}},\theta_{\mathrm{v}},\varphi_{\mathrm{r}})=\alpha\left(1-\exp\left(-\beta\frac{F_{\mathrm{p}}(m,\gamma)}{\mu_{\mathrm{s}}+\mu_{\mathrm{v}}}\right)\right) \tag{6.9}$$

需要反演的参数为 α 和 β，但不能通过求解线性方程组的方式来计算参数。针对非线性模型，当观测值数量大于参数数量时，可以利用非线性最优化来求解。常用的非线性最优化方法包括梯度下降法、牛顿法、高斯-牛顿法、LM（Levenberg - Marquardt）法等。非线性最优化一般要提供未知参数的初始值，α 的初始值可以设置为 0.01，β 的初始值可以设置为 50。

以 DPC 获取的多角度偏振反射率为例，首先搜集地表像素的多角度偏振反射率值，同时搜集每个拍摄角度对应的太阳天顶角、观测天顶角和相对方位角，这些角度数据可以用来计算偏振菲涅耳模型的值，数据如表 6.6 所示。

表 6.6 多角度偏振反射率数据

太阳天顶角/(°)	观测天顶角/(°)	相对方位角/(°)	散射角/(°)	地表偏振反射率
29.600000	56.540000	96.919998	115.451775	0.007605
29.570000	53.260000	94.370003	119.349815	0.006473
29.550000	49.720000	90.959999	123.788147	0.006373
29.530000	45.780000	86.730003	128.826797	0.004894
29.490000	41.600000	81.330002	134.441635	0.003983
29.470000	37.390000	73.919998	140.756592	0.001956
29.440000	33.410000	64.089996	147.695450	0.002568
29.420000	30.230000	51.250000	155.146774	0.002367
29.390000	28.680000	35.660000	162.893768	0.003122
29.360000	28.870000	19.170000	170.693222	0.002686
29.330000	31.100000	4.290000	177.209198	0.002616
29.310000	34.650000	7.560000	173.334457	0.001308
29.280000	38.760000	16.410000	166.873322	0.000725
29.250000	43.000000	23.190001	160.807205	0.000584
29.230000	47.180000	28.299999	155.301025	0.003331
29.210000	51.010000	32.220001	150.467331	0.003795
29.190000	54.540000	35.259998	146.184158	0.002998

我们采用非线性最小二乘的优化算法来进行模型参数的解算,优化后的模型参数值为0.0076和175。将原始数据和模型拟合数据进行对比的效果如图6.15所示,红色为原始数据,蓝色为模型反演后的拟合数据。

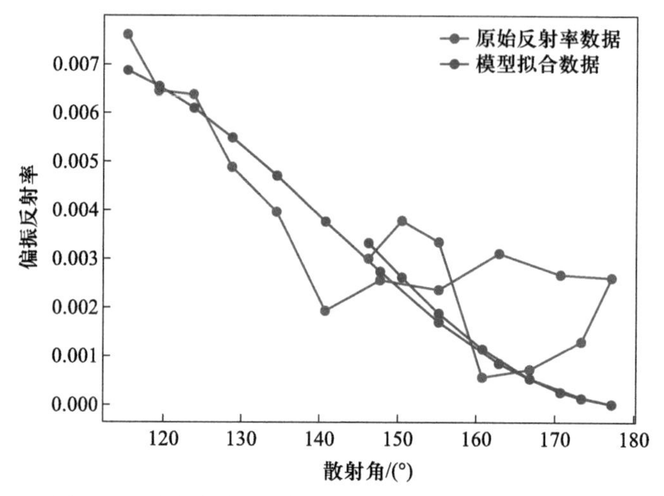

图6.15 多角度偏振反射率数据与模型反演结果对比图

6.5 大气细粒子气溶胶光学厚度产品

大气气溶胶光学厚度(aerosol optical depth, AOD)是大气气溶胶消光系数在垂直方向上的积分,是表征气溶胶浓度的直接因子(Carslaw et al., 2010; 刘思含等,2016; 陈洪滨等,2018)。大气气溶胶可以分为细粒子气溶胶和粗粒子气溶胶,因此,AOD可以分为总的AOD、细粒子AOD和粗粒子AOD。

目前,在利用多角度偏振卫星数据对陆地气溶胶进行研究时多采用单次散射近似的方法。对于陆地气溶胶,可以用简化的途径模拟偏振光辐射传输过程,只考虑气溶胶单次散射、分子单次散射和表面直接反射。大气层顶偏振反射率使用下式计算(Gu et al., 2011; Xie et al., 2013):

$$R_p^{\mathrm{Meas}}(\theta_s,\theta_v,\Delta\phi)=R_p^{\mathrm{Atm}}(\theta_s,\theta_v,\Delta\phi)+\frac{R_p^{\mathrm{surf}}(\theta_s,\theta_v,\Delta\phi)\cdot T(\theta_s)\cdot T(\theta_v)}{1-s\cdot R_p^{\mathrm{surf}}(\theta_s,\theta_v,\Delta\phi)} \tag{6.10}$$

式中,θ_s为太阳天顶角,θ_v为观测天顶角,$\Delta\phi$为相对方位角,R_p^{Meas}为卫星观测到的表观偏振反射率,R_p^{Atm}为大气气溶胶和大气分子的程辐射,R_p^{surf}为地表偏振反射率,s为大气下界的半球反射率,$T(\theta_s)\cdot T(\theta_v)$为大气层的透过率。

对于地表来说,大部分偏振来自镜面反射。地表的偏振反射模型可采用Nadal和Bréon(1999)的半经验BPDF模型来计算。大气气溶胶的偏振贡献可以利用矢量辐射传输模型(RT3)来计算,通过输入不同的波段和几何条件,改变AOD值以及气溶胶模式,建立大气气溶胶参数查找表,计算得到各种不同波段和 AOD、观测条件下的大气气溶胶的程辐射值。最后,通过比较 n 个不同偏振通道 m 个有效角度数的偏振反射率和查找表预先计算的偏振反射率,求取 AOD。对每个基本气溶胶模式来说,由 $n \times m$ 个光学厚度所反演的气溶胶模式将是离差最小的值,从而得到 AOD。

我们选取了 GF - 5 DPC 京津冀部分区域 2018 年 11 月 17 日至 12 月 30 日的数据,利用上述算法反演了大气细粒子 AOD,并选取 GF - 5 DPC 过境前后半小时的 AERONET Beijing - RADI、Beijing - PKU 和 Beijing - CAMS 站点 CE318 仪器观测的 Level 1.5 级数据,计算其平均值以减小大气的不稳定性,反演结果如图 6.16 所示。

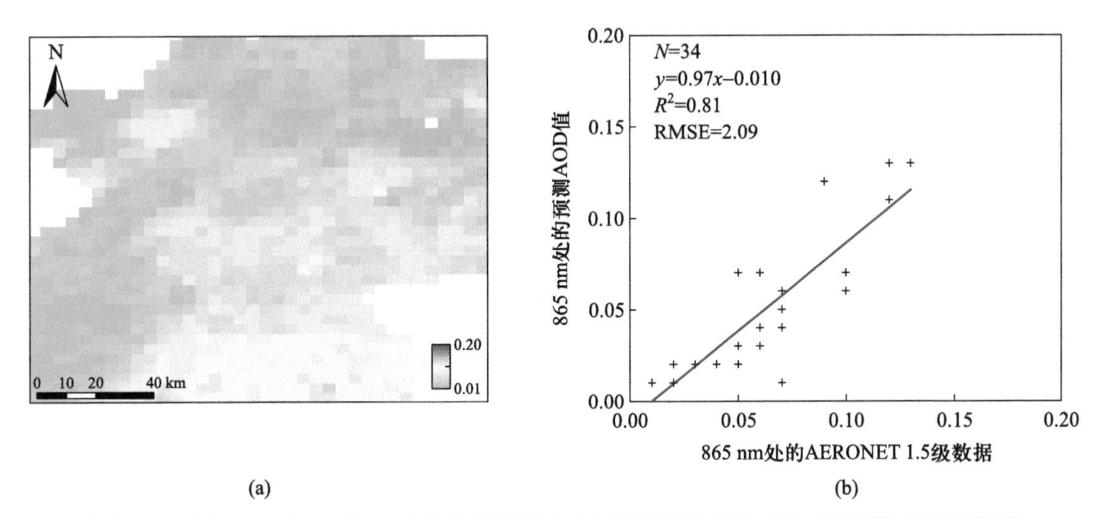

图 6.16 (a) 2018 年 11 月 17 日北京市部分区域大气细粒子 AOD;(b) 反演算法的验证结果

由图 6.16 可知,本算法与 AERONET 观测结果的相关系数(R^2)达到 0.81,斜率为 0.97,说明反演结果可靠。

6.6 $PM_{2.5}$浓度卫星遥感产品

$PM_{2.5}$是造成灰霾天气的首要影响因素(李正强等,2013;McGuinn et al., 2017)。由于 $PM_{2.5}$地面监测站点建站及维护费用较高,而且主要位于城市地区,在广大的农村及偏远地区 $PM_{2.5}$地面监测站点较少,导致其数据空间代表性不足。卫星遥感技术具有连续获取大面积数据的能力,因此,卫星遥感技术可以弥补 $PM_{2.5}$地面监测站点的不足。目前,已经有多位学者开展了利用卫星遥感技术估算 $PM_{2.5}$浓度的研究,如 LME 模型(Ma et al., 2016; Zheng et al., 2016),GAM 模型(Liu et al., 2009; Zou et al., 2016a),GWR 模型(Song et al., 2014; Jiang et al., 2017; Guo et al., 2017; Zou et al., 2016b)等。近来,深度学习方法广泛应用于 $PM_{2.5}$浓度的估算(Chen et al., 2018; Bai et al., 2019; Wei et al., 2019;Li and Zhang, 2019)。

随机森林(random forest)是通过集成学习的 Bagging 思想将多棵决策树集成的一种算法(Huang et al., 2018)。本节通过耦合多源遥感数据(表 6.7),构建了基于 RF 的 $PM_{2.5}$浓度估算模型,模型的表达式为

$$PM_{2.5} \sim RF(AOD, BLH, RH, T, Wind, SP, NDVI, \boldsymbol{P}_T) \tag{6.11}$$

式中,$\boldsymbol{P}_T$ 为 $PM_{2.5}$的时间编码,其计算公式为

$$\boldsymbol{P}_T = \begin{bmatrix} t_x \\ t_y \end{bmatrix} = \begin{bmatrix} \cos\left(2\pi \dfrac{DOY}{T}\right) \\ \sin\left(2\pi \dfrac{DOY}{T}\right) \end{bmatrix} \tag{6.12}$$

式中,DOY 为年积日,即一年中的第几天;T 为 2019 年的总天数(365)。

表 6.7　数据集介绍

数据集	空间分辨率/km	时间分辨率
$PM_{2.5}$地面观测数据	—	1 天
DPC 大气细粒子 AOD	3.3	1 天
ERA5 气象再分析数据(BLH、RH、T、Wind、SP)	3.3	1 天
MODIS NDVI 的 MOD13A3 产品	3.3	1 月

2019 年澜湄流域 $PM_{2.5}$地面观测数据来自泰国环境部发布的 $PM_{2.5}$实测数据和美国 AirNow 官网发布的河内、胡志明、万象、仰光 4 个城市的 $PM_{2.5}$实测数据。2019 年澜湄流域 AOD 数据来自 DPC 大气细粒子 AOD。2019 年澜湄流域的气象数据来自 ECMWF ERA5 全球气象再分析数据,具体包括:边界层高度(BLH)、相对湿度(RH)、近地面温度(T)、风速(Wind)、近地面气压(SP)。2019 年澜湄流域 NDVI 数据来自 MODIS NDVI 的 MOD13A3 Collection 6.0 产品。

通过对上述所有数据进行时空匹配,构造 $PM_{2.5}$浓度估算模型的训练数据集,2019 年澜湄流域共有 6440 条训练数据,训练得到了基于 RF 的 $PM_{2.5}$估算模型,并对该模型进行了十折交叉验证以评估模型的精度。如图 6.17 所示,交叉验证精度为 0.81。

基于该模型研制了澜湄流域 2019 年的 $PM_{2.5}$浓度数据集,如图 6.18 所示,2019 年 1 月泰国 $PM_{2.5}$浓度值较高。

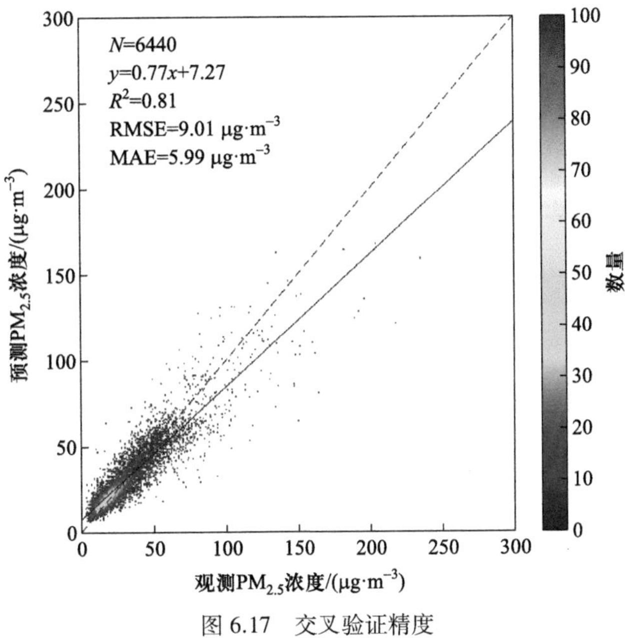

图 6.17　交叉验证精度

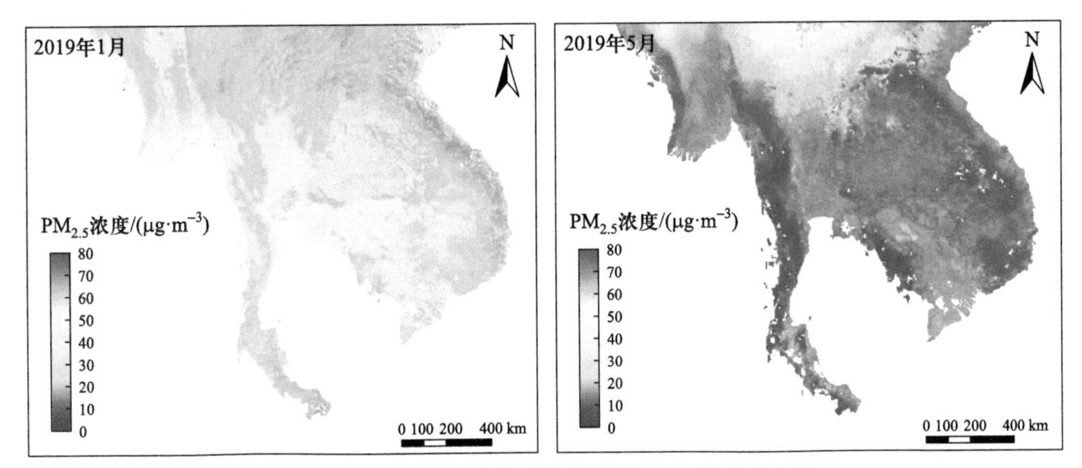

图 6.18　基于 DPC 的部分澜湄流域 $PM_{2.5}$浓度分布图

第 7 章

星载 DPC 遥感器研制

7.1 DPC 遥感器技术指标

星载 DPC 遥感器(图 7.1)的主要任务是进行全球多光谱、多角度、偏振辐射成像探测,获取全球大气气溶胶和云的时空分布信息,满足气候变化研究、大气环境监测、遥感数据高精度大气校正等应用需求。

基于指标论证的成果制定了星载 DPC 遥感器的技术指标,如表 7.1 所示。

星载 DPC 遥感器动态范围的表观反射率条件如表 7.2 所示。

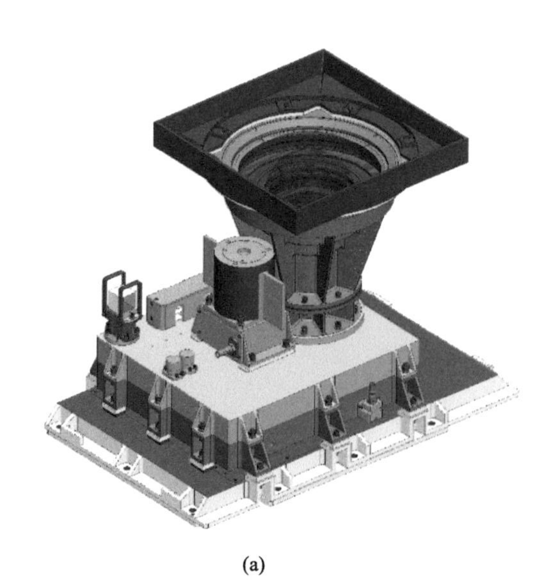

(a)

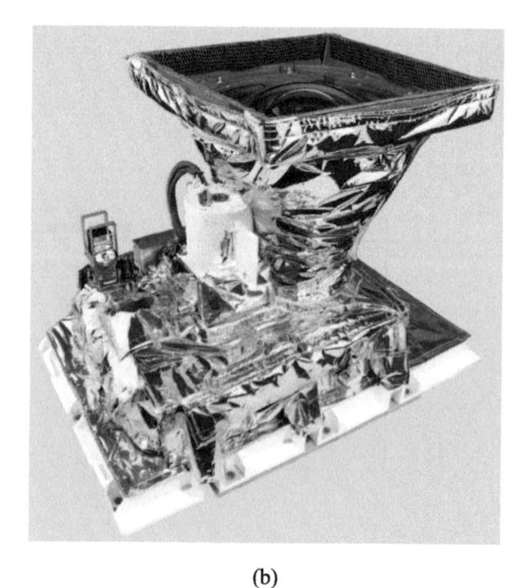

(b)

图 7.1 (a)星载 DPC 遥感器整机模拟装配图和(b)整机实物照片

表 7.1 星载 DPC 遥感器技术指标

序号	项目	指标
1	工作谱段	433～453 nm、480～500 nm(P*)、555～575 nm、660～680 nm(P)、758～768 nm、745 ～785 nm、845 ～885 nm(P)、900～920 nm
2	偏振探测方式	线偏振，3 个偏振方位角分别为 0°、60°、120°
3	动态范围	太阳天顶角 50°，表 7.2 给定的大气层顶表观反射率条件下，信号不饱和
4	信噪比**	优于 500
5	视场角	-50°±0.5°到 50°±0.5°(沿轨、穿轨)
6	星下点空间分辨率	优于 3.5 km
7	多角度观测	多于 9 个角度(沿轨)
8	偏振度测量精度	优于 0.02
9	像元配准精度	优于 0.1 个像元
10	辐射定标精度	优于 5%

注：* P 表示偏振探测谱段；

** 指在光电探测器未满阱时可实现的信噪比。

表 7.2 星载 DPC 遥感器动态范围的表观反射率条件

序号	中心波长/nm	陆地观测的表观反射率/%	海洋观测的表观反射率/%
1	443	120	40
2	490	120	40
3	565	120	35
4	670	115	40
5	763	70	25
6	765	100	35
7	865	120	40
8	910	80	30

7.2 DPC 总体技术方案

针对任务需求和技术指标，确定 DPC 采用单光学系统与单探测器结合、大视场重叠实现多角度观测、分时偏振探测的系统方案（骆冬根，2017；向光峰等，2021；钱鸿鹄，2017；钱鸿鹄等，2017）。方案具体内容如下：① 广角光学系统结合面阵光电探测器实现宽幅成像，通过同一轨道不同位置的多次成像，获得各个谱段的多角度信息；② 偏振探测谱段的入射光连续 3 次分时通过相对方位角为 0°、60°、120°的线检偏器，联合同一目标 3 次探测的光强信息，解算入射光的线偏振信息；③ 采用检偏滤光转盘切换并分时成像，实现偏振及多光谱谱段的调谐；④ 在偏振探测通道的成像光路中设计运动补偿光楔，来保证卫星飞行时同一谱段的 3 次偏振测量，均采用同一探测器像元对同一地物目标成像。

该技术方案的主要特点为：① 能够以简洁的结构和较小的工程代价实现大气气溶胶卫星遥感所需的多光谱、多角度、偏振以及成像等全部能力要素；② 充分考虑空间环境特点，偏振探测精度对探测器在轨性能衰退等因素的影响不敏感，不需要在轨定标，即可保证遥感器的基本偏振信息获取能力；③ 广角成像光学系统具有偏振效应，需要通过发射前实验室高精度偏振辐射定标进行校正；④ 应用数据产品的反演所需的多光谱数据合成、多角度数据合成，依赖于发射前实验室高精度全视场几何定标；⑤ 偏振测量误差来源主要为连续 3 次偏振探测的视场不一致性，要求在轨工作时（同一谱段连续 3 次偏振探测的）视场一致性精度优于 0.1 像元，该要求的实现依赖于产品的精密光机装调工艺及卫星平台姿轨控精度等。

7.2.1 检偏器配置方式

在地物及大气遥感探测领域，偏振光的圆偏振分量很小，可以忽略圆偏振信息，只研究线偏振信息，即 Stokes 矢量中的 I、Q、U。

由偏振测量模型可知，将检偏器置于 3 个不同的偏振方位角并记录 DPC 响应值，即可求解入射光的线偏振信息。

DPC 共有 3 个偏振测量谱段，每个谱段设定 3 个通道，分别以 P1、P2、P3 表示。3 个通道检偏的相对方位角一般有（0°，45°，90°）和（0°，60°，120°）两种配置方式。

（0°，45°，90°）配置方式理想的测量矩阵为

$$\boldsymbol{A}_1=\frac{1}{2}\begin{bmatrix}1 & 1 & 0\\ 1 & 0 & 1\\ 1 & -1 & 0\end{bmatrix} \tag{7.1}$$

（0°，60°，120°）配置方式理想的测量矩阵为

$$A_2=\frac{1}{2}\begin{bmatrix}1 & 1 & 0\\ 1 & -0.5 & \frac{\sqrt{3}}{2}\\ 1 & -0.5 & -\frac{\sqrt{3}}{2}\end{bmatrix} \tag{7.2}$$

为比较两种配置方式,需要计算偏振方位角误差对求解 Stokes 矢量的影响。以测量矩阵的条件数作为判据,条件数越小,前述误差对求解 Stokes 矢量的影响就越小。经过计算,确定选用(0°,60°,120°)的偏振方位角配置方式。

7.2.2 运动补偿方案

在分时偏振探测中,为提高探测精度,减小探测器性能变化的影响,需要使用探测器同一像元对同一目标进行连续 3 次偏振探测。由于卫星与地物目标存在相对运动,连续 3 次偏振探测的视场有一定差异。DPC 在检偏滤光单元中设置光楔元件来实现运动补偿。

将 P1、P3 通道的滤光片设计为光楔型,而 P2 通道的滤光片为平板型。如图 7.2 所示,P1 和 P3 通道中的光楔使经过成像物镜的远心光束分别偏移+1 和−1 个像元,补偿了卫星运动的影响。另外,763 nm 和 765 nm 两通道需要配合测量,用于探测表观压强等,也需要进行运动补偿,因此将 763 nm 通道的滤光片设计为光楔型。

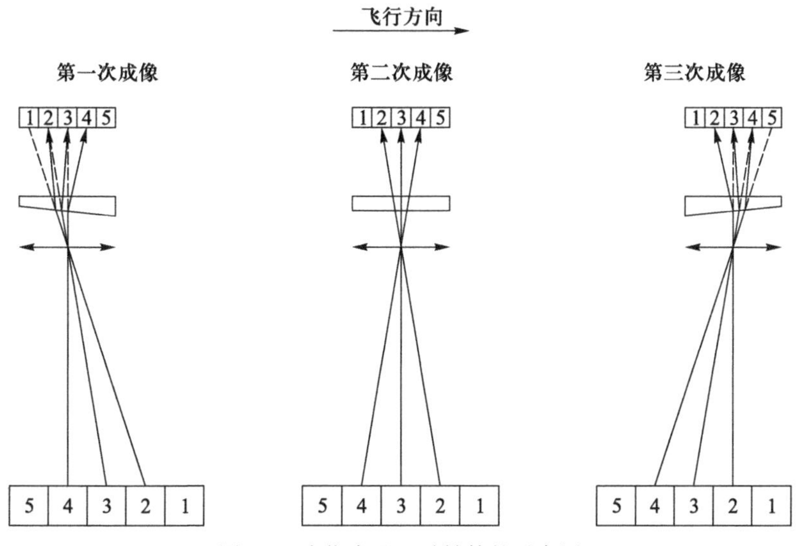

图 7.2 光楔实现运动补偿的示意图

7.2.3 多角度探测

多角度遥感数据包含丰富的地表信息。遥感数据的角度特征为多角度遥感数据定量反演、分离、提取地物的组分波谱和空间结构参数以及地物反射各向异性行为的研究提供了十分重要的信息源。

DPC采用大视场光学镜头结合面阵光电探测器实现多角度探测。如图7.3所示,沿轨视场角达到-50°到+50°,DPC随着卫星平台的运动对地进行多次成像,适当地选择成像周期,同一目标、同一通道的信息可以被面阵光电探测器至少记录9次,即实现9个角度以上的探测。

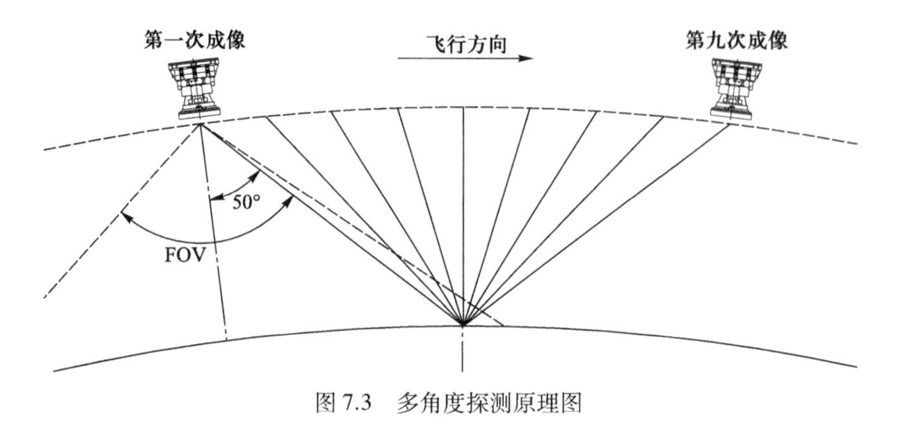

图7.3 多角度探测原理图

下文从光学设计、结构设计、电子学设计、技术指标的实验室检验四个方面介绍DPC的研制工作。

7.3 光学设计

7.3.1 光学设计方案

DPC光学产品主要包括面阵光电探测器、成像物镜和检偏滤光单元。

面阵光电探测器用于实现遥感图像光电转换,满足工作谱段、光电转换效率、动态范围、像元数量、帧频率、曝光控制等技术要求。

成像物镜用于实现广角成像,以获取多角度遥感图像。DPC的成像物镜采用像方远心设计,控制各视场主光线至像面的入射角;采用反远距结构,可以满足检偏滤光单元安装空间要求;另外还需保证像面照明均匀性、相对畸变、垂轴色差等要求。

检偏滤光单元采用滤光片分光、偏振片检偏、转盘切换分时测量的方案。根据8个工作谱段选择带通滤光片参数,实现谱段切换。对于3个偏振测量谱段,分别配置3个不同偏振方位角的偏振片。对于需要进行运动补偿的通道,滤光片采用光楔基片,保证通道间图像的视场一致,实现对遥感图像的运动补偿。

图7.4的系统方案示意图展示了各单元的结构关系。

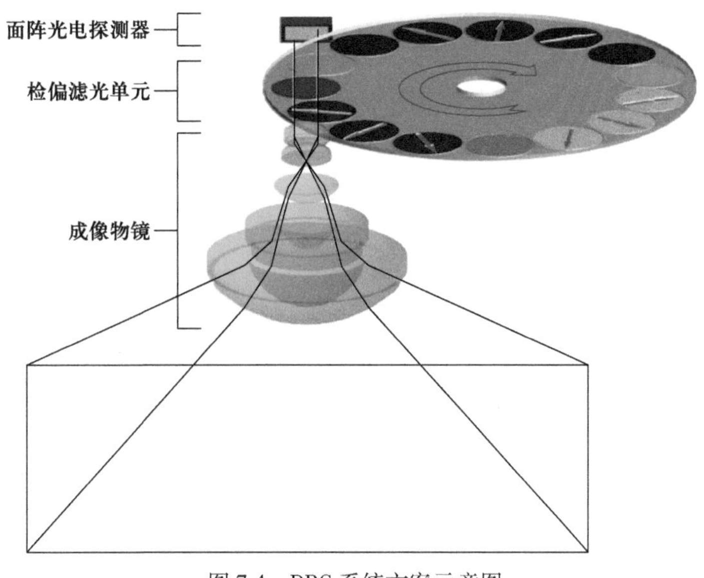

图 7.4 DPC 系统方案示意图

7.3.2 光电探测器

光电探测器选用英国 Teledyne e2v 公司的帧转移型 CCD 探测器,型号为 CCD55-20BI NIMO。其最高阱深可超过 400 ke-,最高理论信噪比可超过 630(相当于 56 dB)。像元尺寸为 22.5 μm×22.5 μm,总像元数为 780×576。DPC 实际使用的像元数为 514(对应沿轨方向)×512(对应穿轨方向)。

7.3.3 成像物镜设计

DPC 的成像物镜具有焦距短、视场大、后截距长、像方远心、畸变小等特点。根据设计经验,短焦距、大视场镜头往往采用反远距结构。反远距结构由 2 组透镜组成,靠近物方的前组为负透镜组,靠近像方的后组为正透镜组,两者相隔一定距离。这种结构使像方主面向后移动,从而得到比焦距更大的后工作距。为了实现像方远心,将孔径光阑放置在靠近后组的物方焦平面上。DPC 成像物镜光路如图 7.5 所示。

前组的第一个透镜起保护罩作用,选择耐辐射石英玻璃材料。前组承担了较大的视场负担,解决大视场产生的大像散和畸变,使得后组的视场负担减小。为了校正像散和畸变,在前组远离光阑的透镜表面引入非球面。综合考虑加工与检测的工艺可实现性,非球面采用抛物面。受限于加工工艺,其相对孔径不能太大,矢高不能过深,需要将这些参数控制在工艺可实现的范围内。入射光束通过前组扩束,到达后组的入射高度提高,后组所负担的孔径变大。后组主要用于校正球差及像散等剩余像差。除了单色像差之外,该成像物镜的倍率色差校正问题也很突出。校正垂轴色差主要通过采用反常色散玻璃来实现。

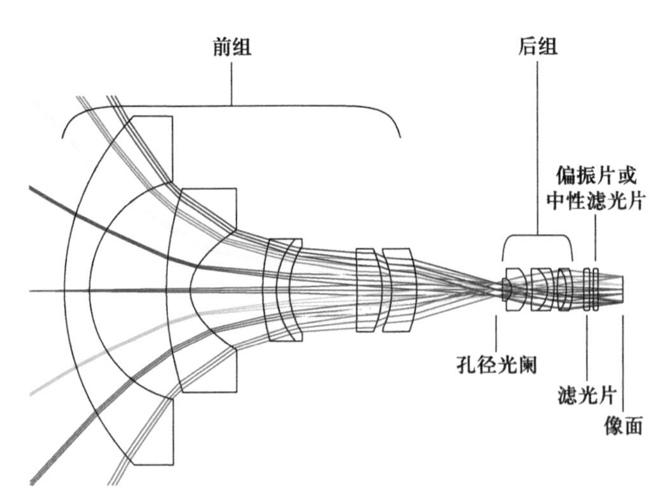

图 7.5 DPC 成像物镜光路图

成像物镜在可见光和近红外谱段工作,谱段跨度近 500 nm,为保证光学系统有较高的透过率,除第一透镜前表面不镀膜外,其他表面均需镀减反射膜。对于大视场的成像物镜,为保证偏振探测精度,一方面应尽量降低光线在透镜表面的入射角,另一方面可以采用镀消偏振膜的方式,以降低起偏效应。一般来说,膜层的反射率越低,偏振效应越小。结合现有镀膜工艺,要求透镜镀膜后在入射角为 30°时,透射光的 S 光分量和 P 光分量在 DPC 各工作谱段的峰值反射率低于 2%,同时透射光相较于入射光相位不发生变化。

最终设计结果的主要参数如下:焦距 4.83 mm,相对孔径 1/4,总视场角 118.74°,畸变 0.97%,像面照度均匀性 98%,光学系统总长 360.6 mm。

7.3.4 检偏滤光单元

DPC 检偏滤光单元设置 5 个非偏振谱段、3 个偏振谱段,每个偏振谱段设置 3 个连续通道。另外设置 1 个探测器本底测量通道,可将光路完全遮挡。如图 7.5 所示。

检偏滤光单元的加工、装调公差对成像质量的影响较小,但是对运动补偿精度的影响较大。需要综合分析光楔楔角误差、偏振片和平板滤光片塔差、光楔装调误差、光楔到焦面装调距离误差等影响因素,制定加工、装调指标。

检偏滤光单元中各光学元件的膜层对光束偏振态影响不大,设计过程中主要考虑透过率问题。光谱透过率是带通滤光片膜层设计的重点,具体包括中心波长、波段宽度、峰值透过率、带外截止深度等。

需要考虑非偏振通道信号强度与偏振通道的匹配,因此在非偏振通道设置中性滤光片,将光信号衰减到与偏振通道相当的水平。其透过率与成像物镜透过率、带通滤光片透过率、探测器响应等参数互相制约。其安装位置对应偏振通道中偏振片的安装位置。

7.4 结构设计

7.4.1 结构设计方案

依据 DPC 的总体方案及工作方式，综合考虑光机结构的性能要求及空间环境适应性，将 DPC 的结构划分为成像物镜组件、检偏滤光组件、焦面组件、电路盒组件共 4 个部分。各组件的功能如下：

成像物镜组件为成像光学系统提供支撑，保证光学设计对成像物镜的性能要求，以及装调工艺对结构的要求。

检偏滤光组件为偏振片、滤光片提供安装结构，实现不同测量通道的切换，具备转动及位置检测功能。

焦面组件为光电探测器提供安装和散热结构，为调焦提供调整环节。

电路盒组件提供各电路板、独立元器件及模块的安装空间，确保其在各种热学、力学载荷条件下的安全和性能。

7.4.2 成像物镜组件

成像物镜组件的设计主要考虑以下方面：为成像物镜的光学系统提供安装空间，满足光学元件的空间布局要求；保证光学设计对透镜间距、透镜中心偏差等精度指标的要求；有利于光学镜头定心装调等工艺的实施；具有优良的环境适应性，在力学、热学等载荷的综合作用下，能够保证光学系统的安全性和性能稳定性；采取必要的杂散光抑制措施。

成像物镜组件的结构如图 7.6 所示。为便于加工和装调，将成像物镜组件划分为前组

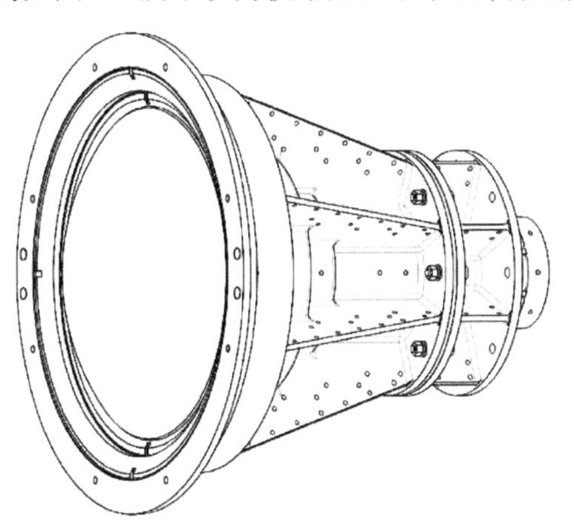

图 7.6 成像物镜组件模拟装配图

镜头组件与后组镜头组件。为每一片透镜加装镜框，在光机装调过程中，对镜框的外圆和定位面进行光学定心修切。镜筒和镜框均采用钛合金TC4材料。

7.4.3 检偏滤光组件

检偏滤光组件设置在成像物镜组件与焦面组件之间，通过转盘部件的转动实现15个测量通道的切换。该组件由转盘部件、前后盖、位置传感器、步进电机等构成。其结构如图7.7所示。

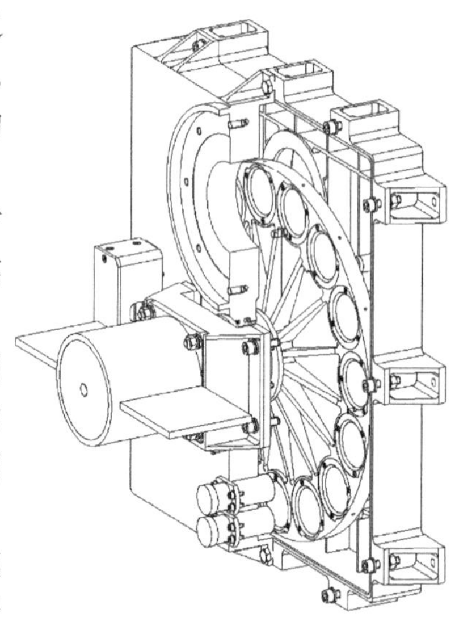

图7.7 检偏滤光组件模拟装配图

注：为便于查看，转盘前盖被剖去一半

转盘部件上均匀分布有15个测量通道。其工作方式为变频加速启动，达到预定转速后连续匀速转动，实现测量通道的连续切换。

转盘部件通过轴系支承。如图7.8所示，轴系的固定方式选择一端固定、一端游动的形式。在靠近电机的一端使用一对角接触球轴承作为固定支承，另一端使用一套深沟球轴承作为游动支承。

分析转盘部件的运转方式，其主要特点是：运动模式为单向间歇匀速转动；转速低，轴承工作于边界润滑状态；长寿命要求；直接暴露于空间环境中，环境温度变化较大。依据该工作特点，轴承采用固体润滑方式。在

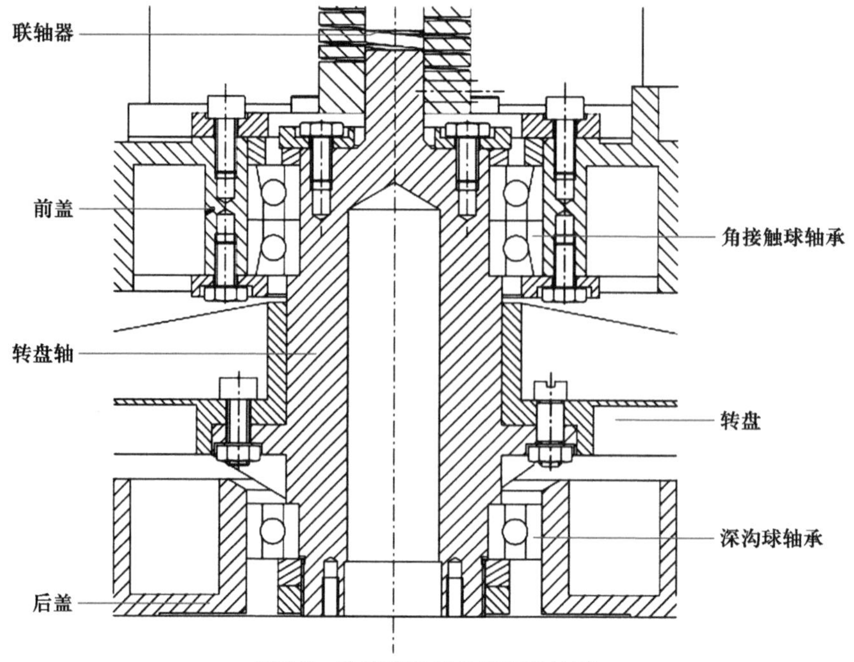

图7.8 检偏滤光组件轴系设计图

轴承滚道上采用物理气相沉积方法镀制溅射 MoS_2 固体润滑薄膜，作为轴承的初始润滑膜。同时选用具有良好自润滑性能的聚酰亚胺基固体润滑材料作为轴承保持架，在运转过程中，在轴承滚道上形成转移润滑膜，实现轴承的减摩耐磨。

位置传感器的作用是在电机启动过程中确定转盘的初始角度位置；在每个转动周期（转盘每转动一圈）对电机的周期稳定度进行判断。因为不需要进行精确的角度测量及闭环反馈，选择霍尔接近开关作为位置传感器。

检偏滤光组件的驱动电机应具备低速性能良好、起动力矩大、可靠性高的特点。转盘部件的负载转动惯量较大，且卫星发射到入轨阶段轴系会受到外界冲击、振动等力学载荷的作用，因此选择具有断电自锁能力的混合式步进电机。

7.5 电子学设计

7.5.1 电子学方案设计

DPC 电子学产品包括 4 个单元模块：读出电路单元、信息处理单元、温控单元和电机驱动单元。电子学设计的原理框图如图 7.9 所示。

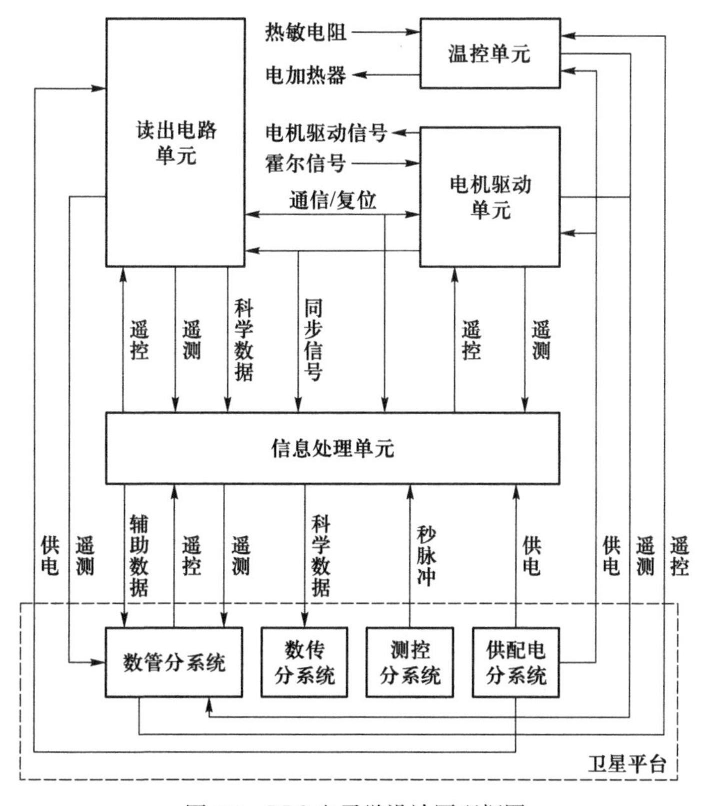

图 7.9 DPC 电子学设计原理框图

读出电路单元实现光电探测器驱动,模拟视频信号转换成数字信号及通信、数传等功能。

信息处理单元提供与卫星数管分系统的通信连接,实现内部指令接收与指令译码、内部遥测参数的形成、卫星工程参数的形成。

温控单元检测DPC各部分温度,根据控温阈值为相应的电加热器提供功率,实现对DPC的精确温度控制。

电机驱动单元实现检偏滤光组件的转动驱动、位置检测及同步脉冲的产生。

7.5.2 读出电路单元

读出电路单元的主要功能为光电探测器驱动时钟和工作偏压的产生,数字及模拟电路供电电压的转换,光电探测器信号的相关双采样及图像获取,与信息处理单元的通讯及图像传输、外部复位以及内部二次电源电压的转换。

读出电路单元由现场可编程门阵列(FPGA)、时序驱动电路、模拟前端电路、偏置电压产生电路、上电复位电路、RS-422接口电路、低电压差分信号(LVDS)接口电路以及电源转换电路等组成。读出电路单元的原理框图如图7.10所示。

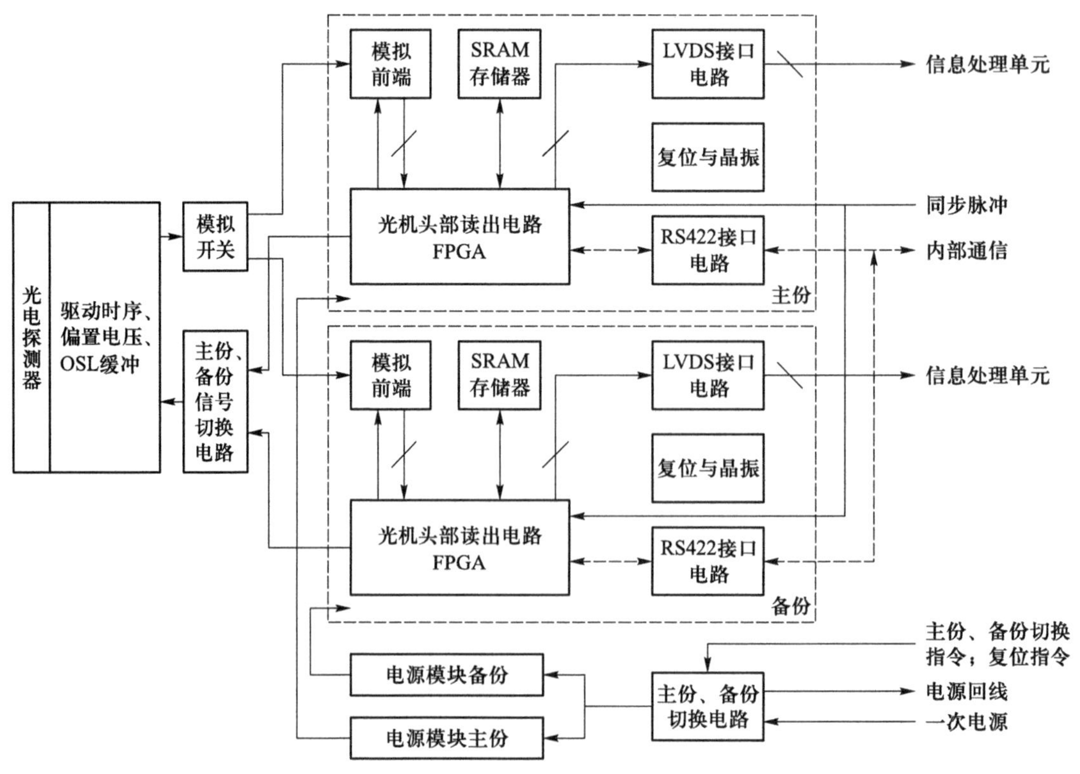

图7.10 读出电路单元原理框图

7.5.3 信息处理单元

信息处理单元的主要功能如下:响应卫星综合电子分系统发出的直接遥控指令;输出直接遥测信号至卫星综合电子分系统;通过 1553B 总线接收卫星综合电子分系统发送的数据信息及内部指令,经指令译码后产生内部各单元模块的控制指令;根据设定的工作模式和工程参数通过 RS-422 总线完成内部各单元模块的过程控制和工作状态设置;实现内部模拟遥测输入信号的采集和量化;将内部遥测信号生成工程参数源包,通过 1553B 总线上传卫星数管分系统;接收圈、帧同步信号,获取当前辅助工程参数并打包至科学数据包;通过 LVDS 接口接收读出电路单元发送的科学数据,将辅助工程参数及科学数据打包并上传至卫星数传分系统;实现信息处理单元二次电源的变换;信息处理单元软件程序具备在轨更新功能。

信息处理单元由电源配电电路、计算机及总线接口电路、模拟量采集电路及数字量测控电路组成。信息处理单元的原理框图如图 7.11 所示。

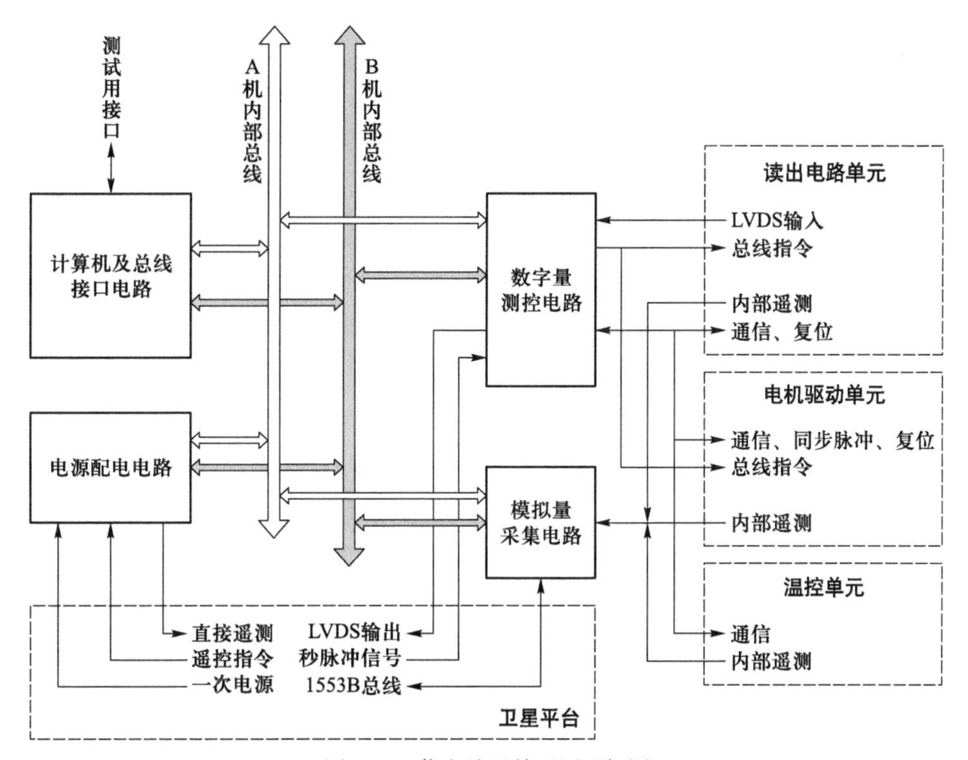

图 7.11 信息处理单元原理框图

7.5.4 温控单元

温控单元负责 DPC 各部分的温度控制，由电源转换电路、温控控制电路及温控驱动电路组成。电源转换电路为温控单元提供二次电源，并执行外部指令，控制内部供配电。温控控制电路实现温度采集、对温控驱动电路的控制以及对外部通信，能够实现对若干路热敏电阻采样的接口和选通。温控驱动电路实现对若干路加热回路的功率驱动。温控单元的原理框图如图 7.12 所示。

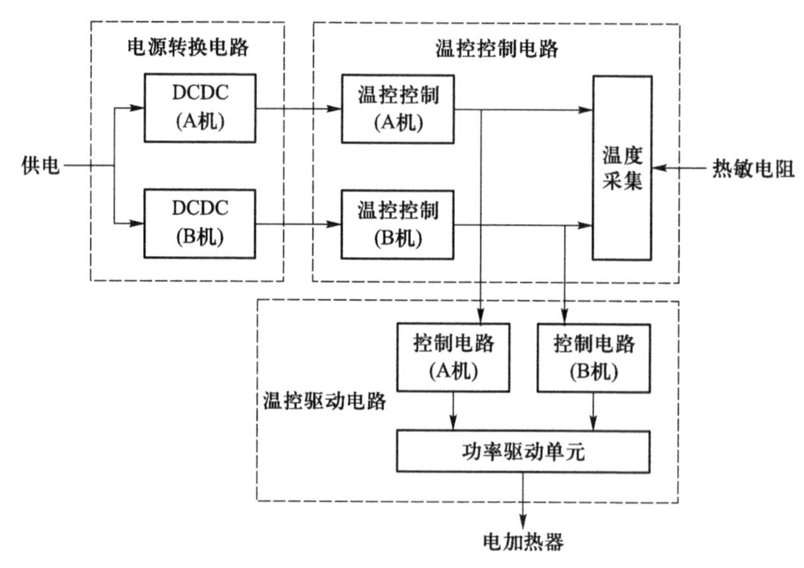

图 7.12 温控单元原理框图

7.5.5 电机驱动单元

电机驱动单元负责步进电机运动控制，由电源转换电路、电机控制电路及电机驱动电路组成。电源转换电路为电机驱动单元提供二次电源，并执行外部指令，控制内部供配电。电机控制电路实现电机状态采集、电机驱动电路的控制以及对外部通信。电机驱动电路实现对电机的驱动。电机驱动单元的原理框图如图 7.13 所示。

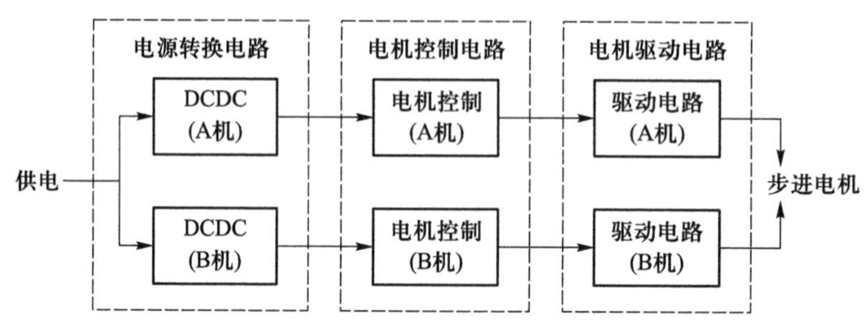

图 7.13 电机驱动单元原理框图

7.6 技术指标的实验室检验

7.6.1 工作谱段

1）测试方法

DPC 利用滤光片实现波长选择。其工作谱段的指标为中心波长和光谱波段宽度。中心波长定义为 DPC 带内光谱范围的权重波长,根据相对光谱响应度计算获取。带内光谱范围为相对光谱响应度大于 1%的光谱范围。光谱波段宽度定义为 DPC 相对光谱响应度的半高峰宽。

DPC 的工作谱段通过整机光谱响应度测试实现,比对分析中心波长和波段宽度与设计指标的偏离程度。利用单色仪测量 DPC 各通道的相对光谱响应度,测试装置如图 7.14 所示。

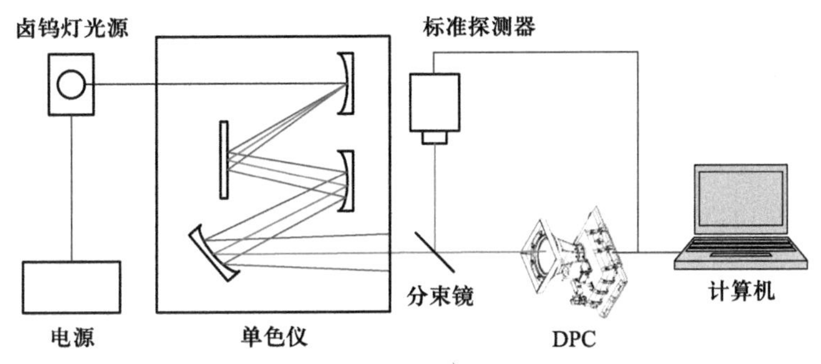

图 7.14 DPC 整机相对光谱响应度测试示意图

经稳压稳流电源供电的光源发出的光辐射经前光学系统入射到单色仪的入射狭缝,从单色仪出射狭缝输出的单色光入射到 DPC 和参考探测器,记录两者响应并进行数据处理,获取相对光谱响应度。

2）测试步骤

相对光谱响应度的测试步骤如下：

① 开启单色仪和参考探测器,并预热至稳定状态；

② 设置单色仪的扫描光谱范围对应 DPC 第一通道,光谱波段宽度为通道波段宽度的 1/10,光谱间隔为通道波段宽度的 1/20,扫描光谱范围为通道理论谱段范围的 2 倍；

③ DPC 开机,根据其像元响应调整单色光入射的视场角,对中心视场区域(0°视场)进行测试；

④ 设置 DPC 的积分时间,使其最大响应值在适当范围之内；

⑤ 采集并记录 DPC 和参考探测器的输出值,完成 0°视场角的相对光谱响应度测量；

⑥ 重复步骤③~⑤分别进行沿轨方向 15°、30°和 45°三个视场角的相对光谱响应度测量；

⑦ 重复步骤②~⑥,完成其余通道四个视场相对光谱响应度的测量。

3）数据处理

DPC 各通道的光谱响应度 $R_{b\lambda}$ 的计算公式如下：

$$R_{b\lambda}=\frac{V_{b\lambda}-V_{bo\lambda}}{V_{p\lambda}-V_{po\lambda}}R_{\lambda} \tag{7.3}$$

式中，$R_{b\lambda}$ 为 DPC 的相对光谱响应度；$V_{b\lambda}$ 为 DPC 的输出信号；$V_{bo\lambda}$ 为 DPC 的暗信号；$V_{p\lambda}$ 为标准探测器的输出信号；$V_{po\lambda}$ 为标准探测器的暗信号；R_{λ} 为标准探测器的光谱响应度。

中心波长 λ_{ncw} 的计算公式如下：

$$\lambda_{ncw}=\int_{\lambda_1}^{\lambda_u}R_{b\lambda}\lambda\,d\lambda\Big/\int_{\lambda_1}^{\lambda_u}R_{b\lambda}\,d\lambda \tag{7.4}$$

式中，λ_u 和 λ_1 分别为 k 通道带内范围的上、下限波长，取相对光谱响应度 1%处对应的上、下限波长，单位为 nm。

根据 DPC 的光谱透过率的测量曲线，按照下式计算工作谱段范围：

$$\Delta\lambda=|\lambda_{\tau 1}-\lambda_{\tau 2}| \tag{7.5}$$

式中，$\Delta\lambda$ 为待测通道的光谱波段宽度；$\lambda_{\tau 1}$ 为半高峰宽低波长点；$\lambda_{\tau 2}$ 为半高峰宽高波长点。

4）测试结果

DPC 的 8 个谱段的中心波长和光谱波段宽度的测试结果如表 7.3 所示。各谱段中心波长和光谱波段宽度皆符合技术指标要求。

表 7.3　DPC 工作谱段测试数据

测试项目	工作谱段/nm	实测值/nm				合格判据	判别结果
		0°视场	15°视场	30°视场	45°视场		
中心波长	443	443.3	442.9	443.0	443.7	偏差≤3 nm	符合
	490(P1)	489.2	489.6	489.6	489.7		符合
	490(P2)	488.9	489.2	489.2	489.4		符合
	490(P3)	489.2	489.7	489.7	489.9		符合
	565	564.7	564.7	564.6	564.7		符合
	670(P1)	668.8	668.7	668.6	668.6		符合
	670(P2)	668.8	668.8	668.9	668.8		符合
	670(P3)	669.0	669.0	669.0	669.0		符合
	763	761.4	761.5	761.4	761.4		符合

续表

测试项目	工作谱段/nm	实测值/nm				合格判据	判别结果
		0°视场	15°视场	30°视场	45°视场		
中心波长	765	763.1	763.1	763.1	762.9	偏差≤5 nm	符合
	865(P1)	861.0	860.9	860.9	861.0		符合
	865(P2)	861.8	861.6	861.8	861.9		符合
	865(P3)	861.1	861.2	861.2	861.2		符合
	910	907.1	907.1	907.7	907.6	偏差≤3 nm	符合
光谱波段宽度	443	19.1	19.6	19.3	19.0	偏差≤3 nm	符合
	490(P1)	19.8	19.4	19.1	19.0		符合
	490(P2)	20.3	20.1	19.9	19.9		符合
	490(P3)	19.8	19.8	19.6	19.3		符合
	565	19.6	19.6	19.7	19.7		符合
	670(P1)	18.5	18.6	18.5	18.5		符合
	670(P2)	18.5	18.5	18.4	18.4		符合
	670(P3)	18.6	18.6	18.5	18.5		符合
	763	9.3	9.2	9.3	9.3		符合
	765	38.8	38.6	38.9	39.0	偏差≤5 nm	符合
	865(P1)	37.0	35.7	36.4	35.2		符合
	865(P2)	37.5	36.7	37.5	37.8		符合
	865(P3)	36.9	35.9	36.6	36.8		符合
	910	18.7	17.5	17.8	18.7	偏差≤3 nm	符合

7.6.2 偏振探测方式和角度

1）测试方法

偏振方位角的测量装置如图 7.15 所示。转台带动线偏振片以一定的角度间隔旋转一周，同时记录 DPC 指定部分像元的响应值，再由 Marius 公式拟合 DPC 的响应值获得三条拟合曲线，进而计算相对偏振方位角。

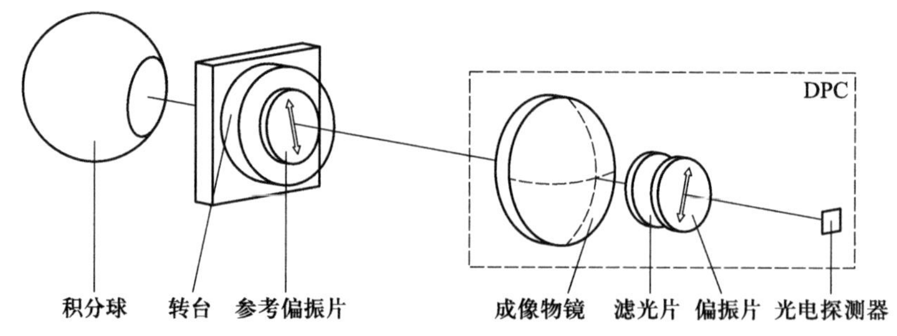

图 7.15 DPC 偏振方位角测试示意图

2）测试步骤

相对偏振方位角的测试步骤如下：

① 搭建测试装置，调整 DPC，使积分球出光口成像在 DPC 中心视场区域；

② 打开积分球辐射源，调节其辐射亮度输出，保证 DPC 偏振谱段的响应值在适当范围之内，预热至稳定状态；

③ 转台带动参考偏振片以 30°间隔旋转一周，在偏振片的各个旋转角度下，DPC 采集全部偏振通道的响应值；

④ 计算中心视场区域若干像元的响应平均值，利用 Marius 公式拟合转台角度与 DPC 响应值，获得各通道拟合曲线最小值点对应的转台角度，计算通道间的相对偏振方位角。

3）数据处理

通过最小二乘法拟合转台角度与 DPC 响应值，数学拟合模型如下：

$$y=y_0+A\cdot\sin^2(x-x_c) \tag{7.6}$$

式中，x 为转台角度；y 为 DPC 中心视场区域若干像元的响应平均值；x_c、y_0 和 A 为拟合系数。

谱段 k 三个通道拟合曲线最小值点对应的转台角度分别记为 $\theta_i^k(i=1,2,3)$。

以谱段 k 的 P1 通道的偏振方位角 θ_1^k 作为基准，$\theta_2^k-\theta_1^k$ 为 P2 通道相对偏振方位角，$\theta_3^k-\theta_1^k$ 为 P3 通道的相对偏振方位角。

4）测试结果

拟合曲线如图 7.16 所示，横轴表示参考偏振片转台角度，纵轴表示对应角度的 DPC 响应值。各谱段的三检偏相对偏振方位角测试结果如表 7.4 所示。以第一通道为基准，测量结果分别在 60°±1°、120°±1°内，符合技术指标要求。

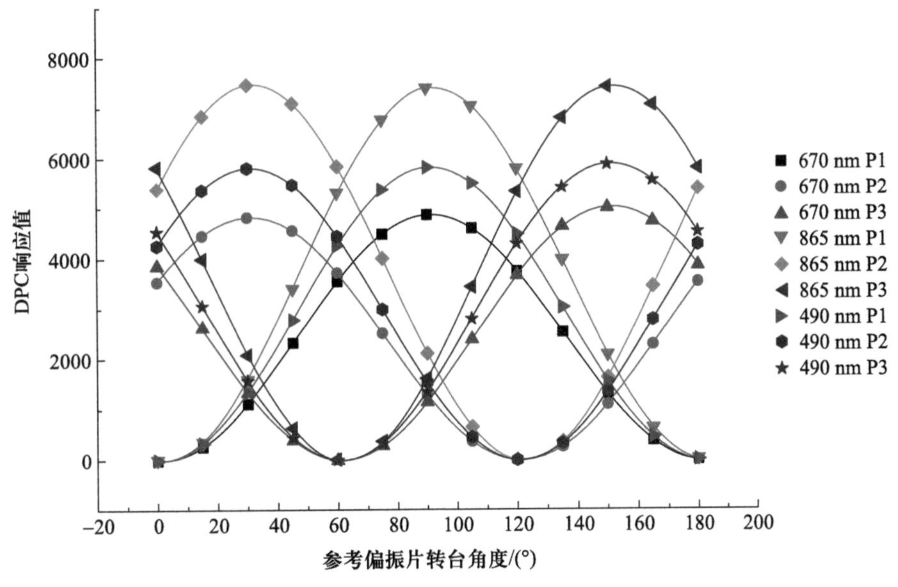

图 7.16 DPC 相对偏振方位角测试拟合曲线

表 7.4 DPC 偏振方位角测试结果

工作谱段/nm	测试结果/(°)	合格判据	判别结果
480~500(P)	0	基准	符合
	60.23	60°±1°	符合
	120.01	120°±1°	符合
660~680(P)	0	基准	符合
	60.01	60°±1°	符合
	119.94	120°±1°	符合
845~885(P)	0	基准	符合
	60.09	60°±1°	符合
	120.06	120°±1°	符合

7.6.3 动态范围

1）测试方法

动态范围是 DPC 最大有效响应对应的目标上限辐亮度。通过 DPC 响应的线性关系和绝对辐射定标系数,计算其最大有效响应对应的上限辐亮度。测试装置如图 7.17 所示。

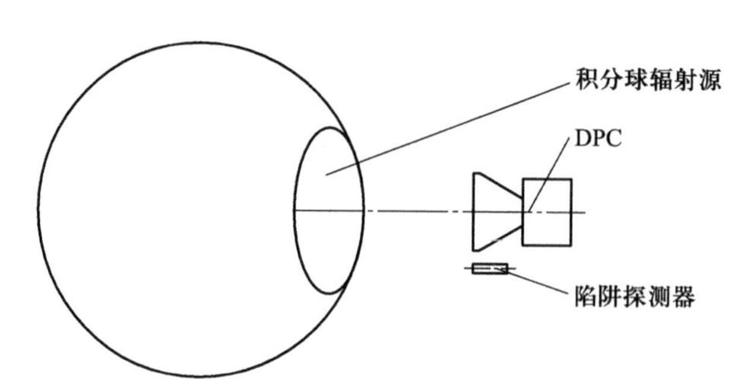

图 7.17 DPC 动态范围测试示意图

2）测试步骤

响应值的测试步骤如下：

① DPC 和陷阱探测器分别正对积分球辐射源，打开积分球辐射源及陷阱探测器，预热至稳定状态；

② DPC 设置为陆地观测模式；

③ DPC 和陷阱探测器同时对积分球辐射源进行观测，并记录响应值；

④ 改变积分球辐射亮度级别，重复步骤③；

⑤ DPC 设置为海洋观测模式，重复步骤③和④。

3）数据处理

目标上限辐亮度通过 DPC 最大有效响应与绝对响应度的比值获得，计算公式如下：

$$L(\lambda)_{\max}=X_{\max}^{k}/A^{k} \tag{7.7}$$

式中，$L(\lambda)_{\max}$为动态范围的实测上限辐亮度；A^k 为绝对辐射定标系数；$X_{\max}^{k}$为 DPC 最大有效响应，最大有效响应为 DPC 线性响应上限值。

动态范围通过计算 1 个太阳常数的辐照度以 50°天顶角条件照明要求的表观反射率朗伯型目标反射的辐亮度获得，计算公式如下：

$$\mathrm{LC}(\lambda)_{\max}=\frac{E(\lambda)\times\rho^{k}}{\pi} \tag{7.8}$$

式中，$\mathrm{LC}(\lambda)_{\max}$为动态范围的参考上限辐亮度；$E(\lambda)$为 1 个太阳常数的辐照度；$\rho^k$ 为表观反射率。

4）测试结果

DPC 动态范围测试结果如表 7.5 和表 7.6 所示，各谱段动态范围上限的表观反射率相对偏差皆大于 0，符合技术指标要求。

表 7.5 DPC 陆地观测模式动态范围测试结果

工作谱段 /nm	实测上限辐亮度 /(μW·cm^{-2}·sr^{-1}·nm^{-1})	Thuillier 辐照度 /(μW·cm^{-2}·nm^{-1})	实测表观反射率 $\rho^{k,m}$/%	参考表观反射率 $\rho^{k,c}$/%	相对偏差 $\Delta\rho$/%	合格判据	判别结果
443	621.083	181.418	167.32	120	39.43	$\Delta\rho>0$	符合
490(P1)	524.916	187.751	136.64	120	13.87		符合
490(P2)	524.912	187.751	136.64	120	13.87		符合
490(P3)	517.261	187.751	134.65	120	12.21		符合
565	483.766	178.453	132.49	120	10.41		符合
670(P1)	370.146	148.179	122.09	115	6.16		符合
670(P2)	369.230	148.179	121.78	115	5.90		符合
670(P3)	355.616	148.179	117.29	115	2.00		符合
763	204.797	119.114	84.03	70	20.05		符合
765	275.431	118.721	113.39	100	13.39		符合
865(P1)	245.726	94.861	126.60	120	5.50		符合
865(P2)	243.175	94.861	125.29	120	4.41		符合
865(P3)	244.007	94.861	125.72	120	4.76		符合
910	171.539	89.324	93.86	80	17.32		符合

表 7.6 DPC 海洋观测模式动态范围测试结果

工作谱段 /nm	实测上限辐亮度 /(μW·cm^{-2}·sr^{-1}·nm^{-1})	Thuillier 辐照度 /(μW·cm^{-2}·nm^{-1})	实测表观反射率 $\rho^{k,m}$/%	参考表观反射率 $\rho^{k,c}$/%	相对偏差 $\Delta\rho$/%	合格判据	判别结果
443	21.591	181.418	58.17	40	45.42	$\Delta\rho>0$	符合
490(P1)	18.248	187.751	47.50	40	18.76		符合
490(P2)	18.248	187.751	47.50	40	18.76		符合
490(P3)	17.982	187.751	46.81	40	17.02		符合
565	16.817	178.453	46.06	35	31.60		符合
670(P1)	12.867	148.179	42.44	40	6.10		符合
670(P2)	12.836	148.179	42.34	40	5.84		符合
670(P3)	12.362	148.179	40.78	40	1.94		符合
763	7.119	119.114	29.21	25	16.85		符合
765	9.575	118.721	39.42	35	12.62		符合
865(P1)	8.542	94.861	44.01	40	10.03		符合
865(P2)	8.453	94.861	43.55	40	8.88		符合
865(P3)	8.482	94.861	43.70	40	9.26		符合
910	5.963	89.324	32.63	30	8.76		符合

7.6.4 信噪比

1）测试方法

DPC 的信噪比定义为在任意工作谱段，在 DPC 的探测器未满阱饱和时，响应值与噪声值之比的最大值。

信噪比的测试方法为使用积分球作为辐射源，在探测器响应未满阱饱和的情况下，连续采集 100 幅积分球辐射源图像，计算 DPC 响应值与噪声值的比值。测试装置与动态范围测试相同，如图 7.17 所示。

2）测试步骤

信噪比的测试步骤如下：

① 将 DPC 和陷阱探测器对准积分球辐射源出光口；

② DPC 设置为陆地观测模式；

③ 打开积分球辐射源，调节其辐射亮度输出，保证 DPC 某一通道的响应值在适当范围之内，预热至稳定状态；

④ 连续采集 100 幅积分球辐射源图像，同步采集陷阱探测器数据；

⑤ 分析陷阱探测器测试数据，选取光源非稳定性小于 0.5%的时段内的 DPC 图像数据若干幅，进行处理；

⑥ DPC 设置为海洋观测模式，重复步骤③~⑤。

3）数据处理

按式(7.9)计算 DPC 信号平均响应值：

$$\overline{Y}(\lambda)=\sum_{i=1}^{N}\frac{Y_i(\lambda)}{N} \tag{7.9}$$

计算噪声值：

$$\Delta Y(\lambda)=\sqrt{\frac{\sum_{i=1}^{N}\left[Y_i(\lambda)-\overline{Y}(\lambda)\right]^2}{N-1}} \tag{7.10}$$

计算信噪比：

$$\mathrm{SNR}=\frac{\overline{Y}(\lambda)}{\Delta Y(\lambda)} \tag{7.11}$$

式中，$Y_i(\lambda)$为 DPC 波长为 λ 的谱段第 i 次信号响应值；N 为测量次数。

4）测试结果

DPC 信噪比测试结果如表 7.7 所示，各工作谱段信噪比均优于 500，符合技术指标要求。

表 7.7 DPC 信噪比的测试结果

工作谱段/nm	测试信噪比		合格判据	判别结果
	陆地观测模式	海洋观测模式		
443	552.4	548.3	优于 500	符合
490(P1)	557.0	544.0		符合
490(P2)	549.8	526.3		符合
490(P3)	537.3	547.2		符合
565	521	531.9		符合
670(P1)	500.7	504.0		符合
670(P2)	505.3	511.2		符合
670(P3)	504.0	524.6		符合
763	547.9	540.2		符合
765	530.7	526.6		符合
865(P1)	529.2	529.4		符合
865(P2)	526.3	544.0		符合
865(P3)	544.8	547.1		符合
910	536.1	545.5		符合

7.6.5 视场角

1）测试方法

搭建如图 7.18 所示的测试装置，卧式转台带动平行光管在 DPC 的沿轨方向扫描，使光斑重心分别位于图像两侧边缘，记录卧式转台角度值；对应的 2 个卧式转台角度值之差即为 DPC 沿轨视场角。穿轨视场角测试方法与此类似。

2）测试步骤

视场角的测试步骤如下：

① 将 DPC 安装在分离式二维电控旋转台的立式转台上，使卧式转轴与立式转轴的交点落在 DPC 的入瞳处，且平行光管主光轴通过该点；

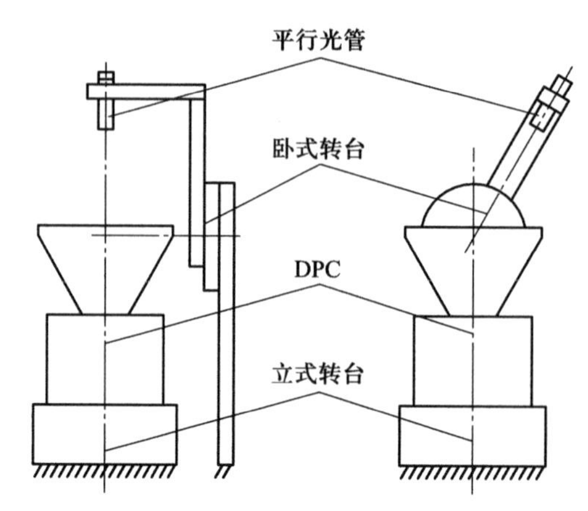

图7.18　DPC视场角测试示意图

② 选定DPC的某一通道，将卧式转台置于若干不同的角度，使DPC对平行光管光源成像，记录一系列圆形光斑重心在像元坐标系下的坐标；

③ 调整立式转台的角度，使得一系列圆形光斑重心确定的直线与DPC像元的沿轨方向一致；

④ 卧式转台带动平行光管顺时针扫描，直到圆形光斑重心与DPC沿轨方向一侧最边缘像元重合，记录卧式转台角度作为沿轨方向一侧的最大视场角；

⑤ 卧式转台带动平行光管零点回位，然后逆时针扫描，直到圆形光斑重心与DPC沿轨方向另一侧最边缘像元重合，记录卧式转台角度作为沿轨方向另一侧的最大视场角；

⑥ 立式转台带动DPC旋转90°，重复步骤④和⑤，测试DPC在穿轨方向两侧的最大视场角；

⑦ 逐个切换DPC的通道，重复步骤②~⑥。

3）测试结果

DPC视场角测试结果如表7.8所示，沿轨、穿轨方向最大视场角偏差均不超过0.5°，符合技术指标要求。

表7.8　DPC视场角测试结果

工作谱段/nm	沿轨最大视场角/(°)	穿轨最大视场角/(°)	合格判据	判别结果
433~453	−49.74~49.79	−49.80~49.73	−50°±0.5°~50°±0.5°	符合
480~500(P1)	−49.93~49.97	−49.97~49.91		符合
480~500(P2)	−49.92~49.97	−49.97~49.91		符合
480~500(P3)	−49.93~49.97	−49.97~49.91		符合
555~575	−49.97~50.02	−50.02~49.95		符合
660~680(P1)	−49.89~49.93	−49.93~49.87		符合
660~680(P2)	−49.89~49.93	−49.93~49.87		符合

续表

工作谱段/nm	沿轨最大视场角/(°)	穿轨最大视场角/(°)	合格判据	判别结果
660~680(P3)	-49.88~49.92	-49.93~49.87	-50°±0.5°~50°±0.5°	符合
758~768	-49.76~49.80	-49.81~49.75		符合
745~785	-49.76~49.80	-49.80~49.74		符合
845~885(P1)	-49.61~49.65	-49.65~49.59		符合
845~885(P2)	-49.61~49.65	-49.65~49.59		符合
845~885(P3)	-49.61~49.65	-49.66~49.60		符合
900~920	-49.54~49.58	-49.58~49.52		符合

7.6.6 星下点空间分辨率

1) 测试方法

DPC 星下点空间分辨率定义为星下点像元对应的地面成像几何尺寸数值。

与视场角测试相似,搭建如图 7.18 所示的测试装置,通过测量近轴像高和视场角来获得单像元角分辨率,进而计算星下点空间分辨率。

2) 测试步骤

星下点空间分辨率的测试步骤如下:

① 将 DPC 安装在分离式二维电控旋转台的立式转台上,使卧式转轴与立式转轴的交点落在 DPC 的入瞳处,且平行光管主光轴通过该点;

② 调整卧式转台角度,使 DPC 对 0°视场角入射的平行光管光束成像,记录像面光斑重心的像元坐标位置(x_0,y_0);

③ 调整卧式转台角度,使 DPC 对小视场角 μ_1 入射的平行光管光束成像,记录像面光斑重心的像元坐标位置(x_1,y_1);

④ 调整卧式转台角度,使 DPC 对小视场角 μ_2 入射的平行光管光束成像,记录像面光斑重心的像元坐标位置(x_2,y_2);

⑤ 重复步骤②~④,对其他通道进行测试。

3) 数据处理

DPC 的中心视场单像元角分辨率 ω 的计算公式为

$$\omega=\frac{\sum_{i=1}^{2}\frac{\mu_i}{\sqrt{(x_i-x_0)^2+(y_i-y_0)^2}}}{2} \tag{7.12}$$

星下点空间分辨率 b 的计算公式为

$$b=\omega\cdot\frac{2\pi}{180^\circ}\cdot H \tag{7.13}$$

式中,H 为卫星标称轨道高度,$H=705$ km。

4）测试结果

DPC 星下点空间分辨率测试结果如表 7.9 所示,各通道的星下点空间分辨率均优于 3.5 km,符合技术指标的要求。

表 7.9 DPC 星下点空间分辨率测试结果

工作谱段/nm	单像元角分辨率/(°)	星下点空间分辨率/km	合格判据	判别结果
433~453	0.264	3.247	优于 3.5 km	符合
480~500(P1)	0.266	3.270		符合
480~500(P2)	0.266	3.269		符合
480~500(P3)	0.266	3.269		符合
555~575	0.266	3.278		符合
660~680(P1)	0.267	3.284		符合
660~680(P2)	0.267	3.282		符合
660~680(P3)	0.266	3.278		符合
758~768	0.266	3.277		符合
745~785	0.266	3.277		符合
845~885(P1)	0.266	3.270		符合
845~885(P2)	0.266	3.270		符合
845~885(P3)	0.266	3.270		符合
900~920	0.265	3.266		符合

7.6.7 多角度观测

1）测试方法

DPC 沿轨多角度观测数定义为同一地面目标在沿轨方向单轨测量可获取的角度观测数量。

根据轨道高度、星下点运动速度和 DPC 的沿轨方向视场角、一角度成像周期,计算多角度观测数。

2）测试步骤

多角度观测的测试步骤如下：

① 检查 DPC 的 LVDS 辅助数据中的时间码，对同一通道的相邻两次成像时间码作差，得到一角度成像周期；

② 根据一角度成像周期及星下点运动速度，计算一角度成像周期内的星下点运动距离；

③ 根据 DPC 沿轨方向视场角测试结果及卫星轨道高度，计算地面沿轨成像幅宽；

④ 根据 DPC 的沿轨成像幅宽及一角度成像周期内的星下点运动距离，计算 DPC 的多角度观测数。

3）数据处理

如图 7.19 所示，DPC 沿轨方向成像幅宽 L 的计算公式为

$$L=2R\cdot\tan^{-1}(x/R) \tag{7.14}$$

式中，R 为地球平均半径，$R=6371.004$ km；x 满足如下方程：

$$x^2+\left(R+H-\frac{x}{\tan\theta/2}\right)^2=R^2 \tag{7.15}$$

式中，H 为卫星标称轨道高度，$H=705$ km；θ 为 DPC 沿轨方向的总视场角，详见视场角测试数据。

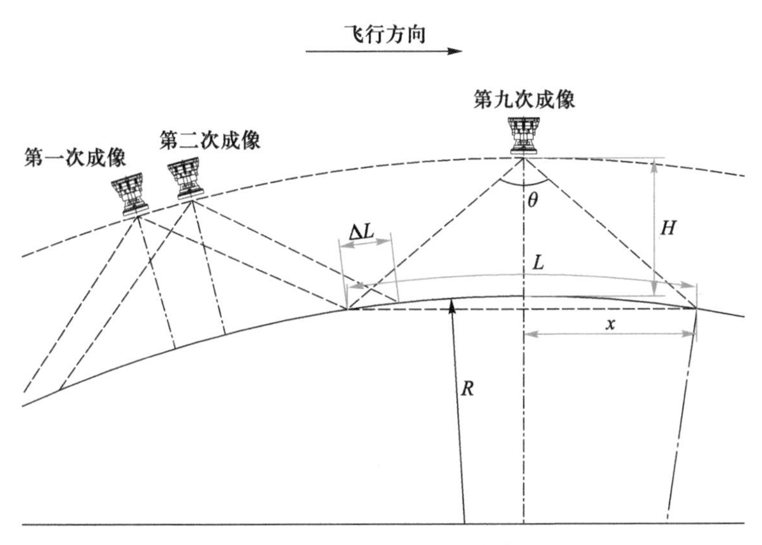

图 7.19 DPC 多角度观测数计算示意图

星下点运动速度的计算公式为

$$v_{地}=\frac{R}{R+H}\sqrt{\frac{\mathrm{GM}}{R+H}} \tag{7.16}$$

式中,GM 为地心引力常数,$\mathrm{GM}=398600.44\ \mathrm{km}^3\cdot \mathrm{s}^2$。

一角度成像周期内的星下点运动距离 ΔL 的计算公式为

$$\Delta L=v\cdot T \tag{7.17}$$

式中,v 为卫星星下点运动速度;T 为 DPC 一角度成像周期。

多角度观测数 N 的计算公式为

$$N=L/\Delta L \tag{7.18}$$

4）测试数据

DPC 多角度观测数测试结果如表 7.10 所示,多角度观测数不少于 9,符合技术指标要求。

表 7.10 DPC 多角度观测数测试结果

一角度成像周期/s	一角度成像周期内的星下点运动距离/km	沿轨方向成像幅宽/km	多角度观测数	合格判据	判别结果
29.118	196.768	1680.373	9.54	>9	符合

7.6.8 偏振度测量精度

1）测试方法

偏振度测量精度为 DPC 经过偏振定标后,其偏振度测量值相对于被测目标预设值的偏离程度,其中偏振度≤0.3。

偏振度测量精度的测试使用可调偏振度光源产生一个已知偏振度的偏振光,将 DPC 测试获得的偏振度与可调偏振度光源的理论偏振度进行比较,评价偏振度测量精度。可调偏振度光源的理论预设值通过其偏振盒内平板玻璃的透过率数据和转动角度数据计算获得。可调偏振度光源的理论偏振度输出精度优于 0.005,可满足 DPC 偏振精度≤0.02 的验证要求。测试装置如图 7.20 所示。

2）测试步骤

偏振度测量精度的测试步骤如下:

① 打开积分球辐射源,调节光谱辐亮度输出,使 DPC 某一偏振谱段的响应值在适当范围之内,预热至稳定状态;

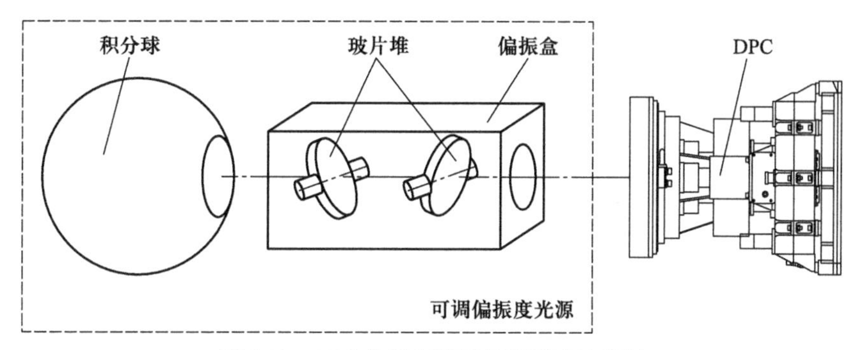

图 7.20 DPC 偏振度测量精度测试示意图

② 调节可调偏振度光源玻片堆的旋转角度,输出该谱段下偏振度为 0.1 的偏振光;

③ DPC 对偏振度为 0.1 的偏振光进行测试,计算偏振度预设值和 DPC 测量值的偏差,调整偏振光对 DPC 的入射角度,分别进行若干视场的测试;

④ 调节可调偏振度光源玻片堆的旋转角度,分别输出该谱段下偏振度为 0.15、0.20、0.25、0.30 和 0.40 的偏振光,重复步骤③进行测试;

⑤ 重复步骤①~④,在不同偏振谱段、不同偏振度条件下进行测试。

3）数据处理

谱段 k 的 Stokes 参量(I^k,Q^k,U^k)的计算公式为

$$\begin{bmatrix} \mathrm{DC}^{k,1} \\ \mathrm{DC}^{k,2} \\ \mathrm{DC}^{k,3} \end{bmatrix} = \boldsymbol{M}^k \begin{bmatrix} I^k \\ Q^k \\ U^k \end{bmatrix} \tag{7.19}$$

式中,$\boldsymbol{M}^k$ 为 DPC 系统 Mueller 矩阵,由实验室偏振辐射定标获得;$\mathrm{DC}^{k,1}$、$\mathrm{DC}^{k,2}$、$\mathrm{DC}^{k,3}$ 为 DPC 谱段 k 的 3 个偏振通道经过数据预处理后的响应值。

偏振度测量值 P_{M}^k 的计算公式为

$$P_{\mathrm{M}}^k = \sqrt{(Q^k)^2+(U^k)^2}/I^k \tag{7.20}$$

DPC 谱段 k 的偏振度测量偏差 ΔP^k 的计算公式为

$$\Delta P^k = |P_{\mathrm{M}}^k - P_{\mathrm{C}}^k| \tag{7.21}$$

式中,P_{C}^k 为可调偏振度光源谱段 k 的预设偏振度。

4）测试结果

在不同谱段、不同视场角、不同预设偏振度条件下,各偏振度的预设值、DPC 的测量值及两者偏差如表 7.11 到表 7.13 所示。DPC 偏振度测量偏差均不超过 0.02,符合技术指标要求。

表 7.11 DPC 490 nm 谱段偏振度测试结果

测量视场角	偏振度预设值	偏振度测量值	偏差	合格判据	判别结果
中心视场	0	0.007	0.007	≤0.02	符合
	0.103	0.105	0.002		
	0.153	0.150	0.003		
	0.204	0.201	0.003		
	0.255	0.252	0.003		
	0.304	0.313	0.009		
	0.406	0.406	0.000		
30%视场角	0	0.010	0.010	≤0.02	符合
	0.103	0.103	0.000		
	0.153	0.149	0.004		
	0.204	0.200	0.004		
	0.255	0.251	0.004		
	0.304	0.314	0.010		
	0.406	0.406	0.000		
60%视场角	0	0.007	0.007	≤0.02	符合
	0.103	0.104	0.001		
	0.153	0.148	0.005		
	0.204	0.199	0.005		
	0.255	0.251	0.004		
	0.304	0.312	0.008		
	0.406	0.405	0.001		
90%视场角	0	0.007	0.007	≤0.02	符合
	0.103	0.093	0.010		
	0.153	0.147	0.006		
	0.204	0.198	0.006		
	0.255	0.249	0.006		
	0.304	0.292	0.012		
	0.406	0.402	0.004		

表 7.12 DPC 670 nm 谱段偏振度测试结果

测量视场角	偏振度预设值	偏振度测量值	偏差	合格判据	判别结果
中心视场	0	0.013	0.013	≤0.02	符合
	0.100	0.101	0.001		
	0.150	0.150	0.000		
	0.200	0.201	0.001		
	0.250	0.251	0.001		
	0.300	0.301	0.001		
	0.400	0.401	0.001		
30%视场角	0	0.011	0.011	≤0.02	符合
	0.100	0.104	0.004		
	0.150	0.151	0.001		
	0.200	0.200	0.000		
	0.250	0.249	0.001		
	0.300	0.300	0.000		
	0.400	0.401	0.001		
60%视场角	0	0.011	0.011	≤0.02	符合
	0.100	0.103	0.003		
	0.150	0.152	0.002		
	0.200	0.202	0.002		
	0.250	0.252	0.002		
	0.300	0.302	0.002		
	0.400	0.403	0.003		
90%视场角	0.000	0.017	0.017	≤0.02	符合
	0.100	0.103	0.003		
	0.150	0.152	0.002		
	0.200	0.201	0.001		
	0.250	0.251	0.001		
	0.300	0.301	0.001		
	0.400	0.401	0.001		

表 7.13 DPC 870 nm 谱段偏振度测试结果

测量视场角	偏振度预设值	偏振度测量值	偏差	合格判据	判别结果
中心视场	0	0.007	0.007	≤0.02	符合
	0.100	0.101	0.001		
	0.149	0.150	0.001		
	0.198	0.199	0.001		
	0.248	0.248	0.000		
	0.297	0.299	0.002		
	0.397	0.398	0.001		
30%视场角	0	0.007	0.007	≤0.02	符合
	0.100	0.102	0.002		
	0.149	0.150	0.001		
	0.198	0.199	0.001		
	0.248	0.249	0.001		
	0.297	0.299	0.002		
	0.397	0.399	0.002		
60%视场角	0	0.005	0.005	≤0.02	符合
	0.100	0.100	0.000		
	0.149	0.148	0.001		
	0.198	0.198	0.000		
	0.248	0.248	0.000		
	0.297	0.298	0.001		
	0.397	0.400	0.003		
90%视场角	0	0.006	0.006	≤0.02	符合
	0.100	0.099	0.001		
	0.149	0.149	0.000		
	0.198	0.198	0.000		
	0.248	0.248	0.000		
	0.297	0.298	0.001		
	0.397	0.398	0.001		

7.6.9 像元配准精度

1）测试方法

DPC 同一光谱波段的 P1、P2 和 P3 检偏通道设计有-1、0 和 1 像元偏移，保证随着卫星飞行，P1、P2 和 P3 的同一像元探测同一目标。

另外，763 nm 和 765 nm 设计有-1 和 0 像元偏移。

DPC 像元配准精度优于 0.1 个像元，即对固定的点光源成像的 3 个偏振谱段，P1 通道相对 P2 通道的像元位移、P3 通道相对 P2 通道的像元位移均在 1±0.1 范围内，763 nm 通道相对 765 nm 通道的像元位移也在 1±0.1 范围内。

2）测试步骤

像元配准精度的测试步骤如下：

① 将 DPC 安装在分离式二维电控旋转台的立式转台上，使卧式转轴与立式转轴的交点落在 DPC 的入瞳处，且平行光管主光轴通过该点；

② 调整卧式转台角度，使 DPC 对 0°视场角入射的平行光管光束成像，记录各通道像面光斑重心的像元坐标位置；

③ 调整卧式转台角度，使 DPC 对 30°视场角入射的平行光管光束成像，记录各通道像面光斑重心的像元坐标位置。

3）测试结果

DPC 像元配准精度测试结果如表 7.14 和表 7.15 所示，总像元位移均在 1±0.1 范围内，符合技术指标的要求。

表 7.14 DPC 像元配准精度测试结果（0°视场）

工作谱段/nm	光斑重心坐标		相对平板通道的像元位移		总像元位移	合格判据	判别结果
	行方向	列方向	行方向	列方向			
490(P1)	272.05	255.02	-0.01	-1.03	1.03	1±0.1	符合
490(P2)	272.06	256.05	0.00	0.00	0.00	—	—
490(P3)	272.07	257.04	0.01	0.99	0.99	1±0.1	符合
670(P1)	272.09	255.12	0.03	-0.99	0.99	1±0.1	符合
670(P2)	272.05	256.11	0.00	0.00	0.00	—	—
670(P3)	272.07	257.05	0.02	0.94	0.94	1±0.1	符合
763	272.01	255.09	-0.03	-0.97	0.97	1±0.1	符合
765	272.05	256.07	0.00	0.00	0.00	—	—
865(P1)	272.05	255.07	-0.05	-0.96	0.96	1±0.1	符合
865(P2)	272.10	256.03	0.00	0.00	0.00	—	—
865(P3)	272.01	257.08	-0.09	1.05	1.05	1±0.1	符合

表7.15　DPC像元配准精度测试结果(30°视场)

工作谱段/nm	光斑重心坐标		相对平板通道的像元位移		总像元位移	合格判据	判别结果
	行方向	列方向	行方向	列方向			
490(P1)	272.43	379.64	-0.01	-1.04	1.04	1±0.1	符合
490(P2)	272.44	380.68	0.00	0.00	0.00	—	—
490(P3)	272.44	381.66	0.00	0.98	0.98	1±0.1	符合
670(P1)	272.39	379.48	0.02	-1.00	1.00	1±0.1	符合
670(P2)	272.37	380.48	0.00	0.00	0.00	—	—
670(P3)	272.40	381.44	0.03	0.96	0.96	1±0.1	符合
763	272.35	379.66	-0.04	-0.98	0.98	1±0.1	符合
765	272.39	380.64	0.00	0.00	0.00	—	—
865(P1)	272.38	379.94	-0.04	-0.96	0.96	1±0.1	符合
865(P2)	272.42	380.90	0.00	0.00	0.00	—	—
865(P3)	272.34	381.94	-0.08	1.04	1.05	1±0.1	符合

7.6.10　辐射定标精度

1）测试方法

辐射定标精度是指DPC绝对辐射响应度的定标不确定度。DPC通过基于光谱辐射计的辐亮度定标系统进行定标,其辐射定标不确定度主要包括基于光谱辐射计的辐亮度定标系统的不确定度和DPC的非线性、非稳定性等不确定度。

非线性是指DPC输出-输入关系偏离线性的程度。具体测试方法是:改变积分球的辐射亮度级别,使用DPC和陷阱探测器进行观测,并记录响应值;将两者的测试数据进行线性拟合,计算拟合残差与标准差,获得DPC的非线性不确定度。

非稳定性是指DPC输出在规定的时间内的变化程度。具体测试方法是:保持积分球的辐射亮度级别不变,按一定的时间间隔,使DPC对积分球辐射源进行长时间观测;计算DPC的非稳定性不确定度。

根据DPC的非线性、非稳定性不确定度测试结果和定标系统的不确定度,计算DPC辐射定标的合成不确定度。

2）测试步骤

DPC非线性测试步骤如下:

① 打开积分球辐射源和陷阱探测器,预热至稳定状态;

② 使用DPC和陷阱探测器对积分球辐射源进行观测,并记录响应值;

③ 改变积分球辐射亮度级别,重复步骤①和②的测试;

④ 对DPC与陷阱探测器的响应值数据进行线性拟合,计算拟合残差标准差,获得DPC的非线性不确定度。

DPC 非稳定性测试步骤如下：

① 打开积分球辐射源，预热至稳定状态；

② DPC 对积分球辐射源进行观测，并记录响应值；

② DPC 每 5 分钟测量一次，每次测量采样 10 次，共测量 30 分钟；

④ 对数据进行处理，计算 DPC 的非稳定性不确定度。

3）数据处理

DPC 谱段 k 的响应非线性系数$(\mathrm{NL})^k$的计算公式为

$$(\mathrm{NL})^k=\sqrt{\frac{\sum_{i=1}^{M}\left(\frac{\hat{X}^{k,i}}{\bar{X}^{k,i}}-1\right)^2}{M-1}}\times 100\% \tag{7.22}$$

式中，$\hat{X}^{k,i}$为 DPC 谱段 k 的线性拟合值；$\bar{X}^{k,i}$为 DPC 谱段 k 的线性测量平均响应值；i 为测量辐射亮度级别序号；M 为总的测量辐射亮度级别数。

DPC 谱段 k 的响应度非稳定性$(\mathrm{NS})^k$的计算公式为

$$(\mathrm{NS})^k=\frac{1}{\langle Y^k\rangle}\sqrt{\frac{\sum_{t=1}^{T}(Y^{k,t}-\langle Y^k\rangle)^2}{T-1}}\times 100\% \tag{7.23}$$

式中，t 为测量序号；T 为总的测量次数；$Y^{k,t}$为 DPC 谱段 k 第 t 次测量的响应值；$\langle Y^k\rangle$为 DPC 谱段 k 总计 T 次测量的响应值的算术平均值。

4）测试结果

定标系统的不确定度，DPC 响应非线性测试数据、非稳定性测试数据，以及合成不确定度如表 7.16 所示。DPC 辐射定标的不确定度优于 4.0%，符合技术指标要求。

表 7.16 DPC 辐射定标精度测试结果

工作谱段/nm	不确定性因素及贡献			合成标准不确定度/%	合格判据	判别结果
	基于光谱辐射计的定标系统不确定度/%	DPC 非线性不确定度/%	DPC 非稳定性不确定度/%			
433～453	3.11	0.13	0.044	3.11	优于 4.0%	符合
480～500	3.08	0.06	0.11	3.08		符合
555～575	3.07	0.13	0.075	3.08		符合
660～680	3.06	0.06	0.096	3.06		符合

续表

工作谱段/nm	不确定性因素及贡献			合成标准不确定度/%	合格判据	判别结果
	基于光谱辐射计的定标系统不确定度/%	DPC 非线性不确定度/%	DPC 非稳定性不确定度/%			
758~768	2.92	0.08	0.088	2.93	优于 4.0%	符合
745~785	2.92	0.08	0.094	2.93		符合
845~885	3.13	0.11	0.094	3.13		符合
900~920	3.94	0.09	0.092	3.95		符合

综上所述,DPC 全部测试项目符合技术指标要求。

第 8 章

星载 DPC 应用系统技术工程

基于前面章节有关信息产品体系和 0~5 级产品处理技术方法，面向应用需求，依据遥感数据工程理论设计 DPC 应用系统工程方案，构建应用系统及服务能力。

8.1 DPC 数方产品

数据方块（Data Square，DS；简称数方）是一种遥感信息的“集装箱”，按照标准定量产品规格要求，形成具有统一时空网格的标准化结构，便于开展遥感数据信息的全流程处理和展示。

8.1.1 DPC 数据方块定义

目前，遥感领域的多角度偏振数据较少，主要是法国的 POLDER 和 PARASOL 载荷以及我国的高分五号卫星、大气环境监测卫星、陆地生态系统碳监测卫星等。以法国 PARASOL 卫星传感器为例，其最多可以从 16 个角度来获取地表的偏振信息，原始观测数据经过几何与辐射定标后成为一级数据。几何校正中采用了正弦曲线等面积投影（sinusoidal equal area projection）方式，每景一级数据存储了从北到南一个完整扫描带的所有数据。由于正弦曲线等面积投影后每一行的地面点的数量不同，而且每个地面点被观测到的方向数量也不相同，POLDER/PARASOL 的一级数据采用连续存储的方式来存储每个地面点的多角度数据，而没有采用 MODIS 矩阵存储的方式。因此 POLDER/PARASOL 一级数据的读取比较复杂，很多希望使用多角度偏振数据的科研工作者需要耗费大量的精力来熟悉 POLDER 和 PARASOL 格式。MODIS 数据虽然相对简单，但是采用的数据格式为 HDF，文件读取需要安装专门的插件，而且进行定量反演时还需要从文件中读取定标参数来进行数据转换。

DPC 数据与 POLDER/PARASOL 相似，如果采用原有的数据存储方式，就无法为使用者提供简洁的数据读取方式，极大地影响了数据的推广使用。为了解决这个问题，我们提出了数据方块的思想。DPC数据首先经过几何校正和辐射校正后转换为反射率数据,然后将反射率数据按照分块规则进行切分,每个通道和每个角度的反射率数据以及反演需要的角度信息(如太阳天顶角、观测天顶角、太阳方位角、观测方位角)都作为切分后的数据层,所有的数据层的几何信息一致,因此可以采用tiff图像文件的方式来进行统一存储。切分时采用无投影的经纬度网格方式去除投影的影响,用户可以直接通过经纬度来访问所有的数据,非常方便,易于编程来实现。

采用数据方块的优势非常明显,根据实际应用的需求,只需要从tiff图像中读取特定层的图像即可。所有层统一采用浮点型来存储,图像数据统一存储为反射率。tiff图像文件名以及文件头中存储对应的投影信息和图像分辨率信息,可以用来计算每个像素的地理坐标。采用数方的存储方式,可以让用户更专注于遥感算法的研究和提高,不必花费大量的时间来研究文件格式、寻找标定系数、进行投影运算等烦琐的预处理工作。

1) DPC数据几何辐射一体化处理模型

利用数学模型可以定量描述遥感系统成像过程的辐射特性与几何特性。而随着遥感图像空间分辨率的不断提高,综合几何和辐射一体化处理就显得格外重要。基于网格的像元级几何辐射一体化采样如图8.1所示。

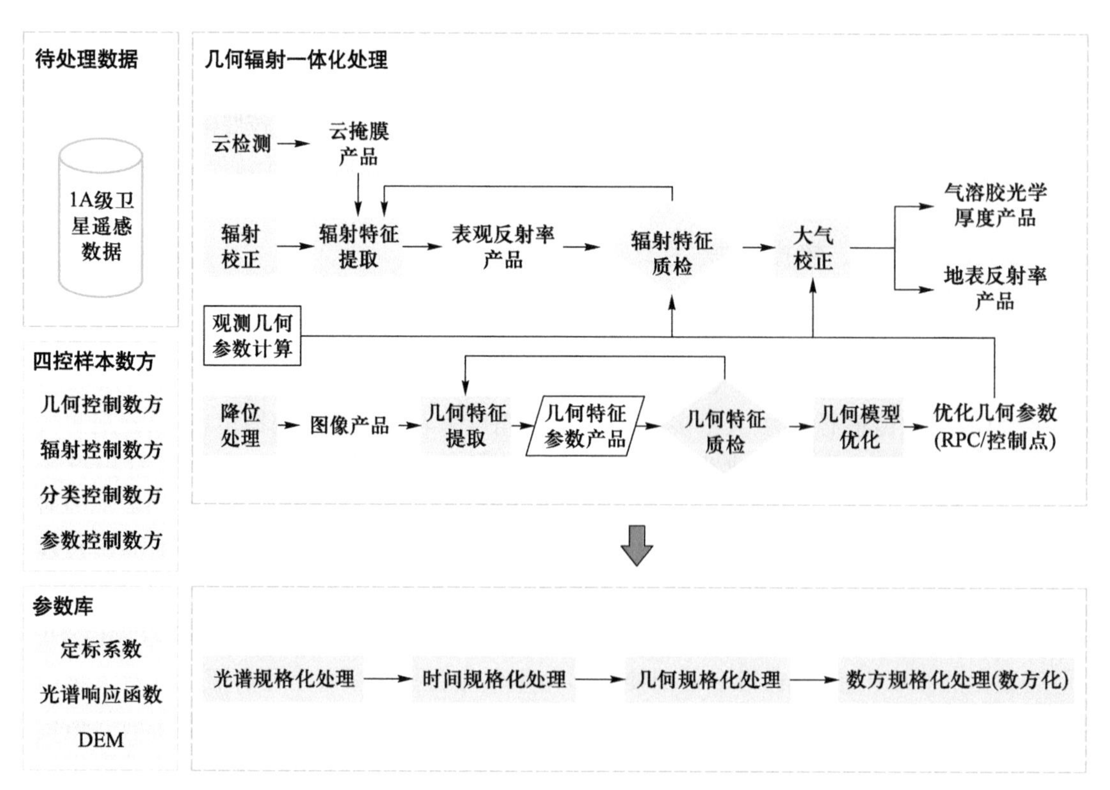

图8.1 几何辐射一体化计算方法示意图

几何辐射一体化处理生产的标准 DPC 数方产品具有以下特征：

标准采样：DPC 数据方块在生产的过程中不可避免会进行数据采样，为了保证数据方块的图像质量，避免插值采样导致的数据退化，保证数据方块在定量遥感中的精度，统一采用最邻近方式作为标准采样。最邻近采样的方式直接将原始的数据拷贝复制到采样的位置，能最大限度地保留原始数据的精度。

数据网格一致性：DPC 数据方块产品是在 0~2 级产品基础上衍生的数据产品。数据方块产品采用几何分级分块的方式来对 DPC 数据进行切分和重新组织。切分后的数据按照分级标准进行命名，多光谱数据、偏振反射率数据、多角度信息都采用数据层的方式来存储。如果把几何的平面数据当作数据方块的长和宽，把不同层的数据在高度方向进行展开，便形成一个数据方块。DPC 数据的特殊性在于不但有光谱数据，还有偏振和多角度数据。

存储格式：数据产品按照 tiff（或者 HDF5，高分专用格式）格式进行存储，tiff 格式的每个通道代表了一层数据。为了方便进行存取，所有的数据格式都按照浮点型来存储，反射率数据、不同角度的偏振反射率数据、太阳天顶角、观测天顶角、相对方位角都作为图像层进行存储。为了减少后续标定参数的使用，在制作产品时将图像 DN 值转换为反射率数据。相比传统的多角度偏振数据产品，DPC 数据方块产品能够简化多角度偏振数据的访问，通过 GDAL 库就可以实现所有数据的读取，也不需要提取标定参数。因为所有的数据都已经转换为反射率，可以直接用于定量遥感。

（1）像元级几何辐射处理

航天摄影测量将 DPC 相机搭载在卫星平台上，从太空对地球表面进行摄影得到卫星图像，然后基于卫星摄影测量模型进行几何定位与测量。严密成像几何模型通过构建图像像点坐标和对应的目标点物方坐标之间的函数关系，描述了图像获取的物理特性。DPC 卫星图像采用线阵 CCD 推扫成像方式获取，每个成像时刻获取一行图像，随着卫星的运动形成连续的条带图像。独立获取的每行图像可理解为行中心投影成像，满足共线方程如下：

$$\begin{bmatrix} X \\ Y \\ Z \end{bmatrix}_{\text{WGS-84}} = \begin{bmatrix} X_{\text{GPS}} \\ Y_{\text{GPS}} \\ Z_{\text{GPS}} \end{bmatrix} + m\boldsymbol{R}_{\text{J2000}}^{\text{WGS-84}} \boldsymbol{R}_{\text{Star}}^{\text{J2000}} (\boldsymbol{R}_{\text{star}}^{\text{body}})^{\text{T}} \cdot \left\{ \begin{bmatrix} D_x \\ D_y \\ D_z \end{bmatrix} + \begin{bmatrix} d_x \\ d_y \\ d_z \end{bmatrix} + \boldsymbol{R}_{\text{camera}}^{\text{body}} \begin{bmatrix} \tan(\psi_y) \\ \tan(\psi_x) \\ -1 \end{bmatrix} f \right\} \tag{8.1}$$

式中，$[X \quad Y \quad Z]_{\text{WGS-84}}^{\text{T}}$表示地面点 P 在 WGS－84 下的三维笛卡儿坐标；m 为比例系数；f为相机焦距。GPS 测定的是 GPS 相位中心的位置，姿态敏感器测定的是星敏到 J2000 坐标系下的指向。为了得到相机主光轴的位置和姿态，需要将 GPS 和星敏测定的数据转为相机的位置和指向。因此需要通过地面测定 GPS 相位中心在卫星本体坐标系中的 3 个偏移$[D_x \quad D_y \quad D_z]^{\text{T}}$ 以及星敏感器本体系和卫星本体系之间的坐标旋转矩阵 $\boldsymbol{R}_{\text{star}}^{\text{body}}$、WGS－84 坐标系和 J2000 坐标系之间的坐标旋转矩阵 $\boldsymbol{R}_{\text{J2000}}^{\text{WGS-84}}$、J2000 坐标系和卫星本体系之间的坐标旋转矩阵 $\boldsymbol{R}_{\text{star}}^{\text{J2000}}$、相机在卫星平台上的安装矩阵 $\boldsymbol{R}_{\text{camera}}^{\text{body}}$和$[d_x \quad d_y \quad d_z]^{\text{T}}$ 以及虚拟 CCD 线阵上每个像素在相机坐标系的指向角(ψ_x, ψ_y)等。基于严密成像几何模型可以实现图像点和地面点之间的坐标转换。

在地物辐射传输方面,采用更高空间分辨率的遥感数据作为底图,考虑太阳天顶角和方位角等角度和地表高程,提供真实地物在典型波段下的二向反射分布函数和反射率。通过高空间分辨率的遥感数据获得地物类别,确定在当前季节/时相情况下的地物是植被、裸土、建筑或道路等类型。在不同波段和不同时间条件下,不同地物的二向反射分布函数存在明显差异,可用于地表反射模型构建。BRDF能在理论上很好地表征地物的非朗伯体特性,其物理意义是来自某一方向地表辐照度的微增量与其所引起的该方向上反射辐射亮度增量之间的比值。

(2) 大气校正

通过大气辐射传输方程解算,面向观测角度,考虑传感器的各种噪声,获得入瞳处的辐射信息。通过将地面反射辐射引入大气辐射传输,考虑云、气溶胶和气体分子的吸收和散射,模拟传感器观测几何方向上的入瞳辐亮度并构建查找表。根据同步反演得到的气溶胶光学厚度信息和模式参数,计算特定波段的太阳入射光线在下行和上行传输中的透过率,以及大气后向散射系数,完成大气校正,得到真实的地表反射率值。

(3) 一体化采样过程

针对遥感图像每个像元开展像元级的几何辐射一体化采样,对像元的光学点扩散函数和每个波段的光谱响应函数进行卷积,获得每个像元的结果。我们设计的一体化采样只对目标图像进行一次采样,如果处理流程中涉及多次几何校正,那么就保留每一次几何校正的模型参数,最后统一进行一次采样即可。这样处理的目的是可以减少多次采样导致的精度损失。

在光学系统中,传感器每个像元内部通常利用光学点扩散函数(point spread function, PSF)对系统脉冲响应进行二维模拟,并表达自身光学特性所带来的偏差。特别地,对于一个无限明亮的点辐射源的响应,可以使用狄拉克函数(Dirac function)$\delta(x,y)$来表现。PSF函数$h(u,v)$等于沿轨与跨轨方向上的线扩散函数(linear spread function, LSF)$h_x(o)$与$h_y(p)$的乘积。响应函数除以成像区域面积即可得到单位面积上的归一化函数形式。

$$h(u,v)=\frac{1}{(A_x g_x)(A_y g_y)}\sum_{o=1}^{O+1}\sum_{p=1}^{P+1}h_x(o)h_y(p)\delta(u-g_x,v-g_y) \tag{8.2}$$

式中,(u,v)为空间域的位置(单位:m),A_x为沿轨方向线扩散函数的系数之和,A_y为跨轨方向线扩散函数的系数之和,$g_x=\Delta UH$为地表h_x系数间的间隔(单位:m),$g_y=\Delta VH$为地表h_y系数间的间隔(单位:m),ΔU为h_x系数间的角距(单位:rad),ΔV为h_y系数间的角距(单位:rad),H为地表传感器的高度(单位:m)。此外,$O+1$、$P+1$为沿轨与跨轨方向线扩散函数系数的个数,$h_x(P/2)$、$h_y(O/2)$为最大响应值。在真实遥感过程中,通常无法垂直观测,因此,在仿真过程中需要考虑观测几何的因素。当传感器观测天顶角大于0°时,线扩散函数系数间的地表距离需要进行方位角ϕ_{view}的旋转变换,并加入观测天顶角θ_{view}的因子调整。这种处理可以由式(8.3)表达:

$$\begin{bmatrix} g_x' \\ g_y' \end{bmatrix} = \begin{bmatrix} \cos\phi_{\text{view}} & \sin\phi_{\text{view}} \\ -\sin\phi_{\text{view}} & \cos\phi_{\text{view}} \end{bmatrix} \begin{bmatrix} g_x \\ \dfrac{g_y}{\cos\theta_{\text{view}}} \end{bmatrix} \tag{8.3}$$

在实际处理过程中，通常将 PSF 图像近似为顶端被缩短了的高斯曲线。虽然实测的 PSF 通常是非对称的，并且在某些部位会出现响应的凸起。但是在某些条件下，两者足够近似，此时 PSF 可以认为是高斯线型以满足理论建模的使用需求。

传感器光谱响应模型依赖于波长、波段宽度和单个波长处响应值的大小，是反映传感器性能的重要指标。传感器光谱响应函数通常是在实验室内对待发射传感器进行测量而获得，也可使用与设计传感器通道相近的在轨卫星的通道响应值来代替（传感器物理配置相似条件下），或通过数学模型模拟获得。光谱响应的过程（即波段的辐射值）由响应函数对传感器波段范围内的辐射值进行积分运算（响应函数非 0），再除以相同波长范围的响应函数的积分值得到，即

$$L = \frac{\int_{\lambda_1}^{\lambda_2} L_\lambda f(\lambda)\,\mathrm{d}\lambda}{\int_{\lambda_1}^{\lambda_2} f(\lambda)\,\mathrm{d}\lambda} \tag{8.4}$$

式中，L_λ 为单个波长处的辐射值；$f(\lambda)$ 为传感器光谱响应函数；L 为波段的辐射值。

2）DPC 数方标准化处理技术

DPC 数方的标准化处理技术包括“五层十五级”的数据组织技术，图像快速切块技术和 GeoTiff 图像读取与存储技术。“五层十五级”是我们提出的数据分块组织方式，采用五层十五级可以将卫星图像与测绘比例尺更好地对应起来。分块后的图像数据可以按照块的索引进行快速的定位。图像快速切块技术利用并行计算来对原始图像进行切分，并根据数据组织方式来构建数据方块。每个数据方块存储为 tiff 格式。GeoTiff 图像读取与存储技术主要是基于 GDAL 库来实现图像数据的快速读取和存储。

8.1.2 DPC 数据组织与管理

1）DPC 数据方块命名规范

数据方块是一种标准化对象集装箱，通过统一框架的对象定义，实现遥感数据、算法、流程、场景的标准封装和识别应用。其中，数据数方基于“五层十五级”规格化模型定义了统一的时空基准框架，并针对应用场景对数据对象进行组合打包和编码标识，具体类型包括图像产品数方、信息产品数方、目标样本数方、几何基准数方、辐射基准数方、二维靶标数方、真实性检验验证数方等。数方编码标识是将数据内容、描述、特征等相关重点信息通过编码的形式进行标志和识别的符号标记。数方编码标识可以作为数据信息特征的唯

一标识;可以提供数据特征信息的快速识别,包括信息类别、时间特征、空间特征、数据源特征等信息;可以提高数据组织效率,解决多类型多特征数据的一体化组织;也可以提高数据检索效率,通过对编码构建索引和存储路径的关联性,达到数据快速检索与定位的作用。DPC数据方块是标准数方的一种类型,DPC数据方块命名规范遵循标准数方的编码标识规则,涵盖如下两个方面。

(1) 数方时间标识编码

数方时间的显式命名编码根据不同类型的数方对象对时间标识粒度的不同划分如下:

- 15位时间编码(T15):精确到毫秒,适用于计算处理过程中标识时间唯一性的信息。
- 14位时间编码(T14):精确到秒,适用于自动采集数据、地面测量数据、卫星位置等对时间标识精度要求较高的数据或信息。
- 10位时间编码(T10):精确到小时,适用于卫星图像数据等的时间标识应用。
- 8位时间编码(T8):精确到日,适用于常见以日为单位的时间标识,例如信息产品、算法模型、样本、基准数据、三维场景等。
- 6位时间编码(T6):精确到日,适用于日常时间记录和以日为单位的简明时间标识。

实际处理时可根据时间位数进行区分。

(2) 数方地理空间编码

DPC数方的地理空间组织采用了“五层十五级”标准空间分辨率模型,参考标准数方的数方地理空间编码方式(L_R_C),编码规则如表8.1所示。

表8.1 “五层十五级”标准空间分辨率编码规则

编码项	编码方法	说明/示例
编码规则	层级_行标识_列标识(L_R_C)	例如,“4_248_592”
层级	为五层十五级特定尺度层级号	例如,“4”
行标识	为数据所在瓦片的行序列号	例如,“248”
列标识	为数据所在瓦片的列序列号	例如,“592”
空间编码转换方法	数方最小纬度=瓦片层级跨度×行序列号-90 数方最大纬度=瓦片层级跨度×(行序列号+1)-90 数方最小经度=瓦片层级跨度×列序列号-180 数方最大经度=瓦片层级跨度×(列序列号+1)-180	“瓦片层级跨度”见“五层十五级”模型中“瓦片大小”

2) DPC数据方块数据库构建

DPC数据方块作为高分系列遥感卫星数据的一种,它的组织、管理、存储应符合高分遥感应用综合数据库管理系统中对高分数据的管理要求,包含如下数据库的构建。

（1）模型算法库

模型算法库包括针对DPC遥感探测器和陆海气三大应用系列的模型算法，主要目的为存储、管理各类DPC数据处理模型的文档、代码，供某应用系统前期建设中的共性技术攻关、信息产品研发使用。

模型算法库包括数据处理模型库、参数反演模型库、专题信息提取模型库、科学分析模型库和实验验证模型库等，每一个子库主要为某应用模型模拟系统提供可行性的模型，为判断与决策提供切实的参考依据。模型知识库的模型描述不仅包括现有的实践模型，也包括其他方面的常用的基本数据处理、参数反演等模型算法以及参考依据。这些模型不仅从侧面更好地为实际应用提供决策，也为科学研究提供依据。

模型算法库不仅包括现有的信息提取、数据处理、参数反演、科学分析、实验验证等模型数据，还包括实际生产生活中不断更新、生成的一系列实例的数据，具有动态变化性和不确定性。模型算法库的数据量非常丰富，包括模型方法文档、代码和图片等服务类型。

（2）遥感应用特征数据库

遥感应用特征数据库主要存放针对DPC遥感器的陆地特征数据、大气特征数据、水体数据三类数据。其中，陆地特征数据包括地物波谱数据、纹理图斑数据、目标特征数据、地学图谱数据和地表参数数据共5类数据；大气特征数据包括大气参数数据和光学特征数据；水体数据包括水色数据、水体光学数据、水文要素数据、水动力要素数据和水资源基础数据。

（3）数据产品库

DPC遥感器0级数据是卫星地面站直接接收到的、未经处理的、包括全部数据信息在内的遥感器原始数据。1级辐射校正产品是经辐射校正，没有经过几何校正的产品数据。2级几何校正产品是经过辐射校正和几何校正，同时采用地面控制点改进产品的几何精度的产品数据。辅助数据（元数据）则是描述遥感数据产品的数据，如数据采集信息、处理方式、责任方、生命周期等信息。

对于遥感图像数据的管理，目前有三种方式：① 文件管理；② 数据库和文件混合管理；③ 数据库管理。由于遥感图像的数据特点和系统性能等方面的因素制约，目前大部分GIS软件和遥感图像处理软件都采用文件方式来管理遥感图像数据。但是遥感图像数据并不仅包含图像数据本身，而且还包含大量的图像元数据信息（如图像类型、摄影日期、摄影比例尺等），遥感图像数据本身还具有多数据源、多时相等特点，随着遥感图像数据量日益增大，基于文件系统的管理方式所暴露的缺陷与日俱增，数据的安全性、并发控制和数据共享等都将使文件管理无法应付。

DPC遥感器数据产品数据库管理应满足以下需求：① 数据产品的规模比较大，涵盖高分五号卫星DPC的0级数据、1级辐射校正产品、2级几何校正产品及其辅助数据，初步估算数据量达PB级，需要解决海量数据的存储和管理问题；② 空间数据库结构复杂，主要体现在数据来源比较广、类型比较多、获取手段比较丰富等，需要建立统一的数据存储模型和规范化的存取机制,消除地理空间数据的异构;③ 数据集成应该面向数据共享,消除地理空间数据信息“孤岛”,为我国空间科学研究和空间事业提供一个有利的数据支撑环境,进而促进我国空间科学和空间产业经济的可持续发展。

3) DPC遥感应用数据库运行服务系统结构

DPC遥感应用数据库运行服务系统定位于为DPC数据的遥感应用提供所需的基础空间数据、遥感应用特征样本数据、实验验证数据、模型算法、遥感观测数据、基础共性产品及交流共享资源等数据的整编、管理与交换服务。DPC遥感应用数据库运行服务系统由数据整编子系统、数据库综合服务子系统、数据库安全管控子系统、数据存储阵列管理子系统、产品服务整列管理子系统和分布式数据索引子系统等组成。应用支撑基础数据库分系统接口关系如图8.2所示。

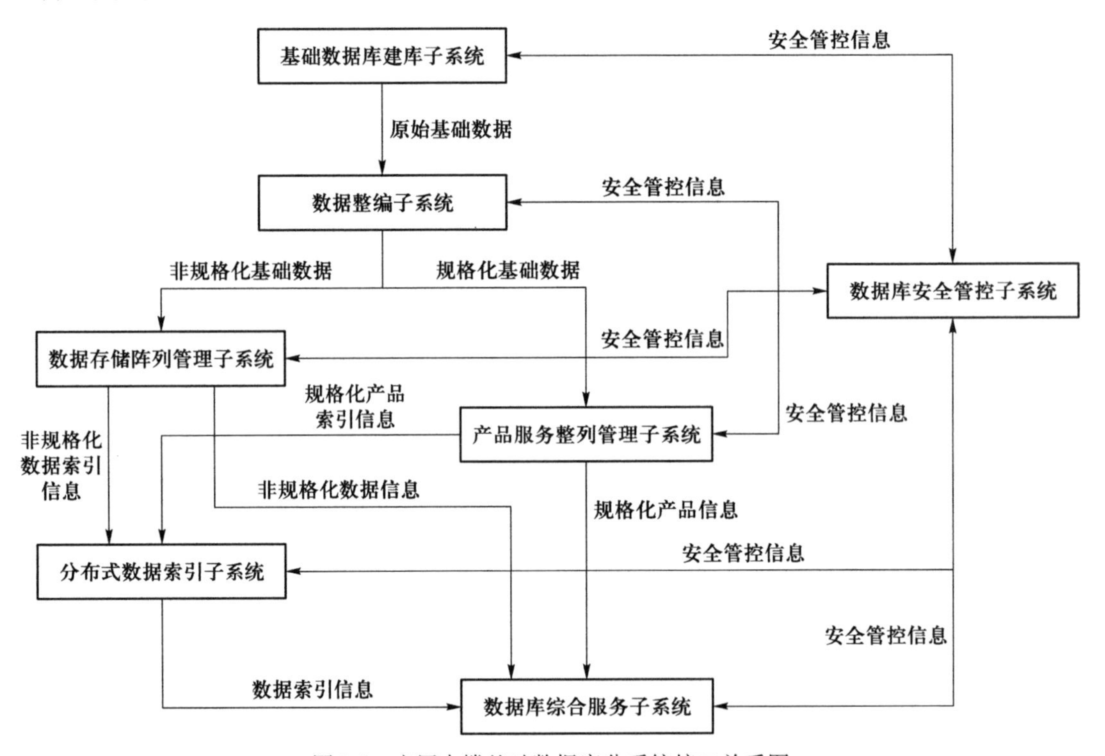

图8.2 应用支撑基础数据库分系统接口关系图

8.2 基于数方结构的DPC信息产品处理与服务技术

8.2.1 DPC信息产品生产算法工具箱

插件式遥感工具箱技术是一种采用“平台/插件”的遥感应用系统软件构建模式和遥

感算法工具插件化封装的技术实现架构,如图8.3所示。根据遥感应用系统的应用目的,将遥感应用系统分为遥感应用处理系统和遥感应用分析系统,遥感应用处理系统负责遥感数据的预处理、定量反演等,遥感应用分析系统负责信息综合分析与提取、制图简报等功能。在遥感应用处理系统和遥感应用分析系统两个平台的框架下,具体的处理模块以插件式遥感工具箱的形式进行挂载,主要分为平台工具箱和业务工具箱。平台工具箱主要面向平台运行和升级扩展,如硬件资源管理与调度工具、软件资源管理与调度工具、数据资源管理与调度工具、通信资源管理与调度工具以及权限资源管理等;业务工具箱主要是遥感信息提取的各类生产处理工具,通过将遥感处理过程进行标准化定义和插件式封装,形成了各种独立的工具,包括辐射传输工具、几何工具、重采样工具、基础图像处理工具、定量反演工具、分类工具、空间分析工具、可视化工具、数据仿真工具等。随着需求的增加,各类工具箱的工具可以按需进行扩展,这种架构模式使遥感应用系统具有易维护、可扩展性强的特点,延长了系统的生命周期。

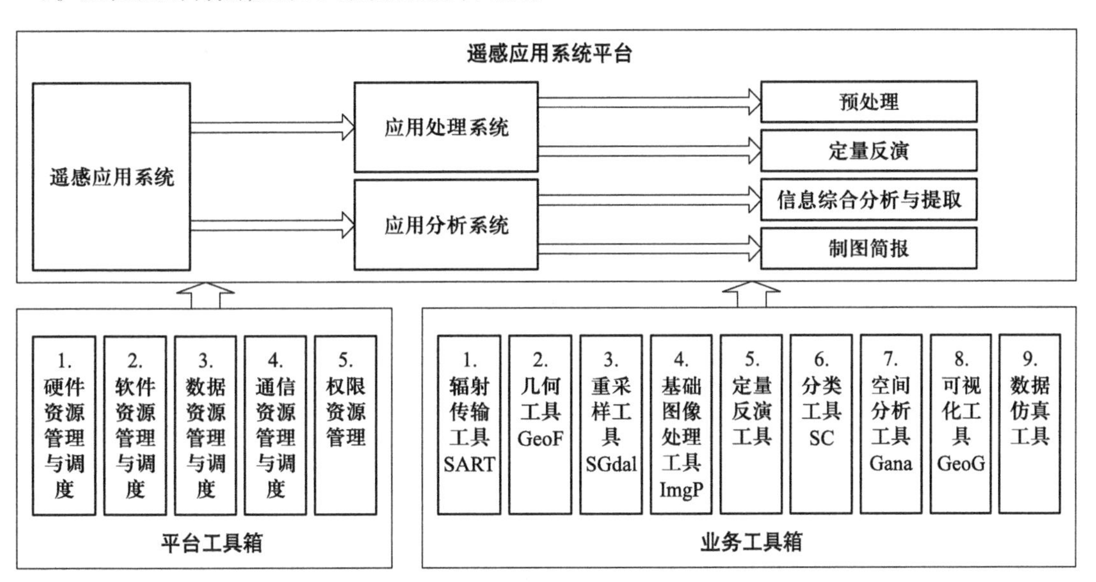

图8.3 插件式遥感应用系统平台组成概念图

DPC信息产品生产算法工具箱主要包括几何配准产品、云产品、水气含量产品、地表反射率产品、大气细粒子气溶胶光学厚度产品和$PM_{2.5}$浓度监测产品等3~5级观测对象产品的生产算法。

DPC采用正弦曲线投影(sinusoidal projection)作为基准来存放数据。一景图像对应一个目录,目录下面按照波段进行存储,每个波段的数据为一个h5格式的文件。

DPC采用的存储格式为h5格式,这种格式的优点是可以同时存储多个波段、不同类型的数据,如图像数据、几何观测数据、经纬度数据等。为了方便对DPC数据进行读取,我们提供了几何、辐射、重采样和图像处理等基本工具,可以实现DPC数据的定量化和无投影化,为后续的定量反射率提供支撑。

在遥感产品的生产过程中也采用了数方的形式来进行数据的组织。原始的具有投影的数据首先进行去投影化转换为经纬度格式,并基于经纬度网格的形式进行组织。遥感产品按照经纬度网格的方式叠加后形成统一数方产品。

8.2.2　基于数方的 DPC 信息产品集群计算系统架构

数方数据是一种空间数据,具有空间自相关性,多类型遥感数据的生产处理通常要求数据间具有空间相关性,这种特性为遥感数据的计算存储一体化提供了实现基础。为了最大化地发挥分布式并行优势,解决大数据处理瓶颈,在保证系统安全稳定的前提下,我们通过分析数方遥感数据处理、存储与服务模式,最优化地提升了遥感大数据处理平台效率,构建了一套遥感大数据计算、存储、服务一体化架构的软硬件技术,如图 8.4 所示。

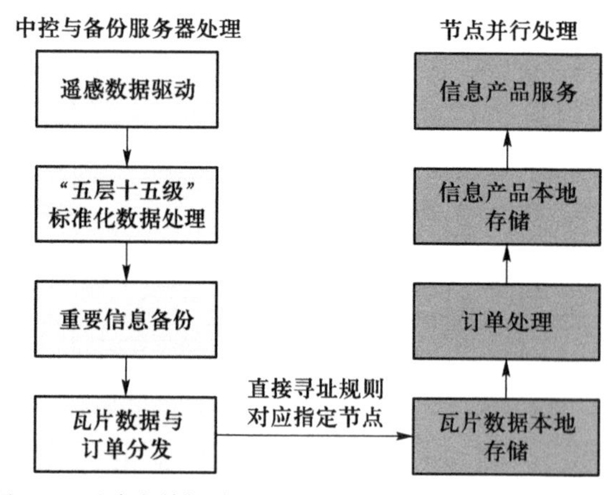

图 8.4　遥感大数据计算、存储、服务一体化架构处理流程

遥感大数据计算、存储、服务一体化架构技术主要面向 DPC 信息产品数方数据,通过整合计算资源、存储资源、服务资源,使用数方标准数据本地处理、信息产品本地存储、独立服务等方法,最大限度降低对系统架构的 I/O 传输,更充分地利用了存储服务器的计算资源和计算服务器的存储资源,从而提高了平台整体处理时效。

(1) 架构组成

遥感大数据计算、存储、服务一体化架构是以一系列的分布式集群处理立方体为单元组成,分布式集群处理立方体主要由通讯服务器、中控与备份服务器以及若干个计算与存储服务节点组成。其中通讯服务器负责分布式集群处理立方体的网络传输;中控与备份服务器负责分布式集群处理立方体中消息总线控制与基础数据备份;计算与存储服务节点是分布式集群处理立方体中数据处理、存储与对外服务的工作单元,是一个具备大容量存储能力的计算服务器,由高性能中央处理器、图形处理器、固态硬盘以及存储磁盘阵列组成,其中数据处理所需的基本参数、程序、模型、算法等要素存储于独立的高性能固态硬盘中,有利于系统维护升级,而遥感数据、信息产品等内容则存在于大容量存储磁盘阵列内,确保数据安全和高效。

(2) 处理流程

根据数据驱动的方式,原始 DPC 遥感器数据进入分布式集群处理立方体后,首先对 DPC 数据进行五层十五级标准化处理,形成 DPC 数方标准数据,并对其中重要的数据和信息进行备份存储,然后将切片数据和生产处理订单发往直接寻址规则对应的指定计算与存储服务节点上,节点将数据保存在本地指定位置后,根据订单需求开展信息产品生产或数据计算分析,并将信息成果保存在本地指定位置,对外提供服务。随着任务处理的积累,计算与存储服务节点上的数据与信息产品也相应地得到了积累,同时也提升了数据服务的能力,使得计算与存储服务节点由最初的纯计算服务节点转变为最终的存-算服务节点。

8.2.3 DPC 应用数据和信息产品应用分析系统

(1) 服务网站

DPC 数方数据是面向遥感应用需求设计的数据格式,DPC 数方数据网络服务模式按不同应用空间尺度对数据进行了合理的切分,用户在查询数据时可以根据瓦片数据的品种类型、规格等级、空间分布、满幅度、云量、时间等多维要素,通过单次全覆盖检索功能和多时序辅助筛选,也可以快速查询和获取面向应用的最优组合数据。

(2) 可视化展示

可视化展示是遥感数据的一种重要呈现形式,如图 8.5 所示,借助遥感数据二维、三维可视化技术,可以实现 DPC 信息产品的可视化展示、多角度偏振分析、长时间序列分析、光谱分析、信息产品关联性分析等用户需求。

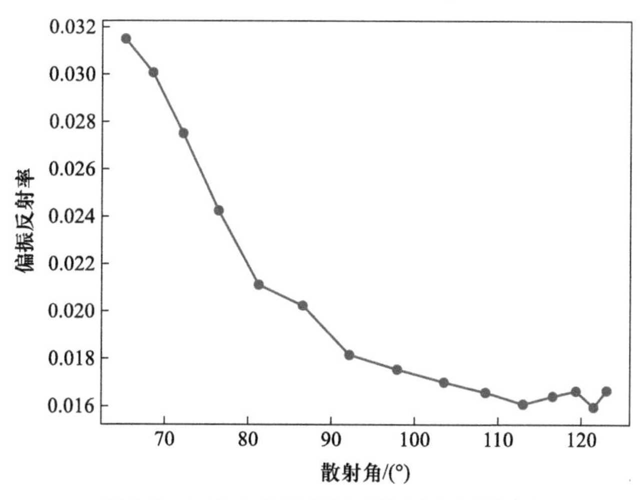

图 8.5 DPC 多角度偏振反射率展示(单点)

参考文献

陈洪滨，范学花，夏祥鳌. 2018. 大气气溶胶的卫星遥感及其在气候和环境研究中的应用. 大气科学，42(3)：621-633.

陈良富，李莘莘，陶金花. 2011. 气溶胶遥感定量反演研究与应用. 北京：科学出版社.

陈述彭，赵英时. 1990. 遥感地学分析. 北京：测绘出版社.

陈渭民. 2017. 卫星气象学. 北京：气象出版社.

段民征，吕达仁. 2007. 利用多角度 POLDER 偏振资料实现陆地上空大气气溶胶光学厚度和地表反照率的同时反演 I.理论与模拟. 大气科学，31(5)：757-765.

段民征，吕达仁. 2008. 利用多角度 POLDER 偏振资料实现陆地上空大气气溶胶光学厚度和地表反照率的同时反演 II.实例分析. 大气科学，32(1)：27-35.

顾行发，程天海，李正强，等. 2015. 大气气溶胶偏振遥感. 北京：高等教育出版社.

顾行发，余涛，田国良，等. 2016. 40 年的跨越——中国航天遥感蓬勃发展中的“三大战役”. 遥感学报，20(5)：781-793.

郭红，顾行发，谢东海，等. 2014. 大气气溶胶偏振遥感研究进展. 光谱学与光谱分析，34(7)：1873-1880.

黄禅. 2021. 多角度偏振成像仪实验室定标方法研究. 中国科学技术大学博士研究生学位论文.

李正强，许华，张莹，等. 2013. 北京区域 2013 严重灰霾污染的主被动遥感监测. 遥感学报，17(4)：924-928.

刘思含，周春艳，毛学军，等. 2016. 大气气溶胶主被动遥感探测应用技术进展. 环境与可持续发展，41(4)：131-135.

刘玉光. 2009. 卫星海洋学. 北京：高等教育出版社.

骆冬根. 2017. 多角度偏振成像仪光电探测系统设计与研究. 中国科学技术大学博士研究生学位论文.

钱鸿鹄. 2017. 多角度偏振成像仪实验室全视场偏振定标. 中国科学技术大学博士研究生学位论文.

钱鸿鹄，孟炳寰，袁银麟，等. 2017. 星载多角度偏振成像仪非偏通道全视场偏振效应测量及误差分析. 物理学报，66(10)：100701.

宋宝泉，邵锡惠. 2000. 遥感考古学. 郑州：中州古籍出版社.

魏益鲁. 2002. 遥感地理学. 青岛：青岛出版社.

向光峰，孟炳寰，黄禅，等. 2021. 平行光管发散角对多角度偏振成像仪几何定标精度的影响及校正方法. 光学学报，41(24)：71-78.

晏磊. 2014. 偏振遥感物理. 北京：科学出版社.

赵永强，潘泉，程咏梅. 2011. 成像偏振光谱遥感及应用. 北京：国防工业出版社.

赵云升，孙仲秋，李少平，等. 2010. 偏振遥感的回顾与展望. 大气与环境光学学报，23(3)：190-197.

赵云升，吴太夏，胡新礼，等. 2005. 多角度偏振反射与二向性反射定量关系初探. 红外与毫米波学报，24(6)：441-444.

郑逢勋，侯伟真，李正强. 2019. 高分五号卫星多角度偏振相机最优化估计反演：角度依赖与后验误差分析. 物理学报，68(4)：040701.

朱亮璞. 1994. 遥感地质学. 北京：地质出版社.

Bai K, Ma M, Chang N B, et al. 2019. Spatiotemporal trend analysis for fine particulate matter concentrations in China using high-resolution satellite-derived and ground-measured PM2.5 data. *Journal of Environmental Management*, 233: 530-542.

Bréon F M, Tanre D, Lecomte P, et al. 1995. Polarized reflectance of bare soils and vegetation: Measurements and models. *IEEE Transactions on Geoscience and Remote Sensing*, 33(2): 487-499.

Carslaw K S, Boucher O, Spracklen D V, et al. 2010. A review of natural aerosol interactions and feedbacks within the earth system. *Atmospheric Chemistry and Physics*, 10: 1701-1737.

Chen J M, Black T A. 1992. Defining leaf area index for non-flat leaves. *Plant, Cell & Environment*, 15(4): 421-429.

Chen L, Gao S, Zhang H, et al. 2018. Spatiotemporal modeling of $PM_{2.5}$ concentrations at the national scale combining land use regression and Bayesian maximum entropy in China. *Environment International*, 116: 300-307.

Deuzé J L, Bréon F M, Devaux C, et al. 2001. Remote sensing of aerosols over land surfaces from POLDER-ADEOS-1 polarized measurements. *Journal of Geophysical Research: Atmospheres*, 106(D5): 4913-4926.

Dubovik O, Herman M, Holdak A, et al. 2011. Statistically optimized inversion algorithm for enhanced retrieval of aerosol properties from spectral multi-angle polarimetric satellite observations. *Atmospheric Measurement Techniques*, 4: 975-1018.

Dubovik O, Li Z, Mishchenko M I, et al. 2019. Polarimetric remote sensing of atmospheric aerosols: Instruments, methodologies, results, and perspectives. *Journal of Quantitative Spectroscopy and Radiative Transfer*, 224: 474-511.

Dubovik O, Sinyuk A, Lapyonok T, et al. 2006. Application of spheroid models to account for aerosol particle nonsphericity in remote sensing of desert dust. *Journal of Geophysical Research: Atmospheres*, 111(D11): D11208.

Fan X, Chen H, Lin L, et al. 2009. Retrieval of aerosol optical properties over the Beijing area using POLDER/PARASOL satellite polarization measurements. *Advances in Atmospheric Sciences*, 26: 1099-1107.

Gu X, Cheng T, Xie D, et al. 2011. Analysis of surface and aerosol polarized reflectance for aerosol retrievals from polarized remote sensing in PRD urban region. *Atmospheric Environment*, 45(36): 6607-6612.

Guo Y, Tang Q, Gong D Y, et al. 2017. Estimating ground-level $PM_{2.5}$ concentrations in Beijing using a satellite-based geographically and temporally weighted regression model. *Remote Sensing of Environment*, 198: 140-149.

Herman M, Deuzé J L, Devaux C, et al. 1997. Remote sensing of aerosols over land surfaces including polarization measurements and application to POLDER measurements. *Journal of Geophysical Research: Atmospheres*, 102(D14): 17039-10749.

Hsu N C, Jeong M J, Bettenhausen C, et al. 2013. Enhanced deep blue aerosol retrieval algorithm: The second generation. *Journal of Geophysical Research: Atmospheres*, 118(16): 9296–9315.

Huang C, Chang Y, Xiang G, et al. 2020a. Polarization measurement accuracy analysis and improvement methods for the directional polarimetric camera. *Optics Express*, 28(26): 38638–38666.

Huang C, Meng B, Chang Y, et al. 2020c. Geometric calibration method based on a two-dimensional turntable for a directional polarimetric camera. *Applied Optics*, 59(1): 226–233.

Huang C, Xiang G, Chang Y, et al. 2020b. Pre-flight calibration of a multi-angle polarimetric satellite sensor directional polarimetric camera. *Optics Express*, 28(9): 13187–13215.

Huang K, Xiao Q, Meng X, et al. 2018. Predicting monthly high-resolution $PM_{2.5}$ concentrations with random forest model in the North China Plain. *Environmental Pollution*, 242: 675–683.

Jiang M, Sun W, Yang G, et al. 2017. Modelling seasonal GWR of daily $PM_{2.5}$ with proper auxiliary variables for the Yangtze River Delta. *Remote Sensing*, 9: 346.

Kaufman Y J, Tanré D, Boucher O A. 2002. Satellite view of aerosols in the climate system. *Nature*, 419: 215–223.

Kokhanovsky A A. 2013. Remote sensing of atmospheric aerosol using spaceborne optical observations. *Earth-Science Reviews*, 116: 95–108.

Kokhanovsky A A, Davis A B, Cairns B, et al. 2015. Space-based remote sensing of atmospheric aerosols: The multi-angle spectro-polarimetric frontier. *Earth-Science Reviews*, 145: 85–116.

Levy R C, Mattoo S, Munchak L A, et al. 2013. The collection 6 MODIS aerosol products over land and ocean. *Atmospheric Measurement Techniques*, 6: 2989–3034.

Levy R C, Remer L A, Dubovik O. 2007. Global aerosol optical properties and application to moderate resolution imaging spectroradiometer aerosol retrieval over land. *Journal of Geophysical Research: Atmospheres*, 112 (D13): D13210.

Li X, Zhang X. 2019. Predicting ground-level $PM_{2.5}$ concentrations in the Beijing-Tianjin-Hebei region: A hybrid remote sensing and machine learning approach. *Environmental Pollution*, 249: 735–749.

Li Z, Hou W, Hong J, et al. 2018. Directional polarimetric camera (DPC): Monitoring aerosol spectral optical properties over land from satellite observation. *Journal of Quantitative Spectroscopy and Radiative Transfer*, 218: 21–37.

Lindeberg T.1994. Scale-space theory: A basic tool for analyzing structures at different scales. *Journal of Applied Statistics*, 21(1–2): 225–270.

Litvinov P, Hasekamp O, Cairns B. 2011. Models for surface reflection of radiance and polarized radiance: Comparison with airborne multi-angle photopolarimetric measurements and implications for modeling top-of-atmosphere measurements. *Remote Sensing of Environment*, 115(2): 781–792.

Liu Y, Paciorek C J, Koutrakis P. 2009. Estimating regional spatial and temporal variability of PM(2.5) concentrations using satellite data, meteorology, and land use information. *Environmental Health Perspectives*, 117: 886–892.

Loveland T R, Belward A S. 1997. The IGBP-DIS global 1 km land cover data set, DISC over: First results. *International Journal of Remote Sensing*, 18(15): 3289–3295.

Lowe D G. 2004. Distinctive image features from scale-invariant keypoints. *International Journal of Computer Vision*, 60(2): 91–110.

Ma Z, Liu Y, Zhao Q, et al. 2016. Satellite-derived high resolution $PM_{2.5}$ concentrations in Yangtze River Delta Region of China using improved linear mixed effects model. *Atmospheric Environment*, 133: 156–164.

Maignan F, Bréon F M, Fédèle E, et al. 2009. Polarized reflectances of natural surfaces: Spaceborne measurements and analytical modeling. *Remote Sensing of Environment*, 113(12): 2642-2650.

Marbach T, Phillips P, Lacan A, et al. 2013. The Multi-Viewing, -Channel, -Polarisation Imager (3MI) of the EUMETSAT Polar System-Second Generation (EPS-SG) dedicated to aerosol characterisation. Proceedings of SPIE—The International Society for Optical Engineering.

McGuinn L A, Ward-Caviness C, Neas L M, et al. 2017. Fine particulate matter and cardiovascular disease: Comparison of assessment methods for long-term exposure. *Environmental Research*, 159: 16-23.

Mishchenko M I, Cairns B, Hansen J E, et al. 2007. Accurate monitoring of terrestrial aerosols and total solar irradiance: Introducing the glory mission. *Bulletin of the American Meteorological Society*, 88: 677-691.

Nadal F, Bréon F M. 1999. Parameterization of surface polarized reflectance derived from POLDER spaceborne measurements. *IEEE Transactions on Geoscience and Remote Sensing*, 37(3): 1709-1718.

Rondeaux G, Herman M.1991. Polarization of light reflected by crop canopies. *Remote Sensing of Environment*, 38(1): 63-75.

Song W, Jia H, Huang J, et al. 2014. A satellite-based geographically weighted regression model for regional $PM_{2.5}$ estimation over the Pearl River Delta region in China. *Remote Sensing of Environment*, 154: 1-7.

Su X, Goloub P, Chiapello I, et al. 2010. Aerosol variability over East Asia as seen by POLDER space-borne sensors. *Journal of Geophysical Research: Atmospheres*, 115(D24): D24215.

Tanré D, Bréon F M, Deuzé J L, et al. 2011. Remote sensing of aerosols by using polarized, directional and spectral measurements within the A-Train: The PARASOL mission. *Atmospheric Measurement Techniques*, 4: 1383-1395.

Vermote E F, Kotchenova S. 2008. Atmospheric correction for the monitoring of land surfaces. *Journal of Geophysical Research: Atmospheres*, 113(D23): D23S90.

Waquet F, Léon J F, Cairns B, et al. 2009. Analysis of the spectral and angular response of the vegetated surface polarization for the purpose of aerosol remote sensing over land. *Applied Optics*, 48(6): 1228-1236.

Watson D J. 1947. Comparative physiological studies on the growth of field crops: I. Variation in net assimilation rate and leaf area between species and varieties, and within and between years. *Annals of Botany*, 11(41): 41-76.

Wei J, Huang W, Li Z, et al. 2019. Estimating 1 km-resolution $PM_{2.5}$ concentrations across China using the space-time random forest approach. *Remote Sensing of Environment*, 231: 111221.

Xie D, Cheng T, Zhang W, et al. 2013. Aerosol type over east Asian retrieval using total and polarized remote Sensing. *Journal of Quantitative Spectroscopy and Radiative Transfer*, 129: 13-15.

Zheng Y, Zhang Q, Liu Y, et al. 2016. Estimating ground-level $PM_{2.5}$ concentrations over three megalopolises in China using satellite-derived aerosol optical depth measurements. *Atmospheric Environment*, 124: 232-242.

Zou B, Chen J, Zhai L, et al. 2016a. Satellite based mapping of ground $PM_{2.5}$ concentration using generalized additive modeling. *Remote Sensing*, 9(1): 1.

Zou B, Pu Q, Bilal M, et al. 2016b. High resolution satellite mapping of fine particulates based on geographically weighted regression. *IEEE Geoscience and Remote Sensing Letters*, 13(4): 495-499.